高 等 数 学

隆美青　孙春玲　主编

中国环境出版集团·北京

图书在版编目（CIP）数据

高等数学/隆美青，孙春玲主编. —北京：中国环境出版集团，2019.8（2021.8 重印）

ISBN 978-7-5111-4047-0

Ⅰ. ①高… Ⅱ. ①隆…②孙… Ⅲ. ①高等数学—高等学校—教材 Ⅳ. ①O13

中国版本图书馆 CIP 数据核字（2019）第 144168 号

出 版 人 武德凯
责任编辑 王 菲
责任校对 任 丽
封面设计 岳 帅

出版发行 中国环境出版集团
（100062 北京市东城区广渠门内大街 16 号）
网 址：http://www.cesp.com.cn
电子邮箱：bjgl@cesp.com.cn
联系电话：010-67112765（编辑管理部）
010-67147349（第四分社）
发行热线：010-67125803，010-67113405（传真）

印 刷 北京市联华印刷厂
经 销 各地新华书店
版 次 2019 年 8 月第 1 版
印 次 2021 年 8 月第 3 次印刷
开 本 787×1092 1/16
印 张 15.5
字 数 300 千字
定 价 37.00 元

编 委 会

前　言

高等教育一直是社会关注的热点，经济、科技和社会发展也对人才培养工作提出了更高的要求。但在实际教学中，高等数学教材相对滞后。本教材以“掌握概念、强化应用、培养技能”为重点，充分体现以应用为目的，以“必需、够用”为原则，以提高学生的综合能力为指导思想，以培养高等技能型人才为根本任务，以适应社会需要为目标，结合多年来的教学经验，编写了这本适合高职院校各个专业学生使用的教材。实际教学中教师可根据本校各专业的实际情况和教学计划酌情选用。

本教材具有以下特点：

1. 根据学生的实际学习情况，选取适当知识点，由浅入深、循序渐进地讲解。

2. 在内容安排上，建立全新的教材架构，淡化了高难度的理论推导和证明过程，加强了应用介绍。

3. 教材内容上突出实用性和专业性，涵盖了职业院校各专业所必需的数学基础知识，通过学习，学生获得基本数学方法的训练和运用这些方法解决实际问题的能力。

4. 每章都有练习题、自测题，针对专升本学生的综合提高题，每章结束后学生可以通过自测的形式了解自己的学习掌握情况。书后附有全书自测题答案。

5. 每章均有阅读材料，供学生阅读、了解一些伟大数学家的生平事迹，激励自己学习。

由于编者水平有限，编写时间仓促，难免有不妥之处，敬请广大读者批评指正。

编者

2019 年 4 月

目　录

第1章　函数、极限与连续

函数是高等数学中最重要的概念之一，在数学、自然科学、经济学和管理科学的研究中，函数关系随处可见．微积分学是以函数关系为研究对象的，极限是研究函数和解决各种问题的一种基本方法．本章将首先从函数概念入手，进而讨论函数的极限、连续性等基本概念，以及它们的一些性质和在经济中的应用．

1.1　函数

在我们周围，变化无处不在，数学可以有效地描述它们的许多变化现象．实际上，一个量的变化本身意味着这个量是随着其他的量的变化而变化的，而变量之间的依赖关系就是我们所说的函数关系．

1.1.1　函数的概念

1．函数的定义

设 x 和 y 是两个变量，D 是一个给定的非空数集．若对于每一个数 $x \in D$，按照某一对应法则 f，变量 y 总有唯一确定的数值与之对应，则称 y 是 x 的函数，记作

$$y = f(x)\text{，}\quad x \in D$$

其中，x 称为自变量，y 称为因变量；数集 D 称为函数的定义域，是 x 的取值范围．

若一个函数仅用一个数学表达式表示，求函数的定义域通常是求使函数有意义的 x 的取值范围．在解决实际问题时，还应结合实际情况来确定函数的定义域．

例 1　求下列函数的定义域．

（1）$y = \sqrt{4 - x^2}$　　　（2）$y = \dfrac{\ln(3 - x)}{x + 1}$

解　（1）由 $4 - x^2 \geqslant 0$ 解得 $-2 \leqslant x \leqslant 2$，即定义域为 $[-2, 2]$．

（2）由 $\begin{cases} 3 - x > 0 \\ x + 1 \neq 0 \end{cases}$ 解得 $x < 3$ 且 $x \neq -1$，即定义域为 $(-\infty, -1) \cup (-1, 3)$．

自变量取定义域内某一值时，因变量对应的值叫作函数值. 对于给定的函数 $y = f(x)$，当函数的定义域 D 确定后，按照对应法则 f，因变量的变化范围也随之确定. 函数值的集合叫作函数的值域，所以定义域和对应法则就是确定一个函数的两个要素. 两个函数只有在它们的定义域和对应法则都一样时才是相同的.

邻域也是一个重要概念，在以后的学习中会经常用到. 所谓点 a 的 δ 邻域，是指以 a 为中心的开区间 $(a-\delta, a+\delta)$. 也就是说，设 a、δ 为两个实数，$\delta > 0$，满足不等式 $|x-a| < \delta$ 的全体实数，称为点 a 的 δ 邻域，记作 $U(x_0, \delta)$. 只强调邻域中心，不强调邻域半径时，简记为 $U(x_0)$. 点 a 称为邻域的中心，δ 称为邻域的半径.

若把邻域 $(a-\delta, a+\delta)$ 的中心点 a 去掉，称为点 a 的去心 δ 邻域，可表示为，$0 < |x-a| < \delta$ 或 $(a-\delta, a) \cup (a, a+\delta)$，记作 $U(\hat{x}_0, \delta)$，不强调半径时记作 $U(\hat{x}_0)$.

为了简便，我们把开区间 $(a-\delta, a)$ 称为点 a 的左 δ 邻域，把开区间 $(a, a+\delta)$ 称为点 a 的右 δ 邻域.

2．函数的表示方法

解析法：用数学式子表示自变量和因变量之间的对应关系的方法就是解析法. 例如，直角坐标系中，半径为 r、圆心在原点的圆的方程是：$x^2 + y^2 = r^2$.

表格法：将一系列的自变量取值与对应的函数值列成表格来表示函数关系的方法就是表格法. 例如，在实际应用中，我们经常会用到的平方表、三角函数表等都是用表格法表示的函数.

图像法：用坐标平面上的曲线来表示函数的方法就是图像法. 一般用横坐标表示自变量，纵坐标表示因变量. 例如，直角坐标系中，半径为 r、圆心在原点的圆的图像，如图 1-1 所示.

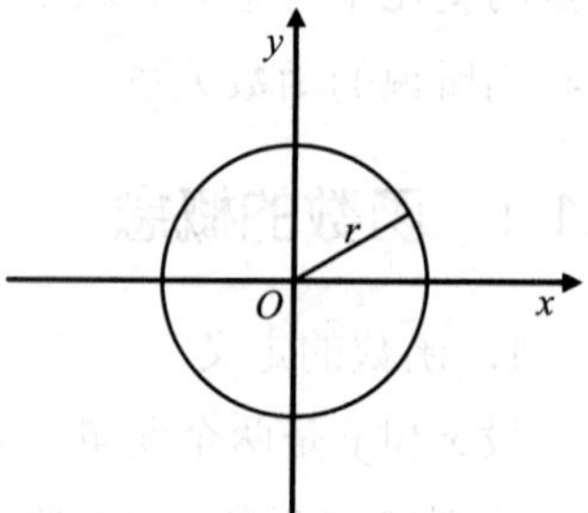

图 1-1

3．分段函数

通常一个函数的解析式是用一个式子来表示的，但有时会遇到一个函数必须用几个式子分别表示的情况，我们把这种在自变量的不同取值范围内，用不同的解析式表示的函数，称为分段函数.

例如，$y = |x| = \begin{cases} x, & x \geqslant 0 \\ -x, & x < 0 \end{cases}$，$f(x) = \begin{cases} -1, & x < 0 \\ 0, & x = 0 \\ 1, & x > 0 \end{cases}$ 都是分段函数.

说明：①分段函数是一个函数，而不是几个函数；

②分段函数的定义域是各段自变量取值集合的并集.

例 2　设 $f(x)=\begin{cases} x-2, & 1\leqslant x<3 \\ x^2, & 3\leqslant x<5 \end{cases}$，求 $f(x+1)$．

解　$f(x+1)=\begin{cases} (x+1)-2, & 1\leqslant x+1<3 \\ (x+1)^2, & 3\leqslant x+1<5 \end{cases}$

$$f(x+1)=\begin{cases} x-1, & 0\leqslant x<2 \\ (x+1)^2, & 2\leqslant x<4 \end{cases}$$

例 3　A、B 两地间的汽车运输，旅客携带行李按下列标准支付运费：不超过 10kg 的不收行李费；超过 10kg 而不超过 25kg 的部分，每千克收运费 0.5 元；超过 25kg 而不超过 100kg 的部分，每千克收运费 0.8 元．试列出运输行李的费用与行李重量之间的函数关系式，写出定义域，并求出所带行李分别为 16kg 和 65kg 的甲、乙两旅客各应支付多少费用？

解　设行李重量为 x kg，其运费为 y 元．根据题意有

当 $0\leqslant x\leqslant 10$ 时，$y=0$；

当 $10<x\leqslant 25$ 时，$y=(x-10)\times 0.5=0.5x-5$；

当 $25<x\leqslant 100$ 时，$y=15\times 0.5+(x-25)\times 0.8=0.8x-12.5$

故所求函数为

$$y=f(x)=\begin{cases} 0, & 0\leqslant x\leqslant 10 \\ 0.5x-5, & 10<x\leqslant 25 \\ 0.8x-12.5, & 25<x\leqslant 100 \end{cases}$$

其中，定义域为 $[0,100]$

又 $f(16)=0.5\times 16-5=3$，$f(65)=0.8\times 65-12.5=39.5$

即甲和乙两旅客分别支付运费 3 元和 39.5 元．

1.1.2　函数的性质

1．有界性

设函数 $f(x)$ 的定义域为 D，如果存在正数 M，使得任意的 $x\in D$，总有 $|f(x)|\leqslant M$ 成立，则称 $f(x)$ 在区间 D 内是有界函数，否则称为无界函数．

函数 $f(x)$ 在区间 (a,b) 内有界的几何意义是：曲线 $y=f(x)$ 在区间 (a,b) 内被限制在两条直线 $y=M$ 和 $y=-M$ 之间，如图 1-2 所示．

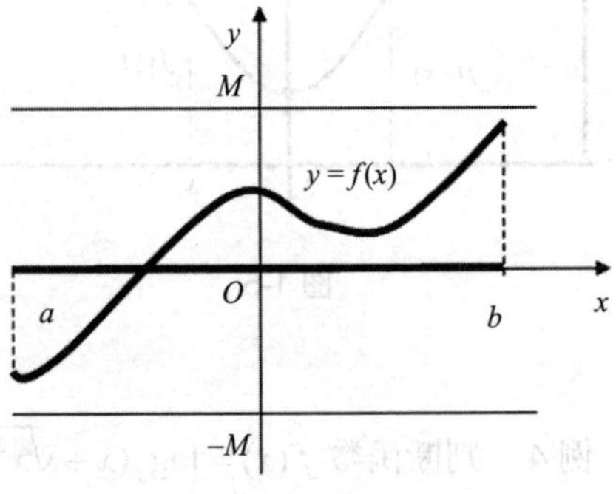

图 1-2

例如，函数 $y=\cos x$ 在 $(-\infty,+\infty)$ 内是有界的，而 $y=x^2$ 在 $(-\infty,+\infty)$ 内是无界的．

2．单调性

设函数 $y=f(x)$，$x\in(a,b)$，若对任意两点 x_1，$x_2\in(a,b)$，当 $x_1<x_2$ 时，有 $f(x_1)<f(x_2)$，则称函数 $f(x)$ 在区间 (a,b) 上是单调增加的，区间 (a,b) 称为单调增区间．当 $x_1<x_2$ 时，有 $f(x_1)>f(x_2)$，则称函数 $f(x)$ 在区间 (a,b) 内是单调减少的，区间 (a,b) 称为单调减区间．

单调增加的函数和单调减少的函数统称为单调函数，单调增区间和单调减区间统称为单调区间，如图 1-3、图 1-4 所示．

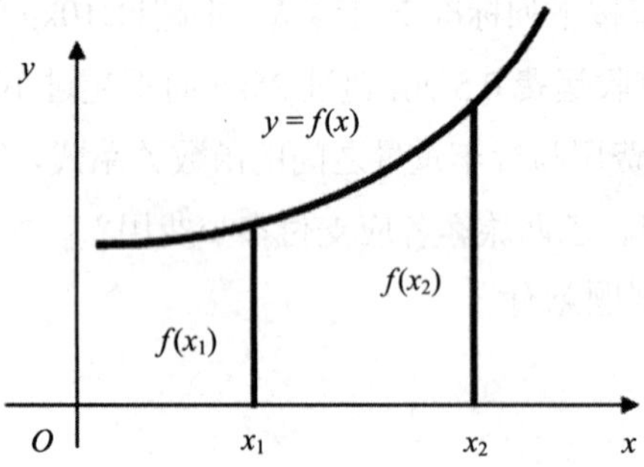

图 1-3

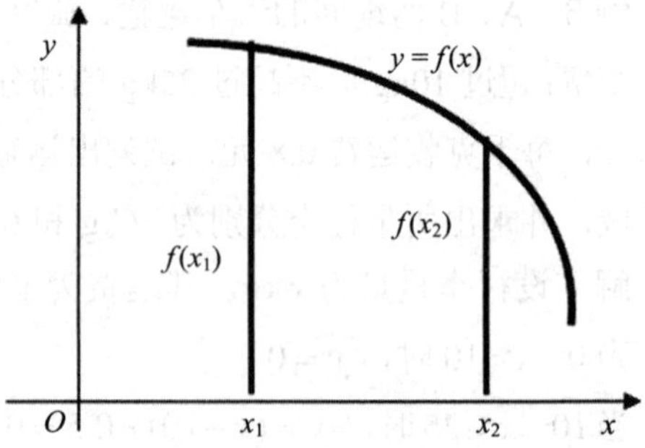

图 1-4

例如，函数 $f(x)=x^2$ 在区间 $(-\infty,0)$ 上是单调减少的，在区间 $(0,+\infty)$ 上是单调增加的．

3．奇偶性

设函数 $y=f(x)$ 的定义域关于原点对称，如果对于定义域内的 x 都有 $f(-x)=f(x)$，则称函数 $f(x)$ 为偶函数；如果 $f(-x)=-f(x)$，则称函数 $f(x)$ 为奇函数，如图 1-5、图 1-6 所示．

说明：偶函数的图形关于 y 轴对称，奇函数的图形关于原点对称．如果函数 $f(x)$ 既不是奇函数也不是偶函数，则称为非奇非偶函数．

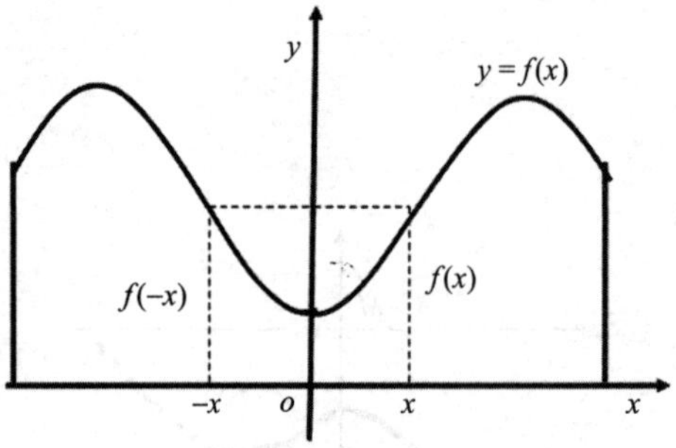

图 1-5

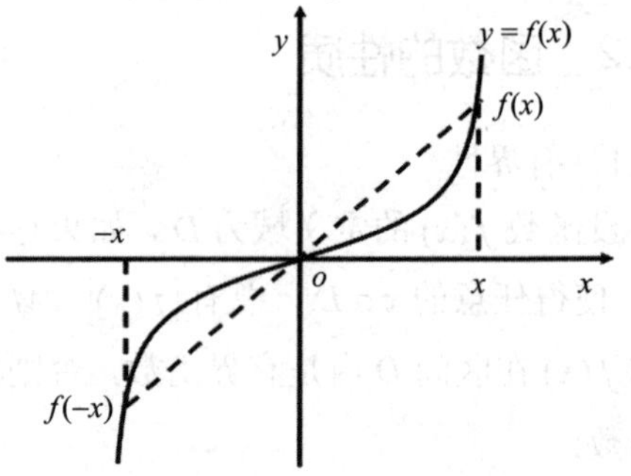

图 1-6

例 4 判断函数 $f(x)=\log_a(x+\sqrt{x^2+1})$ 的奇偶性．

解 根据题意可知，函数的定义域为 $(-\infty,+\infty)$，又因为

$$f(-x)=\log_a(\sqrt{x^2+1}-x)=\log_a\frac{(\sqrt{x^2+1}-x)(\sqrt{x^2+1}+x)}{\sqrt{x^2+1}+x}$$

$$=\log_a\frac{1}{\sqrt{x^2+1}+x}=\log_a(\sqrt{x^2+1}+x)^{-1}$$

$$=-\log_a(x+\sqrt{x^2+1})=-f(x)$$

所以函数 $f(x)=\log_a(x+\sqrt{x^2+1})$ 是奇函数.

4．周期性

设函数 $y=f(x)$，$x\in D$，如果存在常数 $T\neq 0$，对任意的 $x\in D$，有 $f(x+T)=f(x)$ 恒成立，则称函数 $f(x)$ 为周期函数；使上式成立的最小正数 T，称为函数 $y=f(x)$ 的最小正周期，简称周期.

说明：我们说的周期函数的周期是指最小正周期.

例如，函数 $y=\sin x$，$y=\cos x$ 的周期都是 $T=2\pi$；函数 $y=\tan x$，$y=\cot x$ 的周期都是 $T=\pi$；正弦型曲线函数 $y=A\sin(\omega x+\phi)$ 的周期为 $T=\dfrac{2\pi}{|\omega|}$.

1.1.3　基本初等函数

我们学过的六类函数：常数函数、幂函数、指数函数、对数函数、三角函数及反三角函数统称为基本初等函数. 下面把它们总结如下：

1．常数函数 $y=c$

定义域是 $(-\infty,+\infty)$，图像是过点 $(0,c)$ 且平行于 x 轴的一条直线，偶函数，如图 1-7 所示.

2．幂函数 $y=x^\alpha$，$\alpha\in R$

当 $\alpha>0$ 时，图像经过点 $(0,0)$ 和点 $(1,1)$，在 $(0,+\infty)$ 内单调增加且无界，如图 1-8 所示.

当 $\alpha<0$ 时，图像经过点 $(1,1)$，在 $(0,+\infty)$ 内单调减少且无界，曲线以 x 轴和 y 轴为渐近线，如图 1-9 所示.

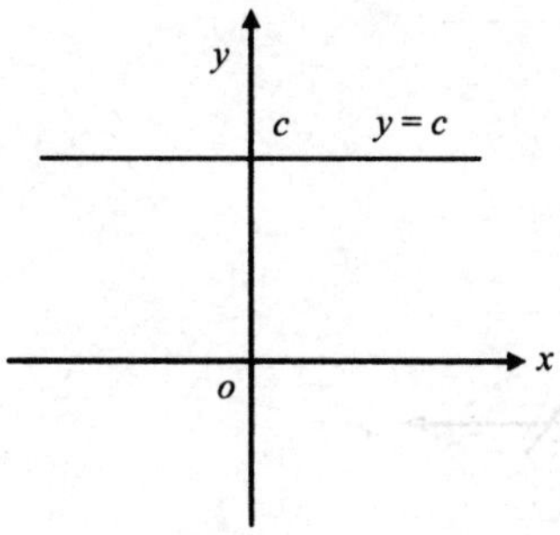

图 1-7

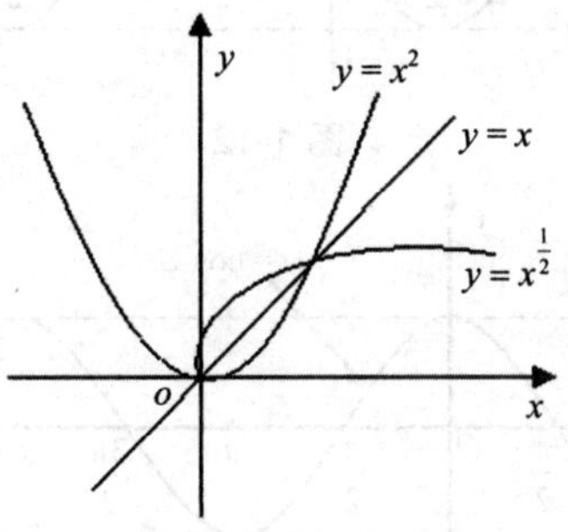

图 1-8

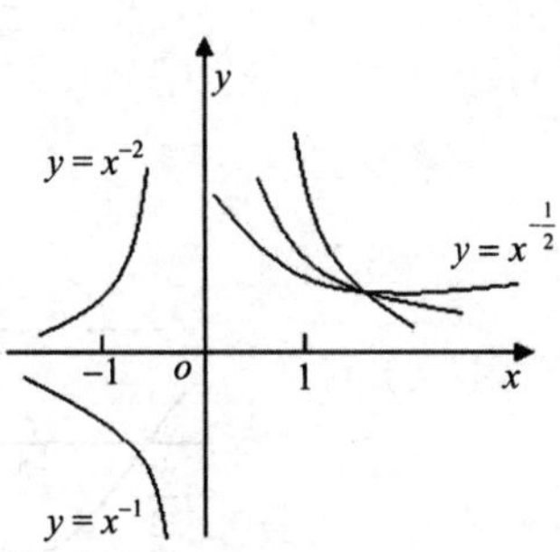

图 1-9

3．指数函数 $y=a^x$（$a>0$ 且 $a\neq1$）

定义域是 $(-\infty,+\infty)$，图像均在 x 轴上方，均过点 $(0,1)$．

$a>1$ 时，函数单调增加且无界，曲线以 x 轴负半轴为渐近线．

$0<a<1$ 时，函数单调减少且无界，曲线以 x 轴正半轴为渐近线，如图 1-10 所示．

4．对数函数 $y=\log_a x$（$a>0$ 且 $a\neq1$）

定义域是 $(0,+\infty)$，图像均在 y 轴右侧，均过点 $(1,0)$．

$a>1$ 时，函数单调增加且无界，曲线以 y 轴负半轴为渐近线．

$0<a<1$ 时，函数单调减少且无界，曲线以 y 轴正半轴为渐近线，如图 1-11 所示．

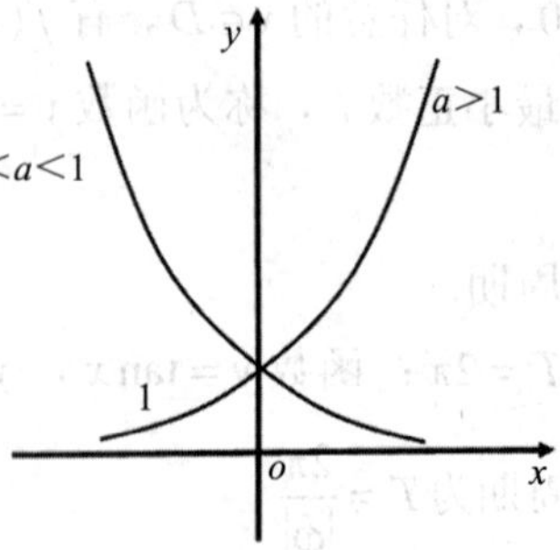

图 1-10

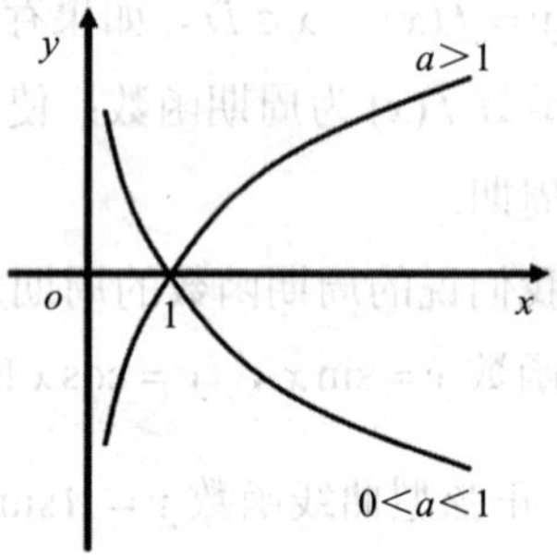

图 1-11

5．三角函数

（1）正弦函数 $y=\sin x$

定义域是 $(-\infty,+\infty)$，值域是 $[-1,1]$，奇函数，周期 $T=2\pi$，有界，如图 1-12 所示．

（2）余弦函数 $y=\cos x$

定义域是 $(-\infty,+\infty)$，值域是 $[-1,1]$，偶函数，周期 $T=2\pi$，有界，如图 1-13 所示．

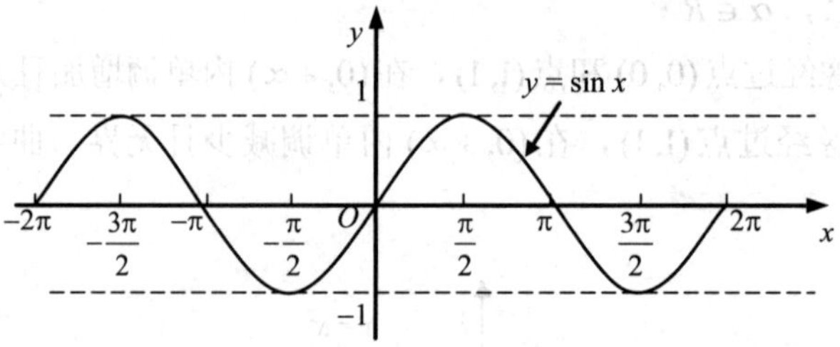

图 1-12

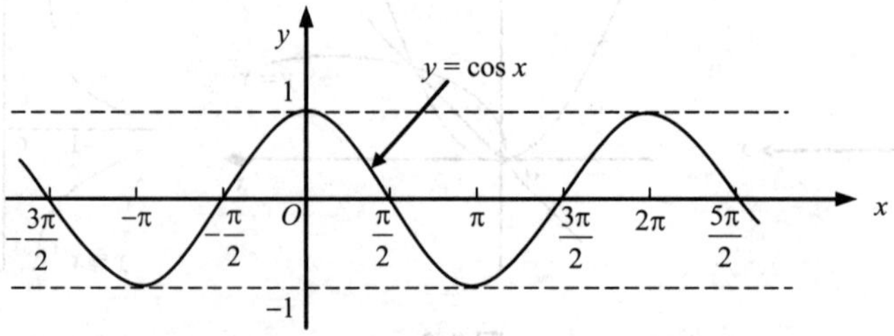

图 1-13

（3）正切函数 $y=\tan x$

定义域 $x\neq k\pi+\frac{\pi}{2}$（$k=0,\pm1,\pm2,\cdots$），值域是 $(-\infty,+\infty)$，奇函数，周期 $T=\pi$，在每一个连续区间内单调增加，以直线 $x=k\pi+\frac{\pi}{2}$（$k=0,\pm1,\pm2,\cdots$）为渐近线，如图 1-14 所示.

（4）余切函数 $y=\cot x$

定义域是 $x\neq k\pi$（$k=0,\pm1,\pm2,\cdots$），值域是 $(-\infty,+\infty)$，奇函数，周期 $T=\pi$，在每一个连续区间内单调减少，以直线 $x=k\pi$（$k=0,\pm1,\pm2,\cdots$）为渐近线，如图 1-15 所示.

6．反三角函数

（1）反正弦函数 $y=\arcsin x$

定义域是 $[-1,1]$，值域是 $\left[-\frac{\pi}{2},\frac{\pi}{2}\right]$，单调增加的奇函数，有界，如图 1-16 所示.

（2）反余弦函数 $y=\arccos x$

定义域是 $[-1,1]$，值域是 $[0,\pi]$，单调减少的函数，有界，如图 1-17 所示.

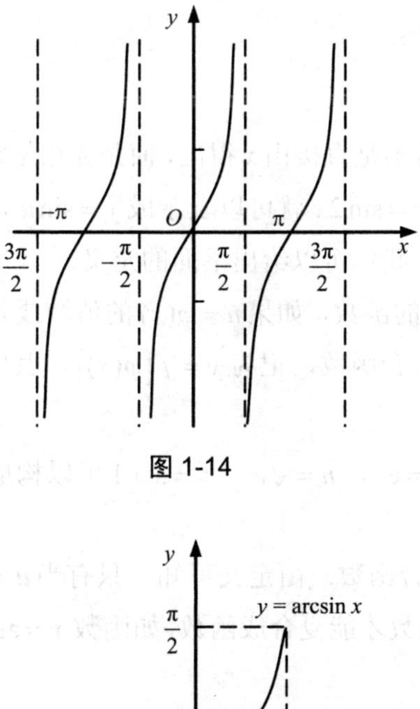

图 1-14

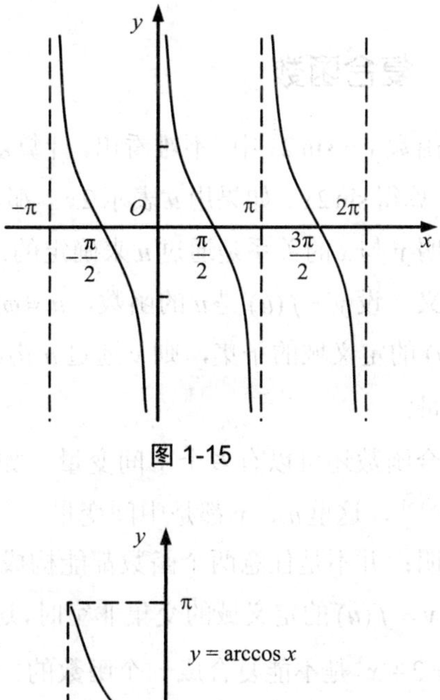

图 1-15

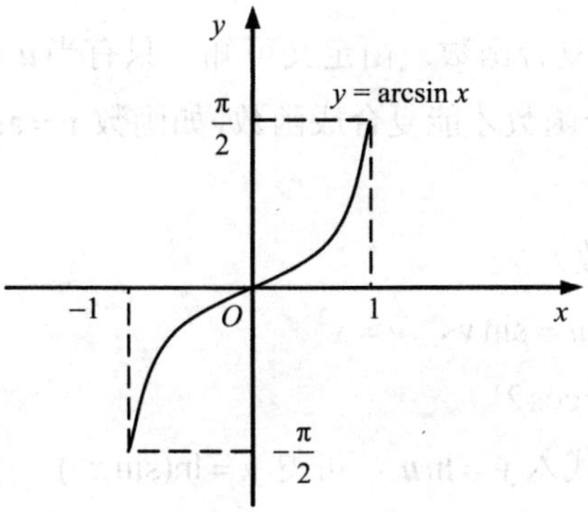

图 1-16

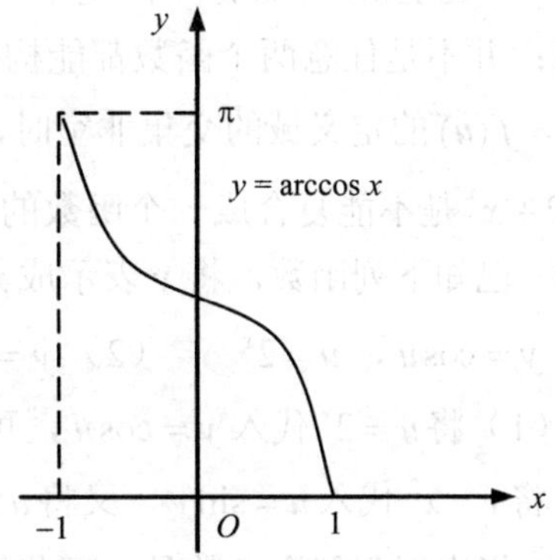

图 1-17

（3）反正切函数 $y=\arctan x$

定义域是 $(-\infty,+\infty)$，值域是 $\left(-\frac{\pi}{2},\frac{\pi}{2}\right)$，单调增加的奇函数，有界，如图 1-18 所示.

（4）反余切函数 $y=\operatorname{arccot} x$

定义域是 $(-\infty,+\infty)$，值域是 $(0,\pi)$，单调减少的函数，有界，如图 1-19 所示.

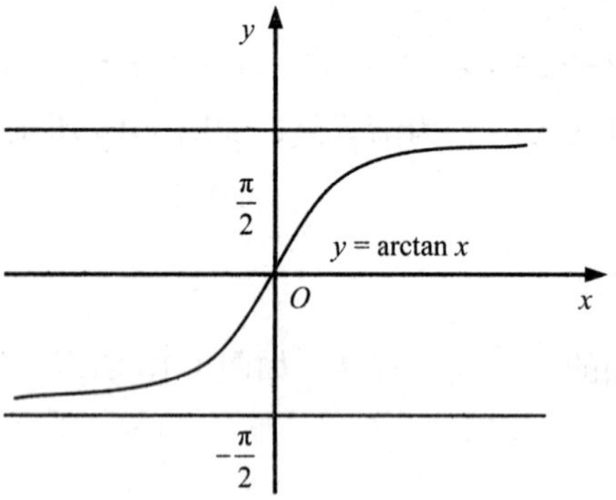

图 1-18

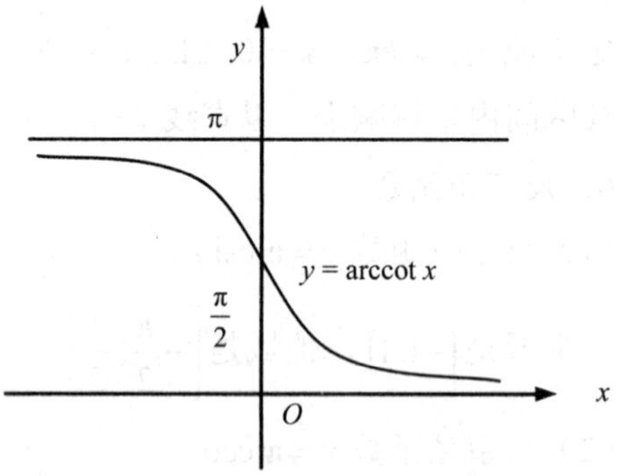

图 1-19

1.1.4 复合函数

在函数 $y=\sin 2x$ 中，不难看出，计算函数值时不是直接由 x 得出，而是先由 x 算得 $2x$，再由 $2x$ 算得 $\sin 2x$．如果用 u 表示 $2x$，那么函数 $y=\sin 2x$ 就可以表示成 $y=\sin u$，$u=2x$．这也说明 y 与 x 的关系是通过 u 来确定的．于是，我们可以给出下面的定义.

定义 设 $y=f(u)$ 是 u 的函数，$u=\varphi(x)$ 是 x 的函数，如果 $u=\varphi(x)$ 的值域或其部分是 $y=f(u)$ 的定义域的子集，则 y 通过 u 构成 x 的复合函数，记为 $y=f[\varphi(x)]$，其中 u 称为中间变量.

复合函数还可以有多个中间变量．如函数 $y=\mathrm{e}^u$，$u=\sqrt{v}$，$v=x+1$ 可以构成复合函数 $y=\mathrm{e}^{\sqrt{x+1}}$，这里 u、v 都是中间变量.

说明：并不是任意两个函数都能构成一个复合函数．由定义可知，只有当 $u=\varphi(x)$ 的值域与 $y=f(u)$ 的定义域的交集非空时，这两个函数才能复合成函数，如函数 $y=\arcsin u$ 与函数 $u=2+x^2$ 是不能复合成一个函数的.

例 5 已知下列函数，将 y 表示成 x 的函数.

（1）$y=\cos u$，$u=2^x$ （2）$y=\ln u$，$u=\sin v$，$v=x^2$

解 （1）将 $u=2^x$ 代入 $y=\cos u$，可得 $y=\cos 2^x$

（2）将 $v=x^2$ 代入 $u=\sin v$，又将 $u=\sin v$ 代入 $y=\ln u$，可得 $y=\ln(\sin x^2)$

例 6 指出下列复合函数是由哪些简单函数复合而成的.

（1）$y=\sin(\ln x)$ （2）$y=\sqrt{\arctan(x+1)}$

解　(1) $y=\sin(\ln x)$ 由函数 $y=\sin u$，$u=\ln x$ 复合而成.

(2) $y=\sqrt{\arctan(x+1)}$ 由函数 $y=\sqrt{u}$，$u=\arctan v$，$v=x+1$ 复合而成.

说明：复合函数通常不是由纯粹的基本初等函数复合而成的，而更多的是由基本初等函数经过四则运算形成的简单函数复合而成，因此复合函数的合成与分解往往是对简单函数来说的，如函数 $y=\sqrt{x^2+\sin x}$ 可以看成由函数 $y=\sqrt{u}$ 与 $u=x^2+\sin x$ 复合而成.

1.1.5　初等函数

由基本初等函数经过有限次的四则运算或有限次的复合所构成的，并且能用一个解析式表示的函数称为初等函数.

例如，$y=\sqrt{\arctan(x+1)}$ 是初等函数；$y=1+x+x^2+x^3+\cdots$ 不是初等函数，分段函数一般不是初等函数.

1.2　极限

1.2.1　数列的极限

1．数列

我们先来回忆一下初等数学中数列的概念.

按一定规律排列的一串数

$$x_1,x_2,\cdots,x_n,\cdots,$$

称作数列，记作 $\{x_n\}$.其中 x_1 叫作数列的第一项，x_2 叫作数列的第二项，……，x_n 叫作数列的第 n 项，又称一般项或通项. 例如，

(1) $1,\dfrac{1}{\sqrt{2}},\dfrac{1}{\sqrt{3}},\cdots,\dfrac{1}{\sqrt{n}},\cdots$

(2) $-\dfrac{1}{2},\dfrac{1}{4},-\dfrac{1}{8},\cdots,(-1)^n\dfrac{1}{2^n},\cdots$

(3) $\dfrac{1}{2},\dfrac{2}{3},\dfrac{3}{4},\cdots,\dfrac{n}{n+1},\cdots$

(4) $0,1,0,\dfrac{1}{2},0,\dfrac{1}{3},\cdots,\dfrac{(-1)^n+1}{n},\cdots$

(5) $1,-1,1,-1,\cdots,(-1)^{n+1},\cdots$

（6）$-1,-3,-5,-7,\cdots,-(2n-1),\cdots$

说明：数列$\{x_n\}$可以看成定义域是全体正整数的函数$y=f(n)=x_n$．

2．数列的极限

观察上面的几个数列可以发现，当n趋于无穷大时，它们的变化趋势是不相同的．

数列（1）中，x_n随着n的增大而变小，当n无限增大时，x_n无限接近0．

数列（3）中，x_n随着n的增大而增大，当n无限增大时，x_n无限接近1．

数列（2）和数列（4）都是随着n的增大来回摆动的数列，但情况有所不同．数列（2）当n无限增大时，与常数0无限接近；数列（4）比较特殊，它的奇数项和偶数项的变化方式不一样，但它们都在趋近于同一个常数0，它也是有固定变化趋势的．

数列（5）的取值在1和-1之间跳动，没有固定的变化趋势．

数列（6）随着n的增大绝对值无限变大．

总之，除数列（5）和数列（6）以外，其他数列当n无限增大时，都会趋于某一个常数，这样的数列，我们称它是有极限的．

定义 1　对于数列$\{x_n\}$，如果当项数n无限增大时，数列相应的项x_n无限接近于一个确定的常数A，则称常数A是数列$\{x_n\}$的极限，记为$\lim\limits_{n\to\infty}x_n=A$或$x_n\to A(n\to\infty)$；并称数列$\{x_n\}$是收敛的．若数列$\{x_n\}$的极限不存在，则称数列$\{x_n\}$是发散的．

上述数列中，数列（1）、数列（2）、数列（3）、数列（4）是收敛的，且$\lim\limits_{n\to\infty}\frac{1}{\sqrt{n}}=0$，$\lim\limits_{n\to\infty}(-1)^n\frac{1}{2^n}=0$，$\lim\limits_{n\to\infty}\frac{n}{n+1}=1$，$\lim\limits_{n\to\infty}\frac{(-1)^n+1}{n}=0$.数列（5）、数列（6）是发散的，即$\lim\limits_{n\to\infty}(-1)^{n+1}$不存在，$\lim\limits_{n\to\infty}[-(2n-1)]$不存在，也可记为$\lim\limits_{n\to\infty}[-(2n-1)]=-\infty$．

说明：“$\lim\limits_{n\to\infty}x_n$”不再表示数列的通项，而是表示数列的极限．

1.2.2　函数的极限

1．$x\to\infty$时函数的极限

定义 2　设函数$f(x)$在$(a,+\infty)$内有定义．如果当自变量x无限增大时，相应的函数值$f(x)$无限接近于一个确定的常数A，则称A为函数$f(x)$当$x\to+\infty$时的极限，记作

$$\lim_{x\to+\infty}f(x)=A\text{或}f(x)\to A(x\to+\infty)$$

定义 3　设函数$f(x)$在$(-\infty,b)$内有定义．如果当自变量$-x$无限增大时，相应的函数值$f(x)$无限接近于一个确定的常数A，则称A为函数$f(x)$当$x\to-\infty$时的极限，记作

$$\lim_{x\to-\infty}f(x)=A\text{或}f(x)\to A(x\to-\infty)$$

定义 4　设函数 $f(x)$ 在 $(-\infty,b)\cup(a,+\infty)$ 内有定义，如果当自变量 x 既取正值同时又取负值而绝对值无限增大时，相应的函数值 $f(x)$ 无限接近于一个确定的常数 A，则称 A 为函数 $f(x)$ 当 $x\to\infty$ 时的极限，记作

$$\lim_{x\to\infty}f(x)=A \text{ 或 } f(x)\to A(x\to\infty)$$

例 1　求 $\lim\limits_{x\to\infty}\dfrac{1}{x}$.

解　函数图像如图 1-20 所示，当 $x\to+\infty$ 时，$\dfrac{1}{x}$ 无限变小，函数值趋于 0；

当 $x\to-\infty$ 时，函数值同样趋于 0；

所以 $\lim\limits_{x\to\infty}\dfrac{1}{x}=0$.

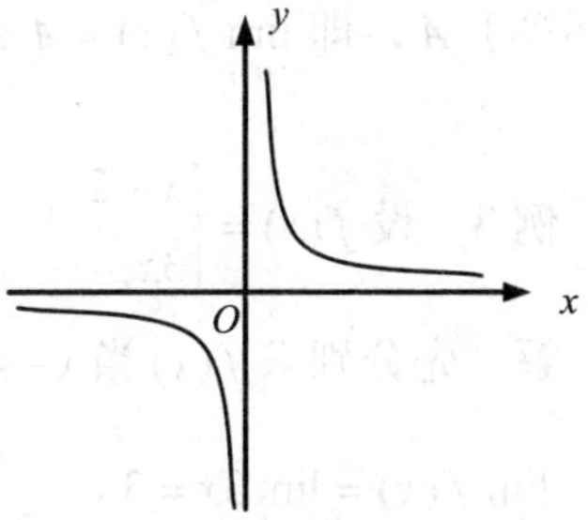

图 1-20

例 2　求 $\lim\limits_{x\to-\infty}3^x$.

解　当 $x\to-\infty$ 时，$3^x\to0$，即 $\lim\limits_{x\to-\infty}3^x=0$.

2．$x\to x_0$ 时函数的极限

考察函数 $f(x)=\dfrac{x^2-4}{x-2}$，当 $x\to2$ 时函数值的变化趋势如何？很明显函数在 $x=2$ 处无定义，图像如图 1-21 所示，从中我们可以看出当 $x\to2$ 时，$f(x)$ 无限地趋于常数 4.我们称，当 $x\to2$ 时，$f(x)$ 的极限是 4.

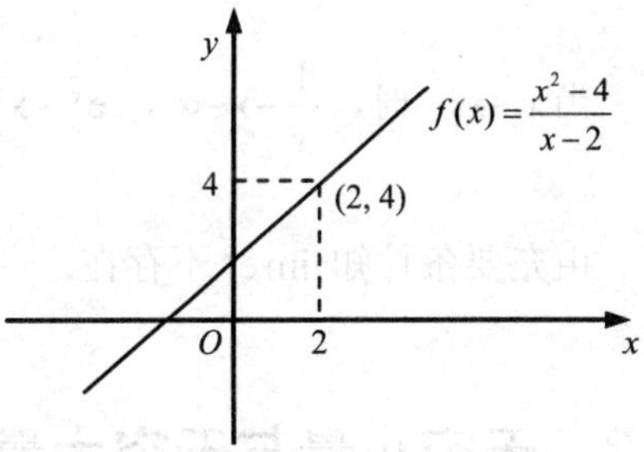

图 1-21

定义 5　设函数 $f(x)$ 在点 x_0 的某去心邻域 $U(\hat{x}_0,\delta)$ 内有定义．当自变量 x 在 $U(\hat{x}_0,\delta)$ 内无限接近于 x_0 时，函数值 $f(x)$ 无限接近于一个确定的常数 A，则称 A 为函数 $f(x)$ 当 $x\to x_0$ 时的极限，记作

$$\lim_{x\to x_0}f(x)=A \text{ 或 } f(x)\to A(x\to x_0)$$

说明：$x\to x_0$ 只是一个变化趋势但 $x\neq x_0$，$\lim\limits_{x\to x_0}f(x)$ 是否存在与函数 $f(x)$ 在点 x_0 有无定义无关，只与函数在点 x_0 邻近的函数值有关.

3．左极限与右极限

定义 6　设函数 $f(x)$ 在点 x_0 的某右半邻域 $(x_0,x_0+\delta)$ [或左半邻域 $(x_0-\delta,x_0)$]内有定

义. 当自变量 x 在该半邻域内无限接近于 x_0 时，函数值 $f(x)$ 无限接近于一个确定的常数 A，则称 A 为函数 $f(x)$ 在点 x_0 的右（或左）极限，记作

$$\lim_{x\to x_0^+} f(x)=A\left[\lim_{x\to x_0^-} f(x)=A\right]$$

定理 当 $x\to x_0$ 时，$f(x)$ 以 A 为极限的充分必要条件是 $f(x)$ 在点 x_0 处左右极限存在且都等于 A，即 $\lim\limits_{x\to x_0} f(x)=A \Leftrightarrow \lim\limits_{x\to x_0^+} f(x)=\lim\limits_{x\to x_0^-} f(x)=A$

例 3 设 $f(x)=\begin{cases} x+2, & x\geqslant 1 \\ 3x, & x<1 \end{cases}$ 试判断 $\lim\limits_{x\to 1} f(x)$ 是否存在.

解 先分别求 $f(x)$ 当 $x\to 1$ 时的左右极限：

$\lim\limits_{x\to 1^-} f(x)=\lim\limits_{x\to 1^-} 3x=3$，　$\lim\limits_{x\to 1^+} f(x)=\lim\limits_{x\to 1^+}(x+2)=3$

左右极限各自存在且相等，所以 $\lim\limits_{x\to 1} f(x)$ 存在，且 $\lim\limits_{x\to 1} f(x)=3$.

例 4 判断 $\lim\limits_{x\to 0} \mathrm{e}^{\frac{1}{x}}$ 是否存在.

解 当 $x\to 0^+$ 时，$\dfrac{1}{x}\to +\infty$，$\mathrm{e}^{\frac{1}{x}}\to +\infty$，即 $\lim\limits_{x\to 0} \mathrm{e}^{\frac{1}{x}}$ 不存在；

当 $x\to 0^-$ 时，$\dfrac{1}{x}\to -\infty$，$\mathrm{e}^{\frac{1}{x}}\to 0$，即 $\lim\limits_{x\to 0} \mathrm{e}^{\frac{1}{x}}=0$；左极限存在，而右极限不存在；

由充要条件知 $\lim\limits_{x\to 0} \mathrm{e}^{\frac{1}{x}}$ 不存在.

1.3 无穷小量与无穷大量

1.3.1 无穷小量

有一类函数在某个变化过程中，其绝对值可以无限变小，也就是说，它的极限为零. 这样的函数在微积分中很重要，我们称它为无穷小量.

定义 1 若函数 $y=f(x)$ 在自变量 x 的某个变化过程中以零为极限，则称在该变化过程中，$f(x)$ 为无穷小量，简称无穷小.

在理解无穷小概念时，应注意下面几点：

(1) 定义中所说的变化过程，包括 $x\to x_0$，$x\to x_0^+$，$x\to x_0^-$，$x\to\infty$，$x\to -\infty$ 和 $x\to +\infty$

六种形式.

（2）无穷小不是绝对值很小的常数而是函数！在常数中只有零才是无穷小.

（3）说函数是无穷小，必须指明自变量的变化趋势！

例如，函数 $\sin x$ 是当 $x \to 0$ 时的无穷小，而不是 $x \to 1$ 时的无穷小．$(x-1)^2$ 是当 $x \to 1$ 时的无穷小．$\frac{1}{x+1}$, $\frac{1}{x^2}$ 都是 $x \to \infty$ 时的无穷小．$\frac{1}{n}$ 是 $n \to \infty$ 时的无穷小.

（4）经常用小写希腊字母 $\alpha, \beta, \gamma \cdots$ 来表示无穷小量.

在建立了无穷小概念后，我们发现极限、函数与无穷小之间存在如下定理所述的关系.

定理 1 函数 $f(x)$ 以 A 为极限的充要条件是：$f(x)$ 可以表示为 A 与一个无穷小量 α 之和，即

$$\lim f(x) = A \Leftrightarrow f(x) = A + \alpha \text{（其中} \lim \alpha = 0\text{）}$$

1.3.2 无穷小量的性质

性质 1 有限个无穷小的代数和是无穷小.

性质 2 有界变量乘无穷小还是无穷小.

性质 3 常数乘无穷小还是无穷小.

性质 4 有限个无穷小的积是无穷小.

例 1 求 $\lim\limits_{x \to 0}(x \cdot \sin\frac{1}{x})$.

解 因为 $\left|\sin\frac{1}{x}\right| \leqslant 1$，所以 $\sin\frac{1}{x}$ 是有界变量；当 $x \to 0$ 时，x 是无穷小量．根据性质 2 知，乘积 $x \cdot \sin\frac{1}{x}$ 是无穷小量，即 $\lim\limits_{x \to 0}(x \cdot \sin\frac{1}{x}) = 0$.

1.3.3 无穷小量的阶

定义 2 设 α、β 是同一个过程中的两个无穷小量

（1）如果 $\lim\frac{\alpha}{\beta} = 0$，则称 α 是比 β 高阶的无穷小，也称 β 是比 α 低阶的无穷小. [记作 $\alpha = o(\beta)$]

（2）如果 $\lim\frac{\alpha}{\beta} = C \neq 0$，则称 α 与 β 是同阶无穷小．特别当 $C = 1$ 时，则称 α 与 β 是等价无穷小.（记作 $\alpha \sim \beta$）

例如，当$x\to 0$时，x^2，x^3都是无穷小量，因为$\lim\limits_{x\to 0}\frac{x^3}{x^2}=0$，所以当$x\to 0$时，$x^3$是比$x^2$的高阶无穷小.

当$x\to 0$时，常见的等价无穷小量有：

$\sin x\sim x$，$\tan x\sim x$，$\arcsin x\sim x$，$\arctan x\sim x$，$\ln(1+x)\sim x$，$e^x-1\sim x$，$1-\cos x\sim\frac{1}{2}x^2$，$\sqrt[n]{1+x}-1\sim\frac{x}{n}$

定理 2（等价无穷小代换原理）

设在自变量的同一变化过程中，$\alpha\sim\alpha'$，$\beta\sim\beta'$，若$\lim\frac{\alpha'}{\beta'}=A$，则$\lim\frac{\alpha}{\beta}=A$.

例 2 求$\lim\limits_{x\to 0}\frac{\arcsin 2x}{x^2+x}$.

解 当$x\to 0$时，$\arcsin x\sim x$

所以$\lim\limits_{x\to 0}\frac{\arcsin 2x}{x^2+x}=\lim\limits_{x\to 0}\frac{2x}{x^2+x}=\lim\limits_{x\to 0}\frac{2}{x+1}=2$

例 3 求$\lim\limits_{x\to\infty}x^4\ln\left(1+\frac{1}{x^4}\right)$.

解 当$x\to 0$时，$\ln(1+x)\sim x$，则$x\to\infty$，$\ln\left(1+\frac{1}{x^4}\right)\sim\frac{1}{x^4}$，

所以$\lim\limits_{x\to\infty}x^4\ln\left(1+\frac{1}{x^4}\right)=\lim\limits_{x\to\infty}x^4\cdot\frac{1}{x^4}=1$

1.3.4 无穷大量

与无穷小量相反，有一类函数在变化过程中绝对值可以无限增大，我们称它为无穷大量.

定义 3 在自变量x的某个变化过程中，如果函数值的绝对值$|f(x)|$无限增大，则称函数$f(x)$为该自变量变化过程中的无穷大量（简称无穷大）.如果函数值$f(x)$ [$-f(x)$]无限增大，则称函数$f(x)$为该自变量变化过程中的正（负）无穷大，记作$\lim f(x)=\infty$.

例如，当$x\to 0$时，$\frac{1}{x^3}$是无穷大量；当$x\to 0^+$时，$\frac{1}{\sqrt{x}}$，$\cot x$是无穷大量.

在理解无穷大量时，应注意如下问题：

（1）为便于描述函数的变化趋势，形式上沿用极限的符号.

（2）无穷大是函数，不是绝对值很大的常数.

（3）说函数是无穷大，必须指明自变量的变化过程.

（4）无穷大必是无界量，但无界量未必是无穷大量（即函数在变化过程中绝对值越来

越大且可以无限增大时，才能称为无穷大量），如 $f(x)=x\cos x$，当 $x\to\infty$ 时，$f(x)$ 无界但不是无穷大量.

从前面的例子可以看到，当 $x\to 0$ 时，$\frac{1}{x^3}$ 是无穷大量，x^3 是无穷小量. 这说明，在自变量的同一变化过程中，如果 $f(x)$ 是无穷大，则 $\frac{1}{f(x)}$ 是无穷小；如果 $f(x)$ 是无穷小，且 $f(x)\neq 0$，则 $\frac{1}{f(x)}$ 是无穷大.

1.4　极限的运算

学习了函数的概念之后，摆在我们面前的主要任务是如何求极限了. 前面我们用观察法求出了一些简单函数的极限，但对较复杂的极限问题就无能为力了，因此需要研究极限的运算法则.

1.4.1　极限的四则运算法则

定理 1　如果 $\lim u(x)=A, \lim v(x)=B,$ 则

（1）$\lim[u(x)\pm v(x)]=\lim u(x)\pm\lim v(x)=A\pm B$

（2）$\lim[u(x)\cdot v(x)]=\lim u(x)\cdot\lim v(x)=A\cdot B$

（3）当 $\lim v(x)=B\neq 0$ 时，$\lim\frac{u(x)}{v(x)}=\frac{\lim u(x)}{\lim v(x)}=\frac{A}{B}$

上述运算法则可以推广到有限多个函数的代数和及乘法的情况.

推论　设 $\lim u(x)$ 存在，C 为常数，n 是正整数，则

（1）$\lim[Cu(x)]=C\lim u(x)$；（2）$\lim[u(x)]^n=[\lim u(x)]^n$

使用这些法则时，必须注意两点：

（1）法则要求每个参与运算的函数的极限都存在.

（2）商的极限的运算法则有一个重要前提，即分母的极限不能为零.

当上面两个条件不具备时，不能使用法则.

例 1　求 $\lim\limits_{x\to x_0}(ax+b)$.

解　$\lim\limits_{x\to x_0}(ax+b)=\lim\limits_{x\to x_0}ax+\lim\limits_{x\to x_0}b=a\lim\limits_{x\to x_0}x+b=ax_0+b$

例 2　求 $\lim\limits_{x\to x_0}(a_0x^n+a_1x^{n-1}+\cdots+a_{n-1}x+a_n)$.

解 $\lim\limits_{x\to x_0}(a_0x^n+a_1x^{n-1}+\cdots+a_{n-1}x+a_n)$

$=\lim\limits_{x\to x_0}a_0x^n+\lim\limits_{x\to x_0}a_1x^{n-1}+\cdots+\lim\limits_{x\to x_0}a_{n-1}x+\lim\limits_{x\to x_0}a_n$

$=a_0{x_0}^n+a_1{x_0}^{n-1}+\cdots+a_{n-1}x_0+a_n$

由例 2 可知，函数 $f(x)=a_0x^n+a_1x^{n-1}+\cdots+a_{n-1}x+a_n$ 当 $x\to x_0$ 时的极限值就是函数 $f(x)$ 在点 x_0 处的函数值．即 $\lim\limits_{x\to x_0}f(x)=f(x_0)$．

例 3 求 $\lim\limits_{x\to 0}\dfrac{2x^2-3x+1}{x+2}$．

解 先求分母的极限，因为 $\lim\limits_{x\to 0}(x+2)=2\neq 0$，所以可以直接使用商的极限的运算法则，

$$\lim_{x\to 0}\frac{2x^2-3x+1}{x+2}=\frac{\lim\limits_{x\to 0}(2x^2-3x+1)}{\lim\limits_{x\to 0}(x+2)}=\frac{2\times 0^2-3\times 0+1}{0+2}=\frac{1}{2}$$

一般地，有理分式（分子、分母都是多项式的分式）当分母极限不为零时，则有 $x\to x_0$ 时的极限等于分子、分母在 x_0 处的函数值的商，即 $\lim\limits_{x\to x_0}\dfrac{P(x)}{Q(x)}=\dfrac{P(x_0)}{Q(x_0)}$．

例 4 求 $\lim\limits_{x\to 1}\dfrac{4x-3}{x^2-3x+2}$．

解 先求分母的极限，因为 $\lim\limits_{x\to 1}(x^2-3x+2)=0$，此时由于分母极限为零，不能直接运用运算法则．在分母为零的情况下，求极限的方法将取决于分子极限的状况．本题中容易求得分子极限不等于零．这时，我们先来考虑原来函数倒数的极限．

$$\lim_{x\to 1}\frac{x^2-3x+2}{4x-3}=\frac{\lim\limits_{x\to 1}(x^2-3x+2)}{\lim\limits_{x\to 1}(4x-3)}=0$$

即 $\dfrac{x^2-3x+2}{4x-3}$ 是 $x\to 1$ 时的无穷小．由无穷小量与无穷大量的倒数关系，得到

$$\lim_{x\to 1}\frac{4x-3}{x^2-3x+2}=\infty$$

例 5 求 $\lim\limits_{x\to 3}\dfrac{x^2-4x+3}{x^2-9}$．

解　当 $x \to 3$ 时，分子、分母均趋于 0，因为 $x \neq 3$，约去公因子 $(x-3)$，

所以 $$\lim_{x\to 3}\frac{x^2-4x+3}{x^2-9}=\lim_{x\to 3}\frac{(x-3)(x-1)}{(x+3)(x-3)}=\lim_{x\to 3}\frac{x-1}{x+3}=\frac{1}{3}$$

例 6　求 $\lim\limits_{x\to 0}\dfrac{\sqrt{x+1}-1}{x}$.

解　当 $x \to 0$ 时，分子、分母极限都是零，不能直接用极限运算法则．可先对分子有理化，再求极限

$$\lim_{x\to 0}\frac{\sqrt{x+1}-1}{x}=\lim_{x\to 0}\frac{(\sqrt{x+1}-1)(\sqrt{x+1}+1)}{x(\sqrt{x+1}+1)}=\lim_{x\to 0}\frac{1}{\sqrt{x+1}+1}=\frac{1}{2}$$

从例 3 到例 6，都属于 $x \to x_0$ 时，有理分式的极限．下面我们介绍 $x \to \infty$ 时有理分式的极限．

例 7　求 $\lim\limits_{x\to\infty}\dfrac{2x^2-x+3}{x^2+2x+2}$.

解　本例中，分子、分母的极限都不存在，所以不能运用极限的运算法则．我们对这个分式做适当变形，分子、分母同除以它们的最高次幂 x^2，然后可运用运算法则求极限．

$$\lim_{x\to\infty}\frac{2x^2-x+3}{x^2+2x+2}=\lim_{x\to\infty}\frac{2-\frac{1}{x}+\frac{3}{x^2}}{1+\frac{2}{x}+\frac{2}{x^2}}=\frac{\lim\limits_{x\to\infty}\left(2-\frac{1}{x}+\frac{3}{x^2}\right)}{\lim\limits_{x\to\infty}\left(1+\frac{2}{x}+\frac{2}{x^2}\right)}=2$$

例 8　求 $\lim\limits_{x\to\infty}\dfrac{x^3-x+5}{3x^2+2}$.

解　本例如果仿照上例的方法，分子、分母同时除以它们的最高次幂 x^3 的话，使得分母的极限为零，仍不能使用运算法则求极限．实际上，只能用以下方法来求．

因为 $$\lim_{x\to\infty}\frac{3x^2+2}{x^3-x+5}=\lim_{x\to\infty}\frac{\frac{3}{x}+\frac{2}{x^3}}{1-\frac{1}{x^2}+\frac{5}{x^3}}=0$$

所以 $$\lim_{x\to\infty}\frac{x^3-x+5}{3x^2+2}=\infty$$

一般地，当 $x \to \infty$ 时，有理分式（$a_0 \neq 0$，$b_0 \neq 0$）的极限有以下结果：

$$\lim_{x\to\infty}\frac{a_0x^n+a_1x^{n-1}+\cdots+a_{n-1}x+a_n}{b_0x^m+b_1x^{m-1}+\cdots+b_{m-1}x+b_m}=\begin{cases}0, & n<m\\ \dfrac{a_0}{b_0}, & n=m\\ \infty, & n>m\end{cases}$$

利用这个结果求当 $x \to \infty$ 时的极限非常方便．

例 9 求下列极限

（1）$\lim\limits_{x\to\infty}\dfrac{4x^2+5x-3}{2x^3+8}$；（2）$\lim\limits_{x\to\infty}\dfrac{3x^4-2x^2-7}{5x^2+3}$；（3）$\lim\limits_{x\to\infty}\dfrac{(x-3)(2x^2+1)}{2-7x^3}$.

解 （1）因为分母的最高次幂大于分子的最高次幂，即 $m>n$，所以

$$\lim_{x\to\infty}\frac{4x^2+5x-3}{2x^3+8}=0$$

（2）因为分子的最高次幂大于分母的最高次幂，即 $n>m$，所以

$$\lim_{x\to\infty}\frac{3x^4-2x^2-7}{5x^2+3}=\infty$$

（3）容易看出，分子乘积的结果应为三次多项式，与分母的最高次幂相同，即 $m=n$，所以，极限值应为分子、分母最高次项系数之比，即

$$\lim_{x\to\infty}\frac{(x-3)(2x^2+1)}{2-7x^3}=-\frac{2}{7}$$

例 10 求 $\lim\limits_{x\to1}\left(\dfrac{1}{x-1}-\dfrac{2}{x^2-1}\right)$.

解 因为 $\lim\limits_{x\to1}\dfrac{1}{x-1}$，$\lim\limits_{x\to1}\dfrac{2}{x^2-1}$ 都不存在，所以不能直接用差的极限法则，我们可以先通分化简，再求极限.

$$\lim_{x\to1}\left(\frac{1}{x-1}-\frac{2}{x^2-1}\right)=\lim_{x\to1}\frac{x+1-2}{x^2-1}=\lim_{x\to1}\frac{x-1}{x^2-1}=\lim_{x\to1}\frac{1}{x+1}=\frac{1}{2}$$

说明：当遇到两个有理分式差的极限时，若这两个有理分式都是无穷大，可先通分，然后再求极限.

1.4.2 复合函数的运算法则

定理 2（复合函数极限的运算法则） 设函数 $y=f[\varphi(x)]$ 是 $y=f(u)$ 与 $u=\varphi(x)$ 的复合函数. 若 $\lim\limits_{u\to u_0}f(u)=f(u_0)$，$\lim\limits_{x\to x_0}\varphi(x)=u_0$，则

$$\lim_{x\to x_0}f[\varphi(x)]=\lim_{u\to u_0}f(u)$$

上式又可写为 $\lim\limits_{x\to x_0}f[\varphi(x)]=f\left[\lim\limits_{x\to x_0}\varphi(x)\right]$

这个定理的意义在于：在一定条件下函数符号与极限符号可以互换位置.

1.5 两个重要极限

1.5.1 重要极限一：$\lim\limits_{x\to 0}\dfrac{\sin x}{x}=1$

当 $x\to 0$ 时，考察 $\dfrac{\sin x}{x}$ 的变化趋势，如表 1-1 所示.

表 1-1

x	±1	±0.5	±0.1	±0.05	±0.01	±0.001	…
$\dfrac{\sin x}{x}$	0.841 47	0.958 85	0.998 33	0.999 58	0.999 98	0.999 99	…

由表 1-1 可以看出，当 x 的值越趋近 0 时，$\dfrac{\sin x}{x}$ 的值就越趋近于 1，即

$$\lim_{x\to 0}\frac{\sin x}{x}=1$$

在应用时应注意它的格式．在某一变化过程中，分子、分母的极限都为零（我们称它为 $\dfrac{0}{0}$ 型），且分子是分母的正弦.

例 1 求极限 $\lim\limits_{x\to 0}\dfrac{\sin kx}{x}$.

解 $\lim\limits_{x\to 0}\dfrac{\sin kx}{x}=\lim\limits_{x\to 0}\dfrac{k\cdot\sin kx}{kx}=k\lim\limits_{x\to 0}\dfrac{\sin kx}{kx}=k$

例 2 求极限 $\lim\limits_{x\to 0}\dfrac{\tan x}{x}$.

解 $\lim\limits_{x\to 0}\dfrac{\tan x}{x}=\lim\limits_{x\to 0}\dfrac{\sin x}{x\cdot\cos x}=\lim\limits_{x\to 0}\dfrac{\sin x}{x}\cdot\lim\limits_{x\to 0}\dfrac{1}{\cos x}=1\times 1=1$

例 3 $\lim\limits_{x\to 0}\dfrac{\sin ax}{\sin bx}$（$a\neq 0$，$b\neq 0$）.

解 分式的分子、分母同除以 x，然后再利用例 1 的结果可得.

$$\lim_{x\to 0}\frac{\sin ax}{\sin bx}=\lim_{x\to 0}\frac{\dfrac{\sin ax}{x}}{\dfrac{\sin bx}{x}}=\frac{\lim\limits_{x\to 0}\dfrac{\sin ax}{x}}{\lim\limits_{x\to 0}\dfrac{\sin bx}{x}}=\frac{a}{b} \qquad (*)$$

以上三个例题的结果都可以直接使用．特别地，在式（*）中，可以用正切函数替换正弦函数，等式仍然成立．

例 4 求极限 $\lim\limits_{x\to 0}\dfrac{\tan 3x-\sin 7x}{\tan 2x}$．

解 $\lim\limits_{x\to 0}\dfrac{\tan 3x-\sin 7x}{\tan 2x}=\lim\limits_{x\to 0}\left(\dfrac{\tan 3x}{\tan 2x}-\dfrac{\sin 7x}{\tan 2x}\right)$

$$=\lim_{x\to 0}\frac{\tan 3x}{\tan 2x}-\lim_{x\to 0}\frac{\sin 7x}{\tan 2x}=\frac{3}{2}-\frac{7}{2}=-2$$

例 5 求极限 $\lim\limits_{x\to 0}\dfrac{1-\cos x}{x^2}$．

解 $\lim\limits_{x\to 0}\dfrac{1-\cos x}{x^2}=\lim\limits_{x\to 0}\dfrac{2\sin^2\left(\dfrac{x}{2}\right)}{x^2}=\dfrac{1}{2}\cdot\lim\limits_{x\to 0}\left(\dfrac{\sin\dfrac{x}{2}}{\dfrac{x}{2}}\right)^2=\dfrac{1}{2}$

1.5.2 重要极限二：$\lim\limits_{x\to\infty}\left(1+\dfrac{1}{x}\right)^x=\mathrm{e}$

当 $x\to\infty$ 时，考察 $\left(1+\dfrac{1}{x}\right)^x$ 的变化趋势，如表 1-2 所示．

表 1-2

x	…	10	10^2	10^3	10^4	10^5	…
$\left(1+\frac{1}{x}\right)^x$	…	2.593 7	2.704 8	2.716 9	2.718 1	2.718 3	…
x	…	−10	-10^2	-10^3	-10^4	-10^5	…
$\left(1+\frac{1}{x}\right)^x$	…	2.868 0	2.732 0	2.719 6	2.718 4	2.718 3	…

由表 1-2 可以看出，当 x 的绝对值无限增大时，即 $x\to\infty$ 时，函数 $\left(1+\dfrac{1}{x}\right)^x$ 的值无限趋近于无理数 e（$\mathrm{e}=2.718\,281\,828\cdots$），即 $\lim\limits_{x\to\infty}\left(1+\dfrac{1}{x}\right)^x=\mathrm{e}$．

在应用时应注意它的格式．在某一变化过程中，底的极限为1，指数是无穷大量（我们称它为 1^∞ 型），且底中1加的部分与指数是倒数关系．

例 6 求极限 $\lim\limits_{x\to\infty}\left(1+\dfrac{1}{x}\right)^{2x}$．

解 $\lim\limits_{x\to\infty}\left(1+\dfrac{1}{x}\right)^{2x}=\lim\limits_{x\to\infty}\left[\left(1+\dfrac{1}{x}\right)^{x}\right]^{2}=\mathrm{e}^2$

例 7　求极限 $\lim\limits_{x\to 0}(1+x)^{\frac{1}{x}}$.

解　令 $\dfrac{1}{x}=t$，当 $x\to 0$ 时，$t\to\infty$，于是

$$\lim_{x\to 0}(1+x)^{\frac{1}{x}}=\lim_{t\to\infty}\left(1+\frac{1}{t}\right)^{t}=\mathrm{e}$$

例 8　求极限 $\lim\limits_{x\to 0}(1-2x)^{\frac{1}{x}+4}$.

解 $\lim\limits_{x\to 0}(1-2x)^{\frac{1}{x}+4}=\lim\limits_{x\to 0}(1-2x)^{\frac{1}{x}}\cdot\lim\limits_{x\to 0}(1-2x)^{4}=\lim\limits_{x\to 0}\left[(1-2x)^{\frac{1}{-2x}}\right]^{-2}\cdot 1=\mathrm{e}^{-2}$

例 9　求极限 $\lim\limits_{x\to\infty}\left(\dfrac{x+1}{x-1}\right)^{x}$.

解 $\lim\limits_{x\to\infty}\left(\dfrac{x+1}{x-1}\right)^{x}=\lim\limits_{x\to\infty}\left(\dfrac{1+\frac{1}{x}}{1-\frac{1}{x}}\right)^{x}=\dfrac{\lim\limits_{x\to\infty}\left(1+\frac{1}{x}\right)^{x}}{\lim\limits_{x\to\infty}\left(1-\frac{1}{x}\right)^{x}}=\dfrac{\mathrm{e}}{\mathrm{e}^{-1}}=\mathrm{e}^2$

1.6　函数的连续性

1.6.1　函数连续的概念

在自然界中有许多现象，如气温的变化、植物的生长等都是连续地变化着的．这种现象在函数关系上的反映，就是函数的连续性．它是与函数极限密切相关的另一基本概念．

1．函数的增量

定义 1　设变量 u 从初值 u_0 变到终值 u_1，则终值与初值之差叫作变量 u 的增量或改变量，记作 Δu，即 $\Delta u=u_1-u_0$．

说明：①增量可正可负，也可以是零；Δu 是整体记号．

②在函数 $y=f(x)$ 中，当自变量 x 从 x_0 变到终值 $x_1=x_0+\Delta x$ 时，函数的增量为

$$\Delta y=f(x_0+\Delta x)-f(x_0).$$

2．函数连续的定义

观察图 1-22 和图 1-23 中两条曲线在点 x_0 处的情况.

由图 1-22 可以看出，函数 $y=f(x)$ 在点 x_0 处是连续的，且当 Δx 无限趋近于 0 时，Δy 也趋近于 0 .

由图 1-23 可以看出，函数 $y=f(x)$ 在点 x_0 处是断开的，且当 Δx 无限趋近于 0 时，Δy 不能趋近于 0 .

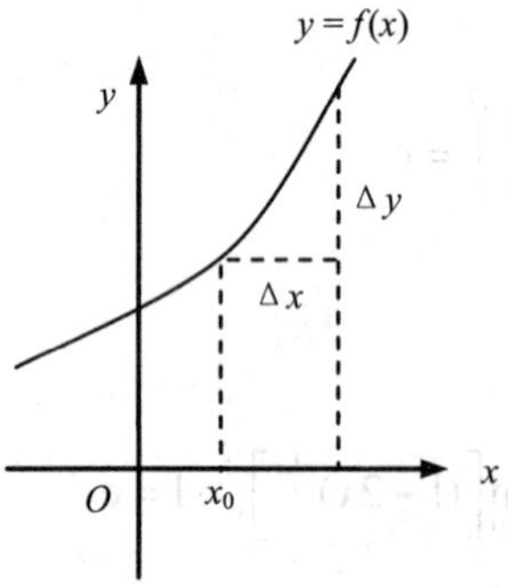

图 1-22

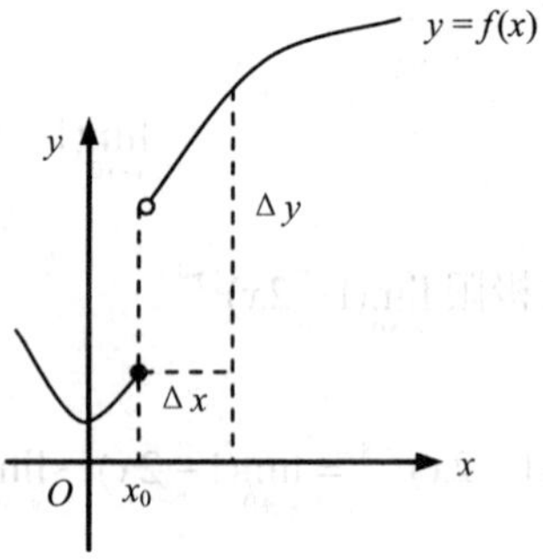

图 1-23

由上述分析，我们给出连续的定义如下：

定义 2 设函数 $y=f(x)$ 在 x_0 的某邻域内有定义，若当 $\Delta x\to 0$ 时，有 $\Delta y\to 0$，即 $\lim\limits_{\Delta x\to 0}\Delta y=0$，则称函数 $f(x)$ 在点 x_0 处连续，点 x_0 称为函数 $f(x)$ 的连续点；否则就称函数 $f(x)$ 在点 x_0 处断开，点 x_0 称为函数 $f(x)$ 的间断点.

如果令 $x=x_0+\Delta x$，则当 $\Delta x\to 0$ 时，$x\to x_0$，于是 $\lim\limits_{\Delta x\to 0}\Delta y=0$ 可以改写为 $\lim\limits_{x\to x_0}[f(x)-f(x_0)]=0$，即 $\lim\limits_{x\to x_0}f(x)=f(x_0)$.

因此，函数在点 x_0 处连续也可定义如下：

定义 3 设 $y=f(x)$ 在 x_0 的某邻域内有定义，若 $\lim\limits_{x\to x_0}f(x)=f(x_0)$，则称函数 $y=f(x)$ 在点 x_0 处连续.

说明：（1）函数 $f(x)$ 在 x_0 点处连续，不仅要求 $f(x)$ 在 x_0 点有意义，$\lim\limits_{x\to x_0}f(x)$ 存在，而且要 $\lim\limits_{x\to x_0}f(x)=f(x_0)$，即极限值等于函数值.

（2）若 $\lim\limits_{x\to x_0^-}f(x)=f(x_0-0)=f(x_0)$，就称 $f(x)$ 在 x_0 点处左连续；若 $\lim\limits_{x\to x_0^+}f(x)=f(x_0+0)=f(x_0)$，就称 $f(x)$ 在 x_0 点处右连续.

下面给出函数在区间上连续的定义：

定义 4 如果函数 $y=f(x)$ 在开区间 (a,b) 内每一点都连续，则称函数在开区间 (a,b) 内连续；如果函数 $y=f(x)$ 在开区间 (a,b) 内连续且 $\lim\limits_{x\to a^+}f(x)=f(a)$，$\lim\limits_{x\to b^-}f(x)=f(b)$，则

称函数 $y=f(x)$ 在闭区间 $[a,b]$ 上连续.

例 1　讨论函数 $y=\begin{cases}x+2, & x\geqslant 0\\ x-2, & x<0\end{cases}$ 在 $x=0$ 处的连续性.

解　$\lim\limits_{x\to 0^-} y=\lim\limits_{x\to 0^-}(x-2)=0-2=-2$,　$\lim\limits_{x\to 0^+} y=\lim\limits_{x\to 0^+}(x+2)=0+2=2$，因为左右极限不相等，所以该函数在 $x=0$ 处不连续；

又因为 $f(0)=2$，所以为右连续函数.

3．初等函数的连续性

定理 1　设函数 $f(x)$ 与 $g(x)$ 都在点 x_0 处连续，则有 $f(x)\pm g(x)$ 在点 x_0 处连续；$f(x)\cdot g(x)$ 在点 x_0 处连续；$g(x_0)\neq 0$ 时，$\dfrac{f(x)}{g(x)}$ 在点 x_0 处连续.

定理 2　设函数 $u=\varphi(x)$ 在点 x_0 处连续，$y=f(u)$ 在对应点 $u_0=\varphi(x_0)$ 处连续，则复合函数 $y=f[\varphi(x)]$ 在点 x_0 处连续.

可以证明，基本初等函数在定义域内是连续的；初等函数在定义区间内是连续的.

因此，求初等函数的连续区间实际上就是求函数的定义区间. 求初等函数在定义区间内某点的极限，只需求初等函数在该点处的函数值.

例 2　求下列极限

（1）$\lim\limits_{x\to 2}\sqrt{5-x^2}$；（2）$\lim\limits_{x\to 4}\dfrac{e^x+\cos(4-x)}{\sqrt{x}-3}$.

解　（1）因为 $\sqrt{5-x^2}$ 是初等函数，定义域为 $D=\left\{x\middle|-\sqrt{5}\leqslant x\leqslant\sqrt{5}\right\}$，而 $2\in D$，

所以 $\lim\limits_{x\to 2}\sqrt{5-x^2}=\sqrt{5-2^2}=1$

（2）因为 $\dfrac{e^x+\cos(4-x)}{\sqrt{x}-3}$ 是初等函数，定义域为 $[0,9)\cup(9,+\infty]$，而 $4\in[0,9)$

所以 $\lim\limits_{x\to 4}\dfrac{e^x+\cos(4-x)}{\sqrt{x}-3}=\dfrac{e^4+\cos 0}{2-3}=-(e^4+1)$

1.6.2　函数的间断点

由函数在某点连续的定义可知，如果函数 $f(x)$ 在点 x_0 处有下列三种情况之一，则点 x_0 是 $f(x)$ 的一个间断点.

（1）在点 x_0 处，$f(x)$ 没有定义；

（2）$\lim_{x\to x_0} f(x)$ 不存在；

（3）虽然 $\lim_{x\to x_0} f(x)$ 存在，但 $\lim_{x\to x_0} f(x) \neq f(x_0)$.

以下举例说明函数间断点的几种类型.

例 3 设 $f(x)=\tan x$ ，当 $x\to\frac{\pi}{2}$ 时，$f(x)\to\infty$ ，即极限不存在，所以 $x=\frac{\pi}{2}$ 为 $f(x)$ 的间断点．因为 $\lim_{x\to\frac{\pi}{2}} \tan x=\infty$ ，所以 $x=\frac{\pi}{2}$ 为无穷间断点.

例 4 $y=\sin\frac{1}{x}$ 在 $x=0$ 点无定义，所以 $x=0$ 为 $f(x)$ 的间断点．且当 $x\to 0$ 时，函数值在 -1 与 $+1$ 之间无限次地振荡，而不超过某一定数，这种间断点称为振荡间断点.

例 5 $y=\frac{\sin x}{x}$ 在 $x=0$ 点无定义，所以 $x=0$ 为 $f(x)$ 的间断点，又因为 $\lim_{x\to 0}\frac{\sin x}{x}=1$ ，所以若补充定义 $f(0)=1$ ，那么函数在 $x=0$ 点就连续了．故这种间断点称为可去间断点.

例 6 函数 $f(x)=\begin{cases} x-1, & x<0 \\ 0, & x=0 \\ x+1, & x>0 \end{cases}$ 的左极限 $\lim_{x\to 0^-}(x-1)=-1$ ，右极限 $\lim_{x\to 0^+}(x+1)=1$ ，虽然左右极限都存在，但不相等．所以 $x=0$ 为 $f(x)$ 的间断点．我们还可以发现在点 $x=0$ 处，函数值产生了跳跃现象，这种间断点称为跳跃间断点.

一般地，我们把间断点分为两类：

第一类间断点：设点 x_0 是函数 $f(x)$ 的间断点．如果左右极限都存在，则称点 x_0 是函数 $f(x)$ 的第一类间断点；其中，若左右极限相等，称 x_0 为可去间断点；若左右极限不相等，称 x_0 为跳跃间断点.

第二类间断点：如果左右极限至少一个不存在，则称点 x_0 是函数 $f(x)$ 的第二类间断点．其中，若 $\lim_{x\to x_0} f(x)=\infty$ [或 $\lim_{x\to x_0^-} f(x)=\infty$ ， $\lim_{x\to x_0^+} f(x)=\infty$]，则称 x_0 为无穷间断点；若 $\lim_{x\to x_0} f(x)$ 振荡不存在，称 x_0 为振荡间断点.

1.6.3 闭区间上连续函数的性质

闭区间上的连续函数是指在其连续区间的左端点右连续，右端点左连续的函数．对于闭区间上的连续函数有几条重要的性质，下面我们来学习一下.

最值定理 如果函数 $f(x)$ 在闭区间 $[a,b]$ 上连续，则 $f(x)$ 在闭区间 $[a,b]$ 上一定有最大值和最小值.

例如，在图 1-24 中，$f(x)$ 在 $[a,b]$ 上连续，在点 ξ_1 处取得最大值 M，在点 ξ_2 处取得最小值 m.

介值定理　设函数 $f(x)$ 在闭区间 $[a,b]$ 上连续，其最大值与最小值分别为 M 与 m，则对于任一常数 C $(m<C<M)$，必有 $\xi\in(a,b)$，使得 $f(\xi)=C$，如图 1-25 所示.

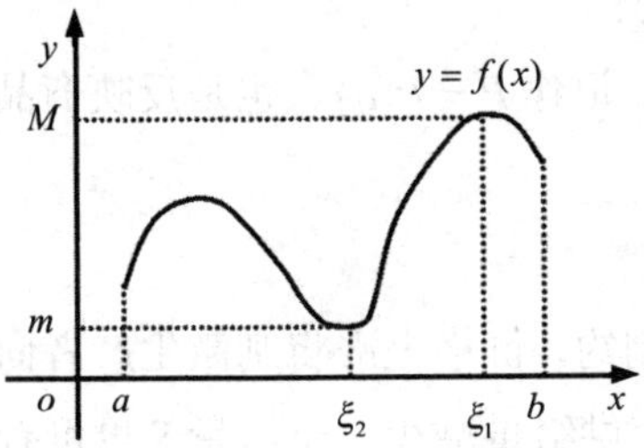

图 1-24

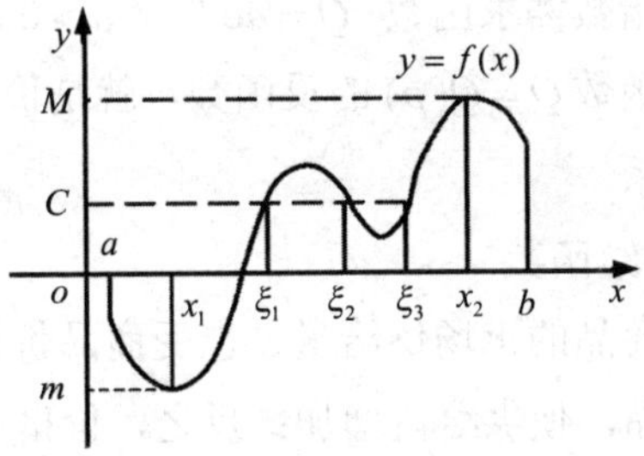

图 1-25

零点定理　如果函数 $f(x)$ 在闭区间 $[a,b]$ 上连续且 $f(a)f(b)<0$，则在开区间 (a,b) 内至少存在一点 ξ，使得 $f(\xi)=0$，如图 1-26 所示.

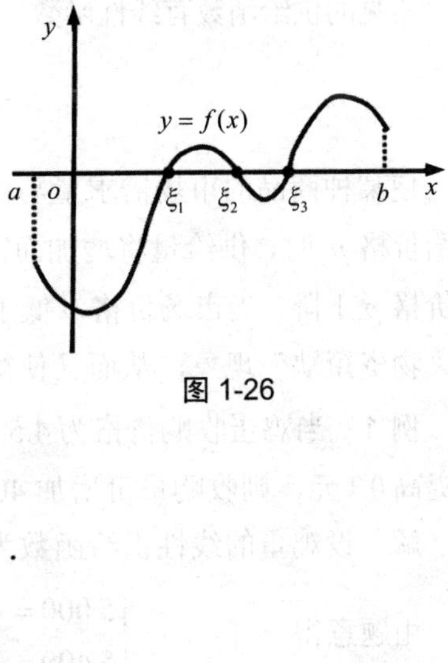

图 1-26

例 7　证明方程 $x^3+x-1=0$ 在区间 $(0,1)$ 内至少存在一个根.

证　设函数 $f(x)=x^3+x-1$，由于函数 $f(x)$ 在闭区间 $[0,1]$ 上连续，且 $f(0)=-1<0$，$f(1)=1>0$.故由零点定理知，至少存在一点 $\xi\in(0,1)$，使得 $f(\xi)=\xi^3+\xi-1=0$

即方程 $x^3+x-1=0$ 在区间 $(0,1)$ 内至少存在一个根 ξ.

1.7　常用经济函数

在用数学方法解决实际问题时，往往需要找出经济变量之间的函数关系，建立数学模型. 下面介绍几种常用经济函数.

1.7.1　需求函数与供给函数

1. 需求函数

一种商品的市场需求量 Q 与该商品的价格 p 密切相关，通常降低商品价格使需求量增加，提高商品价格会使需求量减少. 如果不考虑其他因素的影响，需求量 Q 可以看成是价

格 p 的一元函数，称为需求函数，记作 $Q=Q(p)$.

一般来说，需求函数为价格 p 的单调减少函数.

根据市场统计资料，常见的需求函数有以下几种类型：

（1）线性需求函数 $Q=a-bp$（$a>0$，$b>0$）；

（2）二次需求函数 $Q=a-bp-cp^2$（$a>0$，$b>0$，$c>0$）；

（3）指数需求函数 $Q=ae^{-bp}$（$a>0$，$b>0$）.

需求函数 $Q=Q(p)$ 的反函数，就是价格函数，记作 $P=P(q)$，也是反映商品的需求与价格的关系.

2．供给函数

某种商品的市场供给量 S 也受商品价格 p 的制约，价格上涨将刺激生产者向市场提供更多的商品，使供给量增加；反之，价格下跌将使供给量减少．供给量 S 也可看成价格 p 的一元函数，称为供给函数，记作 $S=S(p)$.

供给函数为价格 p 的单调增加函数.

常见的供给函数有线性函数、二次函数、幂函数、指数函数等．其中，线性供给函数为

$$S=-c+dp \text{（} c>0,\ d>0 \text{）}$$

使某种商品的市场需求量与供给量相等的价格 p_0，称为均衡价格．当市场价格 p 高于均衡价格 p_0 时，供给量将增加而需求量相应的减少，这时产生的“供大于求”的现象必然使价格 p 下降；当市场价格 p 低于均衡价格 p_0 时，供给量将减少而需求量增加，这时会产生“物资短缺”现象，从而又使得价格 p 上升．市场价格的调节就是这样来实现的.

例 1 当鸡蛋收购价格为 4.5 元/kg 时，某收购站每月能收购 5 000 kg，若收购价每千克提高 0.1 元，则收购量可增加 400kg，求鸡蛋的线性供给函数.

解 设鸡蛋的线性供给函数为 $S=-c+dp$

由题意得
$$\begin{cases}5\,000=-c+4.5d\\5\,400=-c+4.6d\end{cases}$$

解得 $d=4\,000$，$c=13\,000$，所求供给函数为 $S=-13\,000+4\,000p$

例 2 已知某商品的需求函数和供给函数分别为 $Q=14.5-1.5p$，$S=-7.5+4p$，求该商品的均衡价格 p_0.

解 由供需均衡条件 $Q=S$，可得 $14.5-1.5p=-7.5+4p$

因此，均衡价格为 $p_0=4$

1.7.2 总成本函数、收入函数和利润函数

在生产和产品的经营活动中，人们总希望尽可能降低成本，提高收入和利润．而成本、

收入和利润这些经济变量都与产品的产量或销售量 q 密切相关，它们都可以看作 q 的函数，分别称为总成本函数，记作 $C(q)$；收入函数，记作 $R(q)$；利润函数，记作 $L(q)$.

总成本由固定成本 C_1 和可变成本 $C_2(q)$ 两部分组成，固定成本与产量 q 无关，如设备维修费、企业管理费等；可变成本随产量 q 的增加而增加，如原材料费、动力费等，即

$$C(q) = C_1 + C_2(q)$$

总成本函数 $C(q)$ 是 q 的单调增加函数．最典型的成本函数是三次函数

$$C = a_0 + a_1 q - a_2 q^2 + a_3 q^3 \quad (a_i > 0,\ i = 0, 1, 2, 3)$$

但有时为了使问题简化，也常常采用线性成本函数

$$C = a + bq \quad (a > 0,\ b > 0)$$

及二次成本函数.

只给出总成本函数不能说明企业生产的好坏，为了评价企业的生产状况，需要计算产品的平均成本，即生产 q 件产品时，单位产品成本平均值，记作 $\overline{C}$，

$$\overline{C} = \frac{C(q)}{q} = \frac{C_1}{q} + \frac{C_2(q)}{q}$$

其中 $\dfrac{C_2(q)}{q}$ 称为平均可变成本.

如果产品的单位售价为 p，销售量为 q，则收入函数为

$$R(q) = pq$$

利润等于收入与总成本的差，于是利润函数为

$$L(q) = R(q) - C(q)$$

例 3 已知某种产品的总成本函数为 $C = 2\,000 + \dfrac{q^2}{8}$，求当生产 200 个该产品时的总成本函数和平均成本.

解 由题意，产量为 200 个时的总成本为 $C(200) = 2\,000 + \dfrac{200^2}{8} = 7\,000$

产量为 200 个时的平均成本为 $\overline{C}(200) = \dfrac{7\,000}{200} = 35$

本章小结

本章主要讲了函数和极限两个问题.

1．函数

理解函数概念首先应该明确它是不同于相关关系的确定性关系，其次要能正确确定函数的定义域和判断它的值域，理解函数符号 f 的含义.

在理解函数概念的基础上，还要进一步掌握函数几种特性的表达式和几何意义、反函数的概念、分段函数的概念和求值的方法、六类基本初等函数的性质和图像、复合函数和初等函数的概念.

2．极限

在了解数列极限的定义、函数极限的定义（六种形式）、极限存在的充分必要条件的基础上，掌握极限的运算法则和求下列极限的方法：

（1）利用函数的连续性求极限.

设 $f(x)$ 是初等函数，定义域为 (a,b)，若 $x_0\in(a,b)$，则 $\lim\limits_{x\to x_0}f(x)=f(x_0)$.

我们知道求函数值一般是不需要技巧的，因此这种求极限的方法是非常容易掌握的，它是求极限的首选方法.

（2）当函数 $y=f(x)$ 在点 x_0 处连续时，可以交换函数符号和极限符号，即

$$\lim_{x\to x_0}f(x)=f(\lim_{x\to x_0}x)$$

（3）利用无穷小与有界变量的乘积仍是无穷小求极限.

（4）利用无穷小与无穷大的倒数关系求极限.

（5）利用等价无穷小的代换原理求极限.

（6）利用两个重要极限求极限，即

$$①\lim_{x\to 0}\frac{\sin x}{x}=1；②\lim_{x\to\infty}\left(1+\frac{1}{x}\right)^x=\mathrm{e} \text{ 或 } \lim_{x\to 0}(1+x)^{\frac{1}{x}}=\mathrm{e}$$

及由两个重要极限推出的结论

$$\lim_{x\to 0}\frac{\sin kx}{x}=k，\lim_{x\to 0}\frac{\tan kx}{x}=k\ (k\neq 0)，$$

$$\lim_{x\to 0}\frac{\sin ax}{\sin bx}=\frac{a}{b}\ （a\neq 0，b\neq 0）\text{ 和 }\lim_{x\to\infty}\left(1+\frac{a}{x}\right)^{bx+c}=\mathrm{e}^{ab}\ （a,b,c \text{ 为常数}）$$

对于有理分式的极限，可以按照下面归纳的方法来求.

a. $x \to x_0$ 时，当分母极限不为零时，可直接利用函数的连续性求极限. 当分母极限为零时，又分为两种情况：

如果分子极限不为零，则由无穷小量与无穷大量的倒数关系可得原式的极限为无穷大；如果分子极限也为零，则分解因式，消去无穷小量因子后再求极限.

b. $x \to \infty$ 时，有下面的结论（$a_0 \neq 0,\ b_0 \neq 0$）：

$$\lim_{x \to \infty} \frac{a_0 x^n + a_1 x^{n-1} + \cdots + a_{n-1}x + a_n}{b_0 x^m + b_1 x^{m-1} + \cdots + b_{m-1}x + b_m} = \begin{cases} 0, & n < m \\ \dfrac{a_0}{b_0}, & n = m \\ \infty, & n > m \end{cases}$$

函数概念和极限概念相结合得出的函数连续性的概念是本章的另一个重要概念. 函数连续性这部分，主要应掌握在点 x_0 函数连续的两个等价定义，函数在点 x_0 连续和在该点极限存在的关系，判断间断点的条件和初等函数的连续性.

阅读材料

柯西

柯西（Cauchy，Augustin－Louis）是法国数学家。1789 年 8 月 21 日生于巴黎，1857 年 5 月 23 日卒于巴黎附近的索镇。

柯西的父亲是一位精通古典文学的律师，曾任法国参议院秘书长，和拉格朗日、拉普拉斯等人交往甚密，因此柯西从小就认识了一些著名的科学家。柯西自幼聪敏好学，在中学时就是学校里的明星，曾获得希腊文、拉丁文作文和拉丁文诗奖。在中学毕业时赢得全国大奖赛和两项古典文学特别奖。拉格朗日曾预言他日后必成大器。1805 年他年仅 16 岁就以第二名的成绩考入巴黎综合工科学校，1807 年又以第一名的成绩考入道路桥梁工程学校。1810 年 3 月，柯西完成学业离开了巴黎，前往瑟堡就任政府职务，但后来由于身体欠佳，又颇具数学天赋，便听从拉格朗日与拉普拉斯的劝告转攻数学。从 1810 年 12 月，柯西就把数学的各个分支从头到尾再温习一遍，从算术开始到天文学为止，把模糊的地方弄清楚，应用他自己的方法去简化证明和发现新定理。柯西于 1813 年回到巴黎综合工科学校任教，1816 年晋升为该校教授。以后又担任了巴黎理学院及法兰西学院教授。

柯西创造力惊人，数学论文像连绵不断的泉水在柯西的一生中喷涌，他发表了789篇论文，出版专著7本，全集共有十四本24卷。从他23岁写出第一篇论文到68岁逝世的45年中，平均每月发表两篇论文。1849年，仅在法国科学院8—12月的9次会上，他就提交了24篇短文和15篇研究报告。他的文章朴实无华，内容充满新意。柯西27岁即当选为法国科学院院士，还是英国皇家学会会员和许多国家的科学院院士。

柯西对数学的最大贡献是在微积分中引进了清晰和严格的表述与证明方法。正如著名数学家冯·诺伊曼所说："严密性的统治地位基本上是由柯西重新建立起来的。"在这方面他写下了三部专著：《分析教程》(1821年)、《无穷小计算教程》(1823年)、《微分计算教程》(1826—1828年)。他的这些著作，摆脱了微积分单纯地对几何、运动的直观理解和物理解释，引入了严格的分析上的叙述和论证，从而形成了微积分的现代体系。在数学分析中，可以说柯西比任何人的贡献都大，微积分的现代概念就是柯西建立起来的。有鉴于此，人们通常将柯西看作是近代微积分学的奠基者。阿贝尔称颂柯西"是当今懂得应该怎样对待数学的人"，并指出："每一个在数学研究中喜欢严密性的人，都应该读柯西的杰出著作《分析教程》。"柯西将微积分严格化的方法虽然也利用无穷小的概念，但他改变了以前数学家所说的无穷小是固定数，而把无穷小或无穷小量简单地定义为一个以零为极限的变量。他定义了上下极限，最早证明了$\lim\limits_{n\to\infty}\left(1+\frac{1}{n}\right)^n$的收敛，并在这里第一次使用了极限符号。他指出了对一切函数都任意地使用那些只有代数函数才有的性质，无条件地使用级数，都是不合法的。判定收敛性是必要的，并且给出了检验收敛性的重要判据——柯西准则，这个判据至今仍在使用。他还清楚地论述了半收敛级数的意义和用途。他定义了二重级数的收敛性，对幂级数的收敛半径有清晰地估计。柯西清楚地知道无穷级数是表达函数的一种有效方法，并是最早对泰勒定理给出完善证明和确定其余项形式的数学家。他以正确的方法建立了极限和连续性的理论，重新给出函数的积分是和式的极限，他还定义了广义积分。他抛弃了欧拉坚持的函数的显示式表示以及拉格朗日的形式幂级数，而引进了不一定具有解析表达式的函数新概念，并且以精确的极限概念定义了函数的连续性、无穷级数的收敛性、函数的导数、微分和积分以及有关理论。柯西对微积分的论述，使数学界大为震惊。在一次科学会议上，柯西提出了级数收敛性的理论。著名数学家拉普拉斯听过后非常紧张，便急忙赶回家，闭门不出，直到对他的《天体力学》中所用到的每一级数都核实过是收敛的以后，才松了一口气。柯西上述三部教程的广泛流传和他一系列的学术演讲，使他对微积分的见解被普遍接受，并一直沿用至今。

柯西的另一个重要贡献，是发展了复变函数的理论，并取得了一系列重大成果。特别是他在1814年关于复数极限的定积分的论文，开始了他作为单复变量函数理论的创立者和发展者的伟大历程。他还给出了复变函数的几何概念，证明了在复数范围内幂级数具有收敛圆，还给出了含有复积分限的积分概念以及残数理论等。

柯西还是探讨微分方程解的存在性问题的第一个数学家，他证明了微分方程在不包含奇点的区域内存在着满足给定条件的解，从而使微分方程的理论深化了。在研究微分方程的解法时，他成功地提出了特征带方法并发展了强函数方法。

柯西在代数学、几何学、数论等各个数学领域也都有建树。例如，他是置换群理论的一位杰出先驱者，他对置换理论做了系统的研究，并由此产生了有限群的表示理论。他还深入研究了行列式，并得到了有名的宾内特（Binet）-柯西公式。他总结了多面体的理论，证明了费马关于多角数的定理等。

柯西对物理学、力学和天文学都做过深入地研究。特别在固体力学方面，他奠定了弹性理论的基础，在这门学科中以他的姓氏命名的定理和定律就有16个之多，仅凭这项成就，就足以使他跻身于杰出的科学家之列。

柯西有一句名言："人总是要死的，但他们的业绩应该永存。"

习题1

1．求下列函数的定义域．

（1）$y=\dfrac{1}{x}+\sqrt{1-x^2}$；（2）$y=\dfrac{\ln(1-x)}{\sqrt{x+3}}$；（3）$y=\arccos\dfrac{x-1}{2}+1$；（4）$y=\begin{cases}e^x, & x>0\\ x+1, & x<0\end{cases}$．

2．下列函数可以看成由哪些简单函数复合而成？

（1）$y=\sqrt{x^2+2}$；（2）$y=\cos x^4$；（3）$y=\sin^2(x-1)$；（4）$y=3^{\sin\frac{1}{x}}$．

3．当$n\to\infty$时，观察并写出下列函数的极限．

（1）$x_n=\dfrac{(-1)^n}{n}$；（2）$x_n=(-1)^{n+1}$；（3）$x_n=2$；（4）$x_n=\dfrac{n^2}{n+1}$．

4．分析函数的变化趋势，求下列函数的极限．

（1）$\lim\limits_{x\to\infty}\left(5-\dfrac{1}{x}\right)$；（2）$\lim\limits_{x\to-\infty}e^x$；（3）$\lim\limits_{x\to1}\ln x$；（4）$\lim\limits_{x\to0}(\tan x+1)$．

5．设函数$f(x)=\begin{cases}x+1, & x<1\\ x-1, & x>1\end{cases}$，画出它的图像，并求当$x\to1$时，函数的左右极限，从而说明当$x\to1$时函数的极限是否存在．

6．下列变量中，哪些是无穷大量？哪些是无穷小量？

（1）$y=\ln x\ (x\to 1)$；（2）$y=\dfrac{x-1}{x}\ (x\to 0)$；

（3）$y=\dfrac{1}{x}\sin x\ (x\to\infty)$；（4）$y=\mathrm{e}^{\frac{1}{x}}\ (x\to 0)$．

7．计算下列极限．

（1）$\lim\limits_{x\to -2}(3x^2-5x+2)$；（2）$\lim\limits_{x\to\sqrt{3}}\dfrac{x^2-3}{x^4+x^2+1}$；

（3）$\lim\limits_{x\to 0}\left(1-\dfrac{2}{x-3}\right)$；（4）$\lim\limits_{x\to 2}\dfrac{x^2-3}{x-2}$；

（5）$\lim\limits_{x\to 1}\dfrac{x-1}{x^2-6x+5}$；（6）$\lim\limits_{x\to 0}\dfrac{4x^3-2x^2+x}{3x^2+2x}$；

（7）$\lim\limits_{x\to\infty}\dfrac{2x+3}{6x-1}$；（8）$\lim\limits_{x\to\infty}\dfrac{1\,000x}{1+x^3}$；

（9）$\lim\limits_{n\to\infty}\dfrac{(n-1)^2}{n+1}$；（10）$\lim\limits_{x\to\infty}\dfrac{(2x-1)^{30}(3x+2)^{20}}{(5x+1)^{50}}$；

（11）$\lim\limits_{x\to 3}\dfrac{x^2-5x+6}{x^2-8x+15}$；（12）$\lim\limits_{x\to\infty}\dfrac{x^4-8x+1}{x^2+5}$；

（13）$\lim\limits_{x\to 3}\dfrac{5x^2-7x-24}{x^2+2}$；（14）$\lim\limits_{x\to\frac{1}{4}}\dfrac{x^3-2x^2+5x-1}{3x^3-2}$；

（15）$\lim\limits_{x\to\sqrt{2}}\dfrac{3x^3+4x^2-x+1}{5x^2+14}$；（16）$\lim\limits_{x\to\infty}\left[\dfrac{x^2+1}{x^3+1}(3+\cos x)\right]$．

8．计算下列极限．

（1）$\lim\limits_{x\to 0}\dfrac{\sin 5x}{\sin 3x}$；（2）$\lim\limits_{x\to 0}\dfrac{\tan 2x-\sin x}{x}$；（3）$\lim\limits_{x\to\infty}\left(x\cdot\sin\dfrac{2}{x}\right)$；

（4）$\lim\limits_{x\to 0}\dfrac{x-\sin x}{x+\sin x}$；（5）$\lim\limits_{x\to 0}x\cot x$；（6）$\lim\limits_{x\to 0}\dfrac{\sin(\sin x)}{x}$．

9．计算下列极限．

（1）$\lim\limits_{x\to\infty}\left(1+\dfrac{4}{x}\right)^{2x}$；（2）$\lim\limits_{x\to\infty}\left(1-\dfrac{2}{x}\right)^{\frac{x}{2}-1}$；（3）$\lim\limits_{x\to 0}\left(\dfrac{3-x}{3}\right)^{\frac{2}{x}}$；

（4）$\lim\limits_{x\to\infty}\left(\dfrac{x-1}{x+1}\right)^{x}$；（5）$\lim\limits_{x\to 1^+}(1+\ln x)^{\frac{5}{\ln x}}$；（6）$\lim\limits_{x\to\frac{\pi}{2}}(1+\cos x)^{\sec x}$．

10．找出下列函数的间断点，并判断类型．

（1）$y=\dfrac{1}{(x+3)^2}$；（2）$y=x\cos\dfrac{1}{x}$；（3）$y=\dfrac{x^2-1}{x^3-1}$；

（4）$y=(1+x)^{\frac{1}{x}}$；（5）$y=\dfrac{x^2-1}{x^2-3x+2}$；（6）$y=\dfrac{x}{\sin x}$．

11．函数 $f(x)=\begin{cases}\ln(1-2x), & x<0\\ x^2+1, & x\geqslant 0\end{cases}$ 在 $x=0$，$x=1$ 处是否连续？

12．函数 $f(x)=\begin{cases}\dfrac{\sin 3x}{x}, & x\neq 0\\ x+k, & x=0\end{cases}$ 在 $x=0$ 处连续，求 k 的值.

13．试确定 a 的值，使函数 $f(x)=\begin{cases}\mathrm{e}^x+a, & x\geqslant 0\\ x\cdot\sin\dfrac{1}{x}, & x<0\end{cases}$ 在 $x=0$ 处连续.

14．求下列函数的连续区间.

（1）$f(x)=\dfrac{1}{x^2+x-2}$；（2）$f(x)=\dfrac{1}{x-1}+\sqrt{x+2}$.

15．证明方程 $x^5-3x-1=0$ 在区间 $(1,2)$ 内至少有一个实根.

16．某厂生产产品 1 000 t，定价为 130 元/t．当售出量不超过 700 t 时，按原定价售出，超过 700 t 的部分按原价的九折出售，试将销售收入表示成销售量的函数.

17．某产品每台售价为 500 元时，每月可销售 2 000 台，每台售价为 450 元时，每月可多销售 400 台，试求该产品的线性需求函数.

18．生产者向市场提供一种商品的供给函数为 $S=-96+\dfrac{p}{2}$，而该商品的需求函数为 $Q=204-p$，求该商品的市场均衡价格.

19．某厂生产某种产品，每件产品的变动成本为 15 元，每天的固定成本为 2 000 元，若每件产品的出厂价为 20 元，为了不亏本，该厂每天至少生产多少件产品?

自测题 1

一、单项选择题（每小题 3 分，共 21 分）

1．函数 $y=\dfrac{1}{x}\ln(2+x)$ 的定义域是（　）.

A. $x\neq 0$ 且 $x\neq -2$　　B. $x>0$　　C. $x>-2$ 且 $x\neq 0$　　D. $x>-2$

2．下列各对函数相同的是（　）.

A. $f(x)=x$，$g(x)=\sqrt{x^2}$　　B. $f(x)=\sin^2 x+\cos^2 x$，$g(x)=1$

C. $f(x)=\sqrt[3]{x^3}$，$g(x)=|x|$　　D. $f(x)=\dfrac{x^2-1}{x-1}$，$g(x)=x+1$

3．下列函数中不是基本初等函数的是（　）.

A.反三角函数　　B.对数函数　　C.符号函数　　D.幂函数

4．当 $x \to 0$ 时，（ ）是无穷小量．

A. $\sin\frac{1}{x}$　　B. $x \cdot \sin\frac{1}{x}$　　C. $\frac{\sin x}{x}$　　D. 2^x

5．下列变量在给定的变化过程中为无穷小的是（ ）．

A. $\sin\frac{1}{x}(x \to 0)$　　B. $e^{\frac{1}{x}}(x \to 0)$　　C. $\ln(1+x^2)(x \to 0)$　　D. $\frac{x-3}{x^2-9}(x \to 3)$

6．当 $x \to 0$ 时，$x^2 - \sin x$ 是 x 的（ ）．

A.高阶无穷小　　B.等价无穷小

C.低阶无穷小　　D.同阶无穷小，但不是等价无穷小

7．当 $x \to 0$ 时，$\ln(1+x)$ 与 x 比较是（ ）．

A.高阶的无穷小　　B.等价无穷小　　C.低阶无穷小　　D.非等价的同阶无穷小

二、填空题（每小题 3 分，共 21 分）

1．设 $f(1+x) = x^2 + 3x + 5$，则 $f(x) =$ ________．

2．设 $f(x) = \ln x$，$g(x) = \sin x$，则 $f[g(x)] =$ ________，$g[f(x)] =$ ________．

3．函数 $y = \ln(\tan x)$ 是由________、________复合而成的．

4．设函数 $f(x) = \begin{cases} ke^{2x}, & x < 0 \\ 1+\cos x, & x \geqslant 0 \end{cases}$ 在 $x = 0$ 处连续，则 $k =$ ________．

5．函数 $y = \frac{x^2-1}{x-1}$ 的间断点为________，属于第________类．

6．若 $\lim\limits_{x \to \infty} \frac{ax^n + 2x^2 + 3}{x^3 + 5x + 1} = 2$，则 $a =$ ________，$n =$ ________．

7．设 $\lim\limits_{x \to \infty}\left(1+\frac{k}{x}\right)^{2x} = e$，则 $k =$ ________．

三、计算下列极限（每小题 6 分，共 36 分）

1．$\lim\limits_{x \to 1} \frac{x^2-1}{x^2-3x+2}$　　2. $\lim\limits_{x \to 0} \frac{\sqrt{4+x}-2}{x}$　　3. $\lim\limits_{x \to 0} \frac{\sin 7x}{x^2+\pi x}$

4．$\lim\limits_{x \to \infty}\left(1-\frac{2}{x}\right)^x$　　5. $\lim\limits_{x \to 0} \frac{\sin 6x}{e^{2x}-1}$　　6. $\lim\limits_{x \to \infty}\left(\frac{1+x}{x}\right)^x$

四、解答题（每小题 11 分，共 22 分）

1．证明：曲线 $f(x) = x^4 - 3x^2 + 7x - 10$ 在 $(1, 2)$ 上与 x 轴至少有一个交点．

2．当 k 取何值时，函数 $f(x) = \begin{cases} \frac{\sin 2x}{x}, & x < 0 \\ 3x^2 - 2x + k, & x \geqslant 0 \end{cases}$ 在其定义域内连续．

综合提高题 1

1．下列函数中非奇非偶的函数是（ ）．

A. $f(x)=3^x-3^{-x}$　B. $f(x)=x(1-x)$　C. $f(x)=\ln\frac{x+1}{x-1}$　D. $f(x)=x^2\cos x$

2．设$\{a_n\}$，$\{b_n\}$，$\{c_n\}$均为非负数列，且$\lim\limits_{n\to\infty}a_n=0$，$\lim\limits_{n\to\infty}b_n=1$，$\lim\limits_{n\to\infty}c_n=\infty$，则必有（ ）．

A. $a_n<b_n$，对任意n成立　B. $b_n<c_n$，对任意n成立

C.极限$\lim\limits_{n\to\infty}a_nc_n$不存在　D.极限$\lim\limits_{n\to\infty}b_nc_n$不存在

3．当$x\to 0$时，变量$\frac{1}{x^2}\sin\frac{1}{x}$是（ ）．

A.无穷小　B.无穷大　C.有界的，但不是无穷小量　D.无界的，但不是无穷大量

4．求函数$y=\frac{1}{\sqrt{25-x^2}}+\arcsin\frac{x-1}{5}$的定义域．

5．求函数$f(x)=\frac{1}{1+\frac{1}{1+\frac{1}{x}}}$的定义域．

6．已知$f(x)=\sin x$，$f[\varphi(x)]=1-x^2$，求函数$\varphi(x)$的定义域．

7．已知$f(x)=\mathrm{e}^{x^2}$，$f[\varphi(x)]=1-x$，且$\varphi(x)\geqslant 0$，求$\varphi(x)$的解析式及其定义域．

8．已知$f\left(x+\frac{1}{x}\right)=\frac{x^2}{x^4+1}$，求$f(x)$．

9．设$a_0+a_1x+a_2x^2+\cdots+a_8x^8=(2x-1)^8$，求$a_1+a_2+\cdots+a_7$．

10．设$f(x)=\begin{cases}\mathrm{e}^{-x}, & x\leqslant 0\\ \cos x, & x>0\end{cases}$，求$f(-x)$．

11．设$f(x)=\begin{cases}\mathrm{e}^{\frac{1}{x}}+1, & x<0\\ 1, & x=0\\ 1+x\sin\frac{1}{x}, & x>0\end{cases}$，求$\lim\limits_{x\to 0}f(x)$．

12．计算极限$\lim\limits_{x\to 1}\frac{\sqrt{3-x}-\sqrt{1+x}}{x^2+x-2}$．

13．设 $x_n=\frac{1}{3}+\frac{1}{15}+\cdots+\frac{1}{4n^2-1}$，求 $\lim\limits_{n\to\infty}x_n$．

14．计算极限 $\lim\limits_{x\to\infty}\frac{3x^2+5}{5x+3}\sin\frac{2}{x}$．

15．设 $\lim\limits_{x\to\infty}\left(\frac{x+2a}{x-a}\right)^x=8$，求 a 的值．

16．已知 $\lim\limits_{x\to\infty}\left(\frac{x^2}{x+1}-ax-b\right)=0$，其中 a，b 是常数，求 a 与 b 的值．

17．已知 $x\to 0$ 时，$(1-ax^2)^{\frac{1}{4}}-1$ 与 $x\sin x$ 是等价无穷小，求 a 的值．

18．设 $f(x)$ 在 $x=2$ 连续，且 $\lim\limits_{x\to 2}\frac{f(x)-3}{x-2}$ 存在，计算 $f(2)$．

19．设函数 $f(x)=\begin{cases}\dfrac{1-\mathrm{e}^{\tan x}}{\arcsin\dfrac{x}{2}}, & x>0\\ a\mathrm{e}^{2x}, & x\leqslant 0\end{cases}$ 在 $x=0$ 连续，求 a 的值．

20．若函数 $f(x)$ 在 $[a,b]$ 上连续，且 $f(a)<a$，$f(b)>b$，证明：在 (a,b) 内至少存在一点 ξ，使得 $f(\xi)=\xi$．

第2章　导数与微分

微分学是一元微积分的重要组成部分．本章主要研究微分学的两个基本概念——导数与微分，研究它们的计算方法，为后面导数的应用打下基础．

2.1　导数的概念

导数是微分学中的一个基本概念，是微积分学里极其重要的一部分内容．导数反映客观世界中变量变化的快慢程度，即函数的变化率．利用导数知识，可以研究人口增长速度、经济发展速度、劳动生产率、企业获得最大利润等．

2.1.1　问题的引入

1．变速直线运动物体的瞬时速度

设一物体做变速直线运动，其路程函数为 $s=s(t)$，求该物体在 t_0 时刻的瞬时速度 $v(t_0)$．

设在 t_0 时刻物体的位置为 $s(t_0)$．当经过 $t_0+\Delta t$ 时刻获得增量 Δt 时，物体的位置函数 s 相应地有增量 $\Delta s=s(t_0+\Delta t)-s(t_0)$，于是比值 $\dfrac{\Delta s}{\Delta t}=\dfrac{s(t_0+\Delta t)-s(t_0)}{\Delta t}$ 就是物体在 t_0 到 $t_0+\Delta t$ 这段时间内的平均速度，记作 $\bar{v}$，即

$$\bar{v}=\frac{\Delta s}{\Delta t}=\frac{s(t_0+\Delta t)-s(t_0)}{\Delta t}$$

当 Δt 很小时，$\bar{v}$ 可作为物体在 t_0 时刻的瞬时速度的近似值，且 Δt 越小，$\bar{v}$ 就越接近物体在 t_0 时刻的瞬时速度，即

$$v(t_0)=\lim_{\Delta t\to 0}\bar{v}=\lim_{\Delta t\to 0}\frac{\Delta s}{\Delta t}=\lim_{\Delta t\to 0}\frac{s(t_0+\Delta t)-s(t_0)}{\Delta t}$$

2．边际成本问题

某公司生产的产品总成本 C（单位：万元）是产量 Q 的函数 $C=20\,000+10Q$，其中 20 000 是固定成本（单位：万元）．该公司为了解自己生产的产品在市场中的竞争实力，对产品进行了边际分析（即每增加一个单位产品所需投入的成本）．

先计算产量为 Q_0 与 $Q_0+\Delta Q$ 时的成本：

$$C(Q_0)=20\,000+10Q_0$$

$$C(Q_0+\Delta Q)=20\,000+10(Q_0+\Delta Q)$$

再计算总产量 Q 由 Q_0 变到 $Q_0+\Delta Q$ 时，总成本的增量：

$$\Delta C=C(Q_0+\Delta Q)-C(Q_0)=20\,000+10(Q_0+\Delta Q)-(20\,000+10Q_0)=10\Delta Q$$

产量由 Q_0 变到 $Q_0+\Delta Q$ 时总成本的平均变化率为

$$\frac{\Delta C}{\Delta Q}=\frac{C(Q_0+\Delta Q)-C(Q_0)}{\Delta Q}$$

不难看出，$\dfrac{\Delta C}{\Delta Q}$ 既依赖于 Q_0，又依赖于 ΔQ．

当生产了 Q_0 单位产品，再增加一个单位产品时，总成本增加的数量这样求：当 $\Delta Q\to 0$ 时，$\dfrac{\Delta C}{\Delta Q}$ 的极限为 $\lim\limits_{\Delta Q\to 0}\dfrac{\Delta C}{\Delta Q}=\lim\limits_{\Delta Q\to 0}\dfrac{10\Delta Q}{\Delta Q}=10$

这说明，当生产了 Q_0 单位产品，再增加一个单位产品时，总成本增加 10 元．

这是函数 $C=C(Q)$ 增量 ΔC 与自变量增量 ΔQ 之比，当自变量增量 $\Delta Q\to 0$ 时的极限，在经济学中被称为边际成本．

显然，边际成本小，扩大再生产所需增加的资金也少．因此，边际成本是研究增产、安排计划必须考虑的量．

上面讨论的两个例子，虽然具体意义各不相同，但从抽象的数量关系来看，其实质是一样的，都是当自变量的增量趋于零时，函数的增量与自变量增量之比的极限，我们把这种形式的极限定义为函数的导数．

2.1.2 导数的定义

定义 1 设函数 $y=f(x)$ 在点 x_0 的某邻域内有定义，当自变量 x 在 x_0 处有增量 Δx 时，函数有相应的增量 $\Delta y=f(x_0+\Delta x)-f(x_0)$，如果 $\Delta x\to 0$ 时，

$$\lim_{\Delta x\to 0}\frac{\Delta y}{\Delta x}=\lim_{\Delta x\to 0}\frac{f(x_0+\Delta x)-f(x_0)}{\Delta x}$$

存在，则称此极限为函数 $y=f(x)$ 在点 x_0 处的导数，记作 $f'(x_0)$ 或 $y'(x_0)$ 或 $\left.\dfrac{\mathrm{d}y}{\mathrm{d}x}\right|_{x=x_0}$，即

$$f'(x_0)=\lim_{\Delta x\to 0}\frac{\Delta y}{\Delta x}=\lim_{\Delta x\to 0}\frac{f(x_0+\Delta x)-f(x_0)}{\Delta x}$$

并称函数 $y=f(x)$ 在点 x_0 处可导；如果 $\lim\limits_{\Delta x\to 0}\dfrac{\Delta y}{\Delta x}$ 不存在，则称函数 $y=f(x)$ 在点 x_0 处不可

导．如果不可导的原因是当 $\Delta x \to 0$ 时，$\frac{\Delta y}{\Delta x} \to \infty$ 所引起的，则称函数 $f(x)$ 在点 x_0 处的导数为无穷大．

变速直线运动物体在 t_0 时刻的瞬时速度，成本函数 C 在产量为 Q_0 时的边际成本，可分别表示为 $s'(t_0)$、$C'(Q_0)$．

若令 $x_0 + \Delta x = x$，则当 $\Delta x \to 0$ 时，$x \to x_0$，函数 $y = f(x)$ 在点 x_0 处的导数又可以表示为

$$f'(x_0) = \lim_{x \to x_0} \frac{f(x) - f(x_0)}{x - x_0}$$

导数定义还可写为 $f'(x_0) = \lim\limits_{h \to 0} \frac{f(x_0 + h) - f(x_0)}{h}$

函数 $y = f(x)$ 在点 x_0 处的导数就是函数 $y = f(x)$ 在点 x_0 处对自变量的函数变化率．

由函数 $f(x)$ 在点 x_0 处左极限与右极限的定义，可得函数 $f(x)$ 在点 x_0 处左导数与右导数的定义．

当极限 $\lim\limits_{x \to x_0^-} \frac{f(x) - f(x_0)}{x - x_0}$ 与 $\lim\limits_{x \to x_0^+} \frac{f(x) - f(x_0)}{x - x_0}$ 存在时，分别称它们为函数 $f(x)$ 在点 x_0 处的左导数与右导数，记作 $f'_-(x_0)$ 与 $f'_+(x_0)$．显然 $f'(x_0)$ 存在的充要条件是 $f'_-(x_0)$ 与 $f'_+(x_0)$ 都存在且相等．

定义 2　如果函数 $y = f(x)$ 在区间 (a,b) 内的每一点都可导，称函数 $y = f(x)$ 在区间 (a,b) 内可导．

如果函数 $y = f(x)$ 在 (a,b) 内可导，那么对应于 (a,b) 中的每一个 x 的值，都有一个导数值 $f'(x)$ 与之对应，所以 $f'(x)$ 也是 x 的函数，记作 $y = f(x)$ 的导函数，简称导数，记作 $f'(x)$ 或 y' 或 $\frac{\mathrm{d}y}{\mathrm{d}x}$，即

$$f'(x) = \lim_{\Delta x \to 0} \frac{f(x + \Delta x) - f(x)}{\Delta x}$$

显然，$f'(x_0)$ 就是 $f'(x)$ 在点 x_0 处的函数值，即 $f'(x_0) = f'(x)|_{x = x_0}$．

如果函数 $y = f(x)$ 在 (a,b) 内可导，且在左端点 a 处右导数存在，在右端点 b 处左导数存在，那么称函数 $y = f(x)$ 在闭区间 $[a, b]$ 上可导．

例 1　根据导数的定义，求函数 $y = x^2$ 导数，并求 $y'|_{x=2}$ 的值．

解　函数的增量为 $\Delta y = (x + \Delta x)^2 - x^2 = 2x\Delta x + (\Delta x)^2$；

Δy 与 Δx 的比值为　$\frac{\Delta y}{\Delta x} = 2x + \Delta x$；

对 $\dfrac{\Delta y}{\Delta x}$ 取极限，即导数为

$$y' = \lim_{\Delta x \to 0} \frac{\Delta y}{\Delta x} = \lim_{\Delta x \to 0}(2x + \Delta x) = 2x,$$

导数 $y'|_{x=2}$ 的值为 $y'|_{x=2} = 2x|_{x=2} = 4$.

2.1.3 导数的几何意义

在曲线 L 上点 P_0 附近，再取一点 P，作割线 P_0P，当点 P 沿曲线 L 移动而趋向于 P_0 时，割线 P_0P 的极限位置 P_0T 就定义为曲线 L 在点 P_0 处的切线.

设函数 $y = f(x)$ 的图像为曲线 L（图 2-1），P_0 和 P 为曲线 L 上的两点，割线 P_0P 的倾斜角为 φ，切线 P_0T 的倾斜角为 α，则

$$\frac{\Delta y}{\Delta x} = \frac{f(x) - f(x_0)}{x - x_0} = \frac{f(x_0 + \Delta x) - f(x_0)}{\Delta x}$$

便是割线 P_0P 的斜率 $\tan\varphi$，当 $\Delta x \to 0$ 时，点 P 趋于 P_0，从而我们得到切线的斜率为

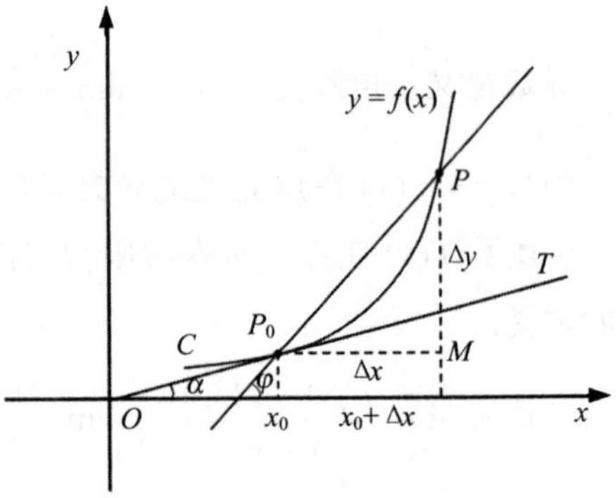

图 2-1

$$\tan\alpha = \lim_{\Delta x \to 0} \tan\varphi = \lim_{\Delta x \to 0} \frac{\Delta y}{\Delta x} = \lim_{\Delta x \to 0} \frac{f(x_0 + \Delta x) - f(x_0)}{\Delta x}$$

函数 $y = f(x)$ 在点 x_0 处的导数就是曲线 $y = f(x)$ 在相应点 (x_0, y_0) 处的切线斜率，这就是导数的几何意义.

根据导数的几何意义，曲线 $y = f(x)$ 在点 $P(x_0, y_0)$ 处的切线方程为

$$y - y_0 = f'(x_0)(x - x_0)$$

过切点 $P(x_0, y_0)$ 且与切线垂直的直线称为 $y = f(x)$ 在 $P(x_0, y_0)$ 处的法线.

曲线 $y = f(x)$ 在 $P(x_0, y_0)$ 处的法线方程为

$$y - y_0 = -\frac{1}{f'(x_0)}(x - x_0)\ [\text{当 } f'(x_0) \neq 0 \text{ 时}]$$

例 2 求抛物线 $y = x^2$ 在点 $(2, 4)$ 处的切线的斜率，并写出在该点处的切线方程和法线方程.

解 因为 $y' = (x^2)' = 2x$，由导数的几何意义知，

曲线 $y = x^2$ 在点 $(2, 4)$ 处的切线斜率为 $k_1 = y'|_{x=2} = 2x|_{x=2} = 4$.

所以切线方程为 $y-4=4(x-2)$，即 $4x-y-4=0$.

法线的斜率为 $k_2=-\dfrac{1}{k_1}=-\dfrac{1}{4}$

法线方程为 $y-4=-\dfrac{1}{4}(x-2)$，即 $x+4y-18=0$

2.1.4 函数可导与连续的关系

定理　如果函数 $y=f(x)$ 在 x 处可导，那么在 x 处一定连续．但反过来不一定成立，即在 x 处连续的函数未必在 x 处可导.

例 3　说明函数 $f(x)=|x|=\begin{cases} x, & x\geqslant 0 \\ -x, & x<0 \end{cases}$ 在 $x=0$ 处连续但不可导.

解　函数在 $x=0$ 处是连续的，这是因为 $\lim\limits_{\Delta x\to 0}\Delta y=\lim\limits_{\Delta x\to 0}|\Delta x|=0$

因为 $\Delta y=f(0+\Delta x)-f(x)=|\Delta x|$，

所以在 $x=0$ 处的右导数为

$$f'_+(0)=\lim_{\Delta x\to 0^+}\frac{\Delta y}{\Delta x}=\lim_{\Delta x\to 0^+}\frac{|\Delta x|}{\Delta x}=\lim_{\Delta x\to 0^+}\frac{\Delta x}{\Delta x}=1$$

而左导数为

$$f'_-(0)=\lim_{\Delta x\to 0^-}\frac{\Delta y}{\Delta x}=\lim_{\Delta x\to 0^-}\frac{|\Delta x|}{\Delta x}=\lim_{\Delta x\to 0^-}\frac{-\Delta x}{\Delta x}=-1$$

$f(x)$ 在 $x=0$ 处的左、右导数不相等.

所以函数 $f(x)=|x|$ 在 $x=0$ 处是连续不可导的.

2.2 导数公式与求导法则

导数作为微分学的一个核心，求函数的导数是一个必备的知识．利用导数的定义，只能求出比较简单的函数的导数，大部分的导数需要利用导数的公式及法则求得．本节重点介绍导数的基本公式、导数的四则运算法则、复合函数的求导法则.

2.2.1 导数的基本公式

根据导数定义，可以求出基本初等函数的导数，为了便于查阅，将这些导数公式归纳如下：

（1）$(C)'=0$　　　　（2）$(x^n)'=nx^{n-1}$

（3）$(a^x)' = a^x \ln a$　　（4）$(e^x)' = e^x$

（5）$(\log_a x)' = \dfrac{1}{x\ln a}$（$a>0$ 且 $a\neq 1$）　　（6）$(\ln x)' = \dfrac{1}{x}$

（7）$(\sin x)' = \cos x$　　（8）$(\cos x)' = -\sin x$

（9）$(\tan x)' = \sec^2 x$　　（10）$(\cot x)' = -\csc^2 x$

（11）$(\sec x)' = \sec x \tan x$　　（12）$(\csc x)' = -\csc x \cot x$

（13）$(\arcsin x)' = \dfrac{1}{\sqrt{1-x^2}}$　　（14）$(\arccos x)' = -\dfrac{1}{\sqrt{1-x^2}}$

（15）$(\arctan x)' = \dfrac{1}{1+x^2}$　　（16）$(\text{arc}\cot x)' = -\dfrac{1}{1+x^2}$

以上是导数基本公式，学生应该熟记这些公式，在后面的学习中用到这些公式时，可直接应用.

2.2.2 导数的四则运算法则

在两个函数都可导的情况下，它们的和、差、积和商（分母不为零）也都可导，则可以应用下列导数运算法则.

定理 1 设函数 $u(x)$ 与 $v(x)$ 在点 x 处可导，则有以下法则：

（1）$[u(x)\pm v(x)]' = u'(x) \pm v'(x)$；

（2）$[u(x)v(x)]' = u'(x)v(x) + u(x)v'(x)$，$[Cu(x)]' = Cu'(x)$（$C$为常数）；

（3）$\left[\dfrac{u(x)}{v(x)}\right]' = \dfrac{u'(x)v(x)-u(x)v'(x)}{v^2(x)}[v(x)\neq 0]$，$\left[\dfrac{C}{v(x)}\right]' = -\dfrac{Cv'(x)}{v^2(x)}$（$C$ 为常数）.

例 1 设 $y = 5x^2 + \dfrac{3}{x^3} - 2^x + 4\cos x$，求 y'.

解
$$
\begin{aligned}
y' &= 5(x^2)' + 3(x^{-3})' - (2^x)' + 4(\cos x)' \\
&= 5\times 2x + 3\times(-3)x^{-4} - 2^x \ln 2 + 4(-\sin x) \\
&= 10x - \frac{9}{x^4} - 2^x \ln 2 - 4\sin x
\end{aligned}
$$

经常遇到的函数的导数，如 $(\sqrt{x})' = \dfrac{1}{2\sqrt{x}}$，$\left(\dfrac{1}{x}\right)' = -\dfrac{1}{x^2}$.

例 2 设 $y = e^x \cos x$，求 y' 及 $y'|_{x=0}$.

解 $y' = (e^x)'\cos x + e^x(\cos x)' = e^x\cos x - e^x\sin x$

$$y'\big|_{x=0} = (e^x\cos x - e^x\sin x)\big|_{x=0} = e^0\cos 0 - e^0\sin 0 = 1$$

例3 设 $y=\tan x$，求 y'.

解 $y' = (\tan x)' = \left(\dfrac{\sin x}{\cos x}\right)' = \dfrac{(\sin x)'\cos x - \sin x(\cos x)'}{\cos^2 x}$

$$= \frac{\cos^2 x + \sin^2 x}{\cos^2 x} = \frac{1}{\cos^2 x} = \sec^2 x$$

即 $(\tan x)' = \sec^2 x$

用类似的方法可得 $(\cot x)' = -\csc^2 x$.

2.2.3 复合函数的求导法则

建立了函数的和、差、积、商求导法则以后，能解决一些函数的求导问题．但对于一般的初等函数求导数，应建立复合函数的求导法则．

定理2 如果函数 $u=\varphi(x)$ 在点 x 处可导，而函数 $y=f(u)$ 在对应的点 u 处可导，那么复合函数 $y=f[\varphi(x)]$ 也在点 x 处可导，且有

$$\frac{dy}{dx} = \frac{dy}{du}\cdot\frac{du}{dx}$$

上式也可写为 $y'_x = y'_u\cdot u'_x$ 或 $y' = \{f[\varphi(x)]\}' = f'(u)\varphi'(x)$.

复合函数的导数，等于函数对中间变量的导数乘以中间变量对自变量的导数．此种方法可以推广到多个中间变量的情况．

例如，设 $y=f(u)$，$u=\varphi(v)$，$v=\psi(x)$ 都可导，则

$$\frac{dy}{dx} = \frac{dy}{du}\cdot\frac{du}{dv}\cdot\frac{dv}{dx} \text{ 或 } y' = f'(u)\varphi'(v)\psi'(x).$$

例4 求 $y=\sin\sqrt{x}$ 的导数．

解 先写出函数的复合过程：$y=\sin u$，$u=\sqrt{x}$．再按照求导法则，得

$$y' = (\sin u)'(\sqrt{x})' = \cos u\frac{1}{2\sqrt{x}} = \frac{\cos\sqrt{x}}{2\sqrt{x}}$$

例5 求函数 $y=\sin^2(2-3x)$ 的导数．

解 先写出函数的复合过程：$y=u^2$，$u=\sin v$，$v=2-3x$．再按照求导法则，得

$$y' = (u^2)'\cdot(\sin v)'\cdot(2-3x)' = 2u\cdot\cos v\cdot(-3)$$

$$=2\sin(2-3x)\cos(2-3x)\times(-3)$$
$$=-3\sin[2(2-3x)]=-3\sin(4-6x)$$

复合函数求导法则熟练后，可以按照复合的前后次序，层层求导直接得出最后结果.

例 6　求函数 $y=\ln\cos 3x$ 的导数.

解　$y'=(\ln\cos 3x)'=\dfrac{1}{\cos 3x}\cdot(\cos 3x)'$

$$=\frac{1}{\cos 3x}\cdot(-\sin 3x)\cdot(3x)'$$

$$=\frac{1}{\cos 3x}\cdot(-\sin 3x)\cdot 3$$

$$=-3\tan 3x$$

或者直接把求导过程简写为以下形式

$$y'=\frac{1}{\cos 3x}\cdot(-\sin 3x)\cdot 3=-3\tan 3x$$

从以上例子可以看出，求复合函数的导数，先要分清函数的复合过程，求出每一层函数的导数，再由复合函数的求导法则得到复合函数的导数. 复合函数的求导法则必须多做多练，反复实践，才能熟练掌握.

2.3　隐函数及参数方程确定的函数的导数

2.3.1　隐函数的求导法则

用解析法表示函数时，通常有两种形式：一种是把函数 y 表示成自变量 x 的函数 $y=f(x)$，称为显函数，如 $y=\cos x$，$y=\ln(1+x)$.

另一种函数与自变量的关系是由方程 $F(x,y)=0$ 所确定，这种函数称为隐函数，如 $x+y^3-1=0$，$\mathrm{e}^y-xy=0$.

如何求隐函数的导数呢？如果能把隐函数化为显函数，问题就解决了. 但有些隐函数很难甚至不能化为显函数. 因此，需要找到一种直接由方程 $F(x,y)=0$ 求出导数的方法.

首先将方程 $F(x,y)=0$ 两端同时对 x 求导，遇到含有 y 的项，先对 y 求导，再乘以 y 对 x 的导数 y'，得到一个含有 y' 的方程式，然后解出 y' 即可.

例 1　求由方程 $xy-\mathrm{e}^x+\mathrm{e}^y=0$ 所确定的隐函数的导数 y'.

解　方程两端同时对 x 求导得

$$y + xy' - e^x + e^y y' = 0$$

由上式解出 y'，便得隐函数的导数为 $y' = \dfrac{e^x - y}{x + e^y}$.

说明：因为 y 是 x 的函数，所以 e^y 是复合函数，应该用复合函数的求导法则.

例 2　求曲线 $e^{xy} = x + y^2$ 在 $x = 0$ 相应点处的切线方程.

解　方程两边同时对 x 求导得

$$e^{xy}(y + xy') = 1 + 2yy'$$

于是得
$$y' = \frac{ye^{xy} - 1}{2y - xe^{xy}}$$

因为当 $x = 0$ 时，$y = \pm 1$.

所以当 $x = 0$，$y = 1$ 时，$k = y'\big|_{\substack{x=0\\y=1}} = 0$，故所求的切线方程为 $y = 1$；

当 $x = 0$，$y = -1$ 时，$k = y'\big|_{\substack{x=0\\y=-1}} = 1$，故所求的切线方程为 $x - y - 1 = 0$.

2.3.2　对数求导法

对像 $y = \sqrt[3]{\dfrac{x^2(1-x)}{2x+1}}$ 这样的显函数直接求导数，往往比较麻烦. 如果我们将这样的显函数转化为隐函数，用隐函数的求导方法来求导却比较简单. 这种方法称为对数求导法.

对数求导法适合于由几个因子通过乘、除、乘方、开方所构成的比较复杂的函数（包括幂指函数），对数求导法过程是先取对数，然后利用隐函数求导法求导.

例 3　设函数 $y = \sqrt[3]{\dfrac{x^2(1-x)}{2x+1}}$（$0 < x < 1$），求 y'.

解　两边同时取对数，得

$$\ln y = \ln\sqrt[3]{\frac{x^2(1-x)}{2x+1}} = \frac{1}{3}[2\ln x + \ln(1-x) - \ln(2x+1)]$$

上式两边对 x 求导，得 $\dfrac{1}{y}\cdot y' = \dfrac{1}{3}\left(\dfrac{2}{x} + \dfrac{-1}{1-x} - \dfrac{2}{2x+1}\right)$

所以 $y' = \dfrac{y}{3}\left(\dfrac{2}{x} - \dfrac{1}{1-x} - \dfrac{2}{2x+1}\right) = \dfrac{1}{3}\sqrt[3]{\dfrac{x^2(1-x)}{2x+1}}\left(\dfrac{2}{x} - \dfrac{1}{1-x} - \dfrac{2}{2x+1}\right)$

例 4　求 $y = x^{\sin x}(x > 0)$ 的导数.

解　对 $y = x^{\sin x}(x > 0)$ 两边取对数，

得
$$\ln y = \sin x \ln x$$

两边求导，得 $$\frac{1}{y}y'=\frac{\sin x}{x}+\cos x\ln x$$

所以 $$y'=x^{\sin x}\left(\frac{\sin x}{x}+\cos x\ln x\right).$$

2.3.3 由参数方程所确定的函数的导数

设 y 与 x 的函数关系是由参数方程 $\begin{cases}x=\varphi(t)\\ y=\psi(t)\end{cases}$ （$t\in I$，I 为某区间）确定的，则称此函数关系所表达的函数为由参数方程所确定的函数.

在实际问题中，需要计算参数方程所确定的函数的导数，但从参数方程中消去参数 t 有时会有困难．因此，我们希望有一种方法能直接由参数方程算出它所确定的函数导数.

设 $\begin{cases}x=\varphi(t)\\ y=\psi(t)\end{cases}$ 确定了 y 是 x 的函数，t 为参数，则 $\dfrac{dy}{dx}=\dfrac{\dfrac{dy}{dt}}{\dfrac{dx}{dt}}=\dfrac{\psi'(t)}{\varphi'(t)}=\dfrac{y_t'}{x_t'}$.

例 5 求摆线方程 $\begin{cases}x=a(t-\sin t)\\ y=a(1-\cos t)\end{cases}$ 所确定的函数的导数.

解 $\dfrac{dy}{dx}=\dfrac{y_t'}{x_t'}=\dfrac{a\sin t}{a(1-\cos t)}=\dfrac{\sin t}{1-\cos t}$

例 6 求曲线 $\begin{cases}x=1+t^2\\ y=t^3\end{cases}$ 在相应于 $t=2$ 处的切线方程.

解 当 $t=2$ 时，对应的切点坐标为 $(5,8)$

曲线在点 $(5,8)$ 的切线斜率为：$\left.\dfrac{dy}{dx}\right|_{t=2}=\left.\dfrac{(t^3)'}{(1+t^2)'}\right|_{t=2}=\left.\dfrac{3t^2}{2t}\right|_{t=2}=\left.\dfrac{3t}{2}\right|_{t=2}=3$

故曲线在点 $(5,8)$ 处的切线方程为：$y-8=3(x-5)$

即 $3x-y-7=0$

2.4 高阶导数

引例 在赛车比赛中，设赛车运动的规律为 $s=s(t)$，赛车做加速运动时，如何求赛车的加速度？

从物理学中知道，加速度 a 是速度 v 对时间 t 的变化率．也就是说，加速度 a 等于速度 v 对时间 t 的导数，即 $a=v'(t)$ 或 $a=\dfrac{dv}{dt}$.又因为 $v=s'(t)$，所以 $a=[s'(t)]'$ 或 $a=\dfrac{d}{dt}\left(\dfrac{ds}{dt}\right)$.这

种导数的导数 $a=[s'(t)]'$ 或 $a=\dfrac{\mathrm{d}}{\mathrm{d}t}\left(\dfrac{\mathrm{d}s}{\mathrm{d}t}\right)$ 称为 s 对 t 的二阶导数.

我们有如下定义:

定义 若函数 $y=f(x)$ 的导数 $f'(x)$ 仍是 x 的可导函数，则称它的导数 $[f'(x)]'$ 为函数 $y=f(x)$ 的二阶导数，记作 y''，$f''(x)$ 或 $\dfrac{\mathrm{d}^2y}{\mathrm{d}x^2}$.

同时称 $f'(x)$ 为函数 $y=f(x)$ 的一阶导数.

类似地，二阶导数的导数叫作三阶导数，三阶导数的导数叫作四阶导数……

一般地，函数 $y=f(x)$ 的 $n-1$ 阶导数的导数叫作 n 阶导数，记作 $f^{(n)}(x)$，$y^{(n)}$ 或 $\dfrac{\mathrm{d}^ny}{\mathrm{d}x^n}$.

函数 $f(x)$ 在点 x_0 处的 n 阶导数值记为 $f^{(n)}(x_0)$ 或 $\left.\dfrac{\mathrm{d}^ny}{\mathrm{d}x^n}\right|_{x=x_0}$ 等. 我们把二阶及二阶以上的导数统称为高阶导数.

例 1 设函数 $y=\mathrm{e}^x+3\sin x$，求 y'' 与 $y''(0)$.

解 $y'=\mathrm{e}^x+3\cos x$，$\quad y''=\mathrm{e}^x-3\sin x$

$$y''(0)=\mathrm{e}^0-3\sin 0=1$$

例 2 设 $f(x)=x^2\ln x$，求 $f'''(2)$.

解 因为 $f'(x)=2x\ln x+x$，$f''(x)=2\ln x+3$

所以 $f'''(x)=\dfrac{2}{x}$，$f'''(2)=1$.

例 3 求 $y=\sin x$ 与 $y=\cos x$ 的 n 阶导数.

解 $y'=\cos x=\sin\left(x+\dfrac{\pi}{2}\right)$

$$y''=\cos\left(x+\frac{\pi}{2}\right)=\sin\left(x+\frac{\pi}{2}+\frac{\pi}{2}\right)=\sin\left(x+2\cdot\frac{\pi}{2}\right)$$

$$y'''=\cos\left(x+2\cdot\frac{\pi}{2}\right)=\sin\left(x+3\cdot\frac{\pi}{2}\right)$$

依此类推，可得 $y^{(n)}=\sin\left(x+n\cdot\dfrac{\pi}{2}\right)$

即
$$(\sin x)^{(n)}=\sin\left(x+n\cdot\frac{\pi}{2}\right)$$

用类似的方法，可得 $$(\cos x)^{(n)}=\cos\left(x+n\cdot\frac{\pi}{2}\right)$$

例 4 求由方程$x+y=y^2+1$所确定的隐函数y的二阶导数y''.

解 方程$x+y=y^2+1$两边同时对x求导，得

$$1+y'=2y\cdot y'$$

于是得 $$y'=\frac{1}{2y-1}$$

上式两边同时对x求导，得 $$y''=-\frac{2y'}{(2y-1)^2}$$

将$y'=\frac{1}{2y-1}$代入上式得 $$y''=-\frac{2}{(2y-1)^3}$$

例 5 设参数方程$\begin{cases}x=\ln(1+t^2)\\ y=t-\arctan t\end{cases}$，确定了函数$y=y(x)$，求$\frac{\mathrm{d}^2y}{\mathrm{d}x^2}$.

解 因为 $$\frac{\mathrm{d}y}{\mathrm{d}x}=\frac{y'_t}{x'_t}=\frac{1-\frac{1}{1+t^2}}{\frac{2t}{1+t^2}}=\frac{t}{2}$$

所以 $$\frac{\mathrm{d}^2y}{\mathrm{d}x^2}=\frac{(y')'_t}{x'_t}=\frac{\frac{1}{2}}{\frac{2t}{1+t^2}}=\frac{1+t^2}{4t}$$

例 6 设某项目的利润L有两个方案可供选择，这两个方案的函数关系分别为：$L_1(t)=\frac{3t}{1+t}$，$L_2(t)=\frac{t^2}{1+t}+1$，其中t表示时间，问：当$t=1$时，这两个方案哪一个更优？

解 $L_1(1)=L_2(1)=\frac{3}{2}$，两个方案的利润相等，再看利润的变化率，即边际利润：

$$L_1'(1)=\left.\frac{3}{(1+t)^2}\right|_{t=1}=\frac{3}{4} \qquad L_2'(1)=\left.\frac{t^2+2t}{(1+t)^2}\right|_{t=1}=\frac{3}{4}$$

两个方案的边际利润仍然相等，再看边际利润的变化率：

$$L_1''(1)=\left.\frac{-6}{(1+t)^3}\right|_{t=1}=-\frac{3}{4} \qquad L_2''(1)=\left.\frac{2}{(1+t)^3}\right|_{t=1}=\frac{1}{4}$$

由此可见，在$t=1$时，利润变化率$L_1'(t)$的变化率在减少，而利润变化率$L_2'(t)$的变化率在增加，因此方案L_2优于L_1.

由此例可以看出二阶导数的经济意义. 在决策分析中，我们不仅考虑利润及利润的变化率，还要考虑利润变化率的变化率，因为这将关系发展的后劲问题.

2.5　函数的微分

前面我们建立了导数的概念. 在实际问题中，还会遇到与导数密切相关的另一类问题，即计算函数增量的问题. 当函数 $y = f(x)$ 的自变量 x 有微小变化 Δx 时，计算函数的增量 Δy 的精确值是比较困难的，需要找到一种既计算方便又误差很小的方法. 下面讨论一个具体的例子，从而引入函数微分的概念.

2.5.1　问题的引入

引例　一块正方形金属薄片受温度变化影响时，边长由 x_0 变到 $x_0 + \Delta x$（图 2-2），问此薄片的面积改变了多少？

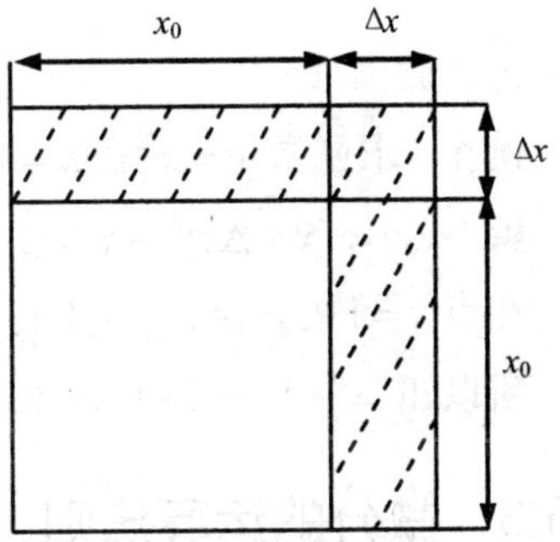

图 2-2

设此薄片的边长为 x，面积为 A，则 A 是 x 的函数：$A = x^2$，薄片受温度变化影响时，面积的增量可看成是当自变量 x 自 x_0 取得增量 Δx 时，函数 A 相应的增 ΔA.

即
$$\Delta A = (x_0 + \Delta x)^2 - x_0^2 = 2x_0\Delta x + (\Delta x)^2$$

从上式可以看出，ΔA 可分成两部分：一部分是 $2x_0\Delta x$，它是 Δx 的线性函数，即图中带有斜线的两个矩形面积之和；另一部分是 $(\Delta x)^2$，在图中是带有交叉线的小正方形的面积. 显然，$2x_0\Delta x$ 是面积增量 ΔA 的主要部分，而 $(\Delta x)^2$ 是次要部分，当 $|\Delta x|$ 很小时，$(\Delta x)^2$ 比 $2x_0\Delta x$ 要小得多. 也就是说，当 $|\Delta x|$ 很小时，面积增量 ΔA 可以近似地用 $2x_0\Delta x$ 表示，

即
$$\Delta A \approx 2x_0\Delta x .$$

把此式作为 ΔA 的近似值，略去的部分 $(\Delta x)^2$ 是比 Δx 高阶的无穷小，

即
$$\lim_{\Delta x \to 0}\frac{(\Delta x)^2}{\Delta x} = \lim_{\Delta x \to 0}\Delta x = 0 ,$$

又因为
$$A'(x_0) = (x^2)'|_{x=x_0} = 2x_0 ,$$

所以有
$$\Delta A \approx A'(x_0)\Delta x .$$

事实上，上述结论对一般的可导函数也是成立的.

2.5.2　微分的定义

定义　若函数 $y = f(x)$ 在点 x 处的改变量 $\Delta y = f(x + \Delta x) - f(x)$ 可以表示成：

$\Delta y = A\Delta x + o(\Delta x)$.其中 $o(\Delta x)$ 是比 $\Delta x(\Delta x \to 0)$ 高阶的无穷小，则称函数 $f(x)$ 在点 x 处可微，并称其线性主部 $A\Delta x$ 为函数 $y = f(x)$ 在点 x 处的微分，记作 $\mathrm{d}y$ 或 $\mathrm{d}f(x)$，即 $\mathrm{d}y = A\Delta x$ 且有 $A = f'(x)$，这样 $\mathrm{d}y = f'(x)\Delta x$.

由上面的讨论和微分定义可知：一元函数的可导与可微是等价的，且其关系为 $\mathrm{d}y = f'(x)\Delta x$. 当函数 $f(x) = x$ 时，函数的微分 $\mathrm{d}f(x) = \mathrm{d}x = x'\Delta x = \Delta x$，即 $\mathrm{d}x = \Delta x$. 因此，我们规定自变量的微分等于自变量的增量，这样函数 $y = f(x)$ 的微分可以写成

$$\mathrm{d}y = f'(x)\Delta x = f'(x)\mathrm{d}x$$

上式两边同除以 $\mathrm{d}x$，有 $\frac{\mathrm{d}y}{\mathrm{d}x} = f'(x)$，导数等于函数的微分与自变量的微分之商，导数也称为“微商”.

例 1 求函数 $y = x^2$ 在 $x = 1$，$\Delta x = 0.1$ 时的改变量及微分.

解 $\Delta y = (x + \Delta x)^2 - x^2 = 1.1^2 - 1^2 = 0.21$

在点 $x = 1$ 处，$y'\big|_{x=1} = 2x\big|_{x=1} = 2$

所以 $\mathrm{d}y = y'\Delta x = 2 \times 0.1 = 0.2$

2.5.3 微分的运算法则

因为函数 $y = f(x)$ 的微分等于导数 $f'(x)$ 乘以 $\mathrm{d}x$，所以根据导数公式和导数运算法则，就能得到相应的微分公式和微分运算法则.

1．微分基本公式

（1）$\mathrm{d}(C) = 0$　　（2）$\mathrm{d}(x^\alpha) = \alpha \cdot x^{\alpha-1}\mathrm{d}x$

（3）$\mathrm{d}(a^x) = a^x \ln a\mathrm{d}x$　　（4）$\mathrm{d}(\mathrm{e}^x) = \mathrm{e}^x\mathrm{d}x$

（5）$\mathrm{d}(\log_a x) = \frac{1}{x\ln a}\mathrm{d}x$　　（6）$\mathrm{d}(\ln x) = \frac{1}{x}\mathrm{d}x$

（7）$\mathrm{d}(\sin x) = \cos x\mathrm{d}x$　　（8）$\mathrm{d}(\cos x) = -\sin x\mathrm{d}x$

（9）$\mathrm{d}(\tan x) = \sec^2 x\mathrm{d}x$　　（10）$\mathrm{d}(\cot x) = -\csc^2 x\mathrm{d}x$

（11）$\mathrm{d}(\sec x) = \sec x \tan x\mathrm{d}x$　　（12）$\mathrm{d}(\csc x) = -\csc x \cot x\mathrm{d}x$

（13）$\mathrm{d}(\arcsin x) = \frac{1}{\sqrt{1-x^2}}\mathrm{d}x$　　（14）$\mathrm{d}(\arccos x) = -\frac{1}{\sqrt{1-x^2}}\mathrm{d}x$

（15）$\mathrm{d}(\arctan x) = \frac{1}{1+x^2}\mathrm{d}x$　　（16）$\mathrm{d}(\mathrm{arc}\cot x) = -\frac{1}{1+x^2}\mathrm{d}x$

2．函数的和、差、积、商的微分运算法则

设函数 u 与 v 在点 x 处可微，c 为常数，则

（1）$\mathrm{d}(u \pm v) = \mathrm{d}u \pm \mathrm{d}v$

（2）$d(uv)=vdu+udv$，$d(cu)=cdu$

（3）$d\left(\frac{u}{v}\right)=\frac{vdu-udv}{v^2}$（$v\neq 0$）

3．复合函数的微分法则

设函数 $y=f(u)$，根据微分的定义，当 u 是自变量时，函数 $y=f(u)$ 的微分：

$$dy=f'(u)du$$

如果 u 不是自变量，而是 x 的函数 $u=\varphi(x)$，则复合函数 $y=f[\varphi(x)]$ 的导数为 $y'=f'(u)\varphi'(x)$.于是，复合函数 $y=f[\varphi(x)]$ 的微分为 $dy=f'(u)\varphi'(x)dx$.

由于 $\varphi'(x)dx=du$，所以 $dy=f'(u)du$.

由此可见，不论 u 是自变量还是函数（中间变量），函数 $y=f(u)$ 的微分总保持同一形式 $dy=f'(u)du$，这一性质称为微分形式不变性.

例 2　设 $y=\cos\sqrt{x}$，求 dy.

解法 1　用公式 $dy=f'(x)dx$，得

$$dy=(\cos\sqrt{x})'dx=-\frac{1}{2\sqrt{x}}\sin\sqrt{x}dx$$

解法 2　用微分形式不变性，得

$$dy=d(\cos\sqrt{x})=-\sin\sqrt{x}d(\sqrt{x})$$

$$=-\sin\sqrt{x}\cdot\frac{1}{2\sqrt{x}}dx=-\frac{1}{2\sqrt{x}}\sin\sqrt{x}dx$$

例 3　设 $y=e^{\sin x}$，求 dy.

解法 1　用公式 $dy=f'(x)dx$，得

$$dy=(e^{\sin x})'dx=e^{\sin x}\cos xdx$$

解法 2　用微分形式不变性，得

$$dy=d(e^{\sin x})=e^{\sin x}d(\sin x)=e^{\sin x}\cos xdx$$

2.5.4　微分在近似计算中的应用

在实际问题中，利用微分可以把一些复杂的计算公式用简单的近似公式来代替.

若函数 $y=f(x)$ 在 x_0 处的导数 $f'(x_0)\neq 0$，且 $|\Delta x|$ 很小，则

$$\Delta y=f(x_0+\Delta x)-f(x_0)\approx f'(x_0)\Delta x \tag{*}$$

利用此式可求函数增量的近似值.

例 4　某工厂每天生产 x 件产品所获得的利润（单位：元）为 $L=600\sqrt{1\,000x-x^2}$，求

每天产量由 100 件增至 102 件时，利润增加的近似值.

解 设 $x=100$，$\Delta x=2$，由于 Δx 较小，由函数增量近似公式得

$$\Delta L \approx \mathrm{d}L\Big|_{\substack{x=100\\ \Delta x=2}} = L'(x)\Delta x\Big|_{\substack{x=100\\ \Delta x=2}}$$

$$= (600\sqrt{1\,000x-x^2})'\Delta x\Big|_{\substack{x=100\\ \Delta x=2}}$$

$$= \frac{600(1\,000-2x)}{2\sqrt{1\,000x-x^2}}\Delta x\Bigg|_{\substack{x=100\\ \Delta x=2}}$$

$$= \frac{600\times(1\,000-2\times100)}{2\sqrt{1\,000\times100-100^2}}\times 2 = 1\,600\text{ 元}$$

即每天产量由 100 件增至 102 件时，可多获得利润 1 600 元.

在式（*）中，当 $x_0=0$ 时，取 $\Delta x = x$，可得出以下近似公式：

$$f(x) \approx f(0) + f'(0)x$$

当 $|x|$ 很小时，利用上式可以求函数 $f(x)$ 在 $x=0$ 附近函数值的近似值.

下面是常用的几个近似公式，其中 $|x|$ 很小：

（1）$\sqrt[n]{1+x} \approx 1+\frac{1}{n}x$；（2）$\mathrm{e}^x \approx 1+x$；（3）$\ln(1+x) \approx x$；

（4）$\sin x \approx x$（弧度）；（5）$\tan x \approx x$（弧度）.

本章小结

本章主要介绍了导数和微分的计算方法.

1．基本概念

导数是一种特殊形式的极限，即函数的改变量与自变量的改变量之比在自变量改变量趋于零时的极限.

微分是导数与自变量改变量的乘积或者说是函数增量的近似值.

几何意义：

$f'(x_0)$ 是曲线 $y=f(x)$ 在点 $[x_0, f(x_0)]$ 处的切线斜率.

$\mathrm{d}y$ 是曲线 $y=f(x)$ 在点 $[x_0, f(x_0)]$ 处的切线纵坐标对应于 Δx 的改变量.

Δy 是曲线 $y=f(x)$ 的纵坐标对应于 Δx 的改变量.

如果函数 $y=f(x)$ 在 x 处可导，那么在 x 处一定连续．反之不成立.

2．基本计算方法

本章最主要的计算是能够运用导数基本公式和运算法则求简单函数及复合函数的导

数．求高阶导数和微分的计算方法与求导数类似．

比较特殊的有：

隐函数求导法——由方程 $F(x,y)=0$ 所确定的隐函数的导数 y' 的方法：方程两端同时对 x 求导，遇到含有 y 的项，先对 y 求导，再乘以 y 对 x 的导数 y'，得到一个含有 y' 的方程式，然后解出 y' 即可．

对数求导法——对数求导法的过程是先取对数，化乘、除、乘方、开方为乘积，然后利用隐函数求导法求导．

参数方程确定的函数的导数——设 $\begin{cases}x=\varphi(t)\\ y=\psi(t)\end{cases}$ 确定了 y 是 x 的函数，t 为参数，则

$$\frac{\mathrm{d}y}{\mathrm{d}x}=\frac{\frac{\mathrm{d}y}{\mathrm{d}t}}{\frac{\mathrm{d}x}{\mathrm{d}t}}=\frac{\psi'(t)}{\varphi'(t)}=\frac{y'_t}{x'_t}$$

3．简单应用

导数：曲线在 $y=f(x)$ 点 $M(x_0,y_0)$ 处的切线方程就是 $y-y_0=f'(x_0)(x-x_0)$．

微分：当 $|\Delta x|$ 很小时，有近似公式 $\Delta y\approx \mathrm{d}y=f'(x_0)\Delta x$，可用来计算函数增量的近似值．而公式 $f(x_0+\Delta x)-f(x_0)\approx f'(x_0)\Delta x$ 可用来计算函数的近似值．

阅读材料

牛顿

牛顿（Newton Isaac）是英国数学家、物理学家、天文学家，1643 年 1 月 4 日出生于英格兰林肯郡的伍尔索普，1727 年 3 月 31 日卒于伦敦。

牛顿出生于农民家庭，幼年颇为不幸：他是一个遗腹子，又是早产儿，3 岁时母亲改嫁，把他留给了外祖父母，从小过着贫困孤苦的生活。他在条件较差的地方学校接受了初等教育，中学时也没有显示出特殊的才华。1661 年考入剑桥大学三一学院，由于家庭经济困难，学习期间还要从事一些勤杂劳动以减免学费。由于他学习勤奋，并有幸得到著名数学家巴罗教授的指导，认真钻研了伽利略、开普勒、沃利斯、笛卡儿、巴罗等人的著作，还做了不少实验，打下了坚实的知识基础，1665 年获学士学位。

1665 年，伦敦地区流行鼠疫，剑桥大学暂时关闭。牛顿回到伍尔索普，在乡村幽居两年，终日思考各种问题、探索大自然的奥秘。他的三大发明：微积分、万有引力定律、

光谱分析，都萌发于此，这时他年仅 23 岁。后来牛顿在追忆这段峥嵘的青春岁月时，深有感触地说：“当年我正值发明创造能力最强的年华，比以后任何时期更专心致志于数学和科学”，并说：“我的成功当归功于尽力的思索”“没有大胆的猜想就做不出伟大的发现”。1667 年，他回到剑桥攻读硕士学位，在获得学位后，成为三一学院的教师，并协助巴罗编写讲义，撰写微积分和光学论文。他的学术成就得到了巴罗的高度评价。例如，巴罗在 1669 年 7 月向皇家学会数学顾问柯林斯（Collins）推荐牛顿的《运用无穷多项方程的分析学》时，称牛顿为“卓越的天才”。巴罗还坦然宣称牛顿的学识已超过自己，并在 1669 年 10 月把“卢卡斯教授”的职位让给了牛顿，牛顿当时年仅 26 岁。

牛顿发现微积分，首先得益于他的老师巴罗，巴罗关于“微分三角形”的深刻思想，给他极大影响；另外费马作切线的方法和沃利斯的《无穷算术》也给了他很大启发。牛顿的微积分思想（流数术）最早出现在他 1665 年 5 月 21 日写的一页文件中，他的微积分理论主要体现在下述三部论著里。

《运用无穷多项方程的分析学》，在这一著作中他给出了求瞬时变化率的普遍方法，阐明了求变化率和求面积是两个互逆问题，从而揭示了微分与积分的联系，即沿用至今的微积分基本定理。当然，牛顿的论证在逻辑上是不够严密的。正如他所说：“与其说是精确的证明，不如说是简短的说明。”他还应用这一方法得到许多曲线下的面积，并解决了一些能够表示成积分和式的其他问题。在 1669 年牛顿将这本专论印成小册子给朋友，直到 1711 年才正式出版。

《流数术和无穷级数》，在这一论著中，牛顿对他的微积分理论做了更加广泛而深入的说明，并在概念、计算技巧和应用等方面作了很大改进。例如，他改变了过去静止的观点，认为变量是由点、线、面连续运动而产生的。他把变量叫作“流”，把变量的变化率叫作“流数”，并引进了高阶流数的概念。他用更清晰准确的语言阐明了微积分的基本问题：一是已知两个流 x 与 y 之间的关系，求它们的流数之间的关系；二是已知流数 x 与 y 之间的关系，求它们的流之间的关系，并指出这是两个互逆问题。该书中，牛顿还把流数法用于隐函数的微分，求函数的极值，求曲线的切线、长度、曲率和拐点，并给出了直角坐标和极坐标下的曲率半径公式，附了一张积分简表。这部著作完成于 1671 年，但却经历了半个多世纪直到 1736 年才正式出版。

《求曲边形的面积》，这是一篇研究可积分曲线的经典文献。这篇论文的一个主要目的是为澄清一些遭到非议的基本概念。牛顿试图排除由“无穷小”而造成的混乱局面。

为此他把流数定义为“增量消逝”时获得的最终比和“初生增量”的最初比，尽管这种说法仍然是含糊其词而有失严格，但把求极限的思想方法作为微积分的基础在这里已初露端倪。这篇论文写成于 1676 年，发表于 1704 年。

牛顿上述三部论著是微积分发展史上的重要里程碑，也为近代数学甚至近代科学的产生与发展开辟了新纪元。牛顿的名著《自然哲学的数学原理》不仅首次以几何形式发表了流数术及其应用，更重要的是它完成了对日心地动说的力学解释，把开普勒的行星运动规律、伽利略的运动论和惠更斯的振动论等统一成为力学的三大定律。这部巨著 1687 年一经问世，立刻被公认为人类智慧的最高结晶，哈雷赞誉它是“无与伦比的论著”。出版的消息不胫而走，很快被抢购一空，有人买不到，就用手抄写。这本书在社会上引起了强烈的反响，例如，过去许多人认为彗星是魔鬼的产物，它是预示将要发生不祥事件的信号，《自然哲学的数学原理》出版之后，受过教育的人再也不相信这种鬼话了。

由于牛顿对科学做出了巨大贡献，因而受到了人们的崇敬：1688 年当选为国会议员，1689 年被选为法国科学院院士，1703 年当选为英国皇家学会会长，1705 年被英国女王封为爵士。牛顿的研究工作为近代自然科学奠定四个重要基础：他创建的微积分，为近代数学奠定了基础；他的光谱分析，为近代光学奠定了基础；他发现的力学三大定律，为经典力学奠定了基础；他发现的万有引力定律，为近代天文学奠定了基础。1701 年莱布尼茨说：“纵观有史以来的全部数学，牛顿做了一半多的工作。”汤姆生（Thomson）说：“牛顿的发现对英国及人类的贡献超过所有英国国王。”然而，即使像牛顿这样的伟大人物，也并非完美无缺。例如，由于他的一些学术成就或论著常常受到同时代一些科学家的争论或抨击，使他对争论简直厌恶到病态的程度，德摩根（De Morgan）说：“一种病态的害怕别人反对的心理统治了他一生。”他的大部分著作都是在朋友们的劝告和坚决请求下才勉强整理出来的。晚年他在神学势力的影响下几乎完全放弃了科学而潜心于神学的研究，撰写了 150 多万字的有关宗教、神学方面的文稿，其文字之晦涩、见解之荒谬、推理之混乱简直令人不敢相信是出自一位大科学家之手。

牛顿临终时说：“我不知道世人对我怎样看法，但是在我看来，我只不过像一个在海滨玩耍的孩子，偶尔很高兴地拾到几颗光滑美丽的石子或贝壳，但那浩瀚无涯的真理的大海，却还在我的前面未曾被我发现。”他还说：“如果我之所见比笛卡儿等人要远一点，那只是因为我是站在巨人肩上的缘故。”

牛顿终身未娶。他死后安葬在威斯敏斯特大教堂之内，与英国的先贤们安葬在一起。当时法国大文豪伏尔泰正在英国访问，他看到英国的大人物们都争抬牛顿的灵柩时感叹地评论说：“英国人悼念牛顿就像悼念一位造福于民的国王。”牛顿墓碑上拉丁语墓志铭的最后一句是：“他是人类的真正骄傲，让我们为之欢呼吧！”

习题2

1．根据定义求下列函数的导数．

（1）$y=\frac{1}{x^2}$；（2）$f(x)=\sqrt{4-x}$；

（3）设$f(x)=5x^2$，求$f'(0)$，$f'(-1)$．

2．求下列函数的导数．

（1）$f(x)=10^x$，求$f'(x)$，$f'(-2)$，$f'(0)$；

（2）$y=\lg x$，$y=\log_3 x$，求y'；

（3）$y=2^x$，$y=a^x e^x$，求y'．

3．求下列函数的导数．

（1）$y=3x^2-x+7$；（2）$y=x^2(2+\sqrt{x})$；

（3）$y=\frac{x^5+\sqrt{x}}{x^3}$；（4）$y=\log_5 \sqrt{x}$；

（5）$y=\frac{x^2}{2}+\frac{2}{x^2}$；（6）$y=2\sqrt{x}-\frac{1}{x}+4$；

（7）$y=x\cdot e^x\cdot\cos x$；（8）$y=\frac{3^x-1}{x^3+1}$；

（9）$y=(2x-1)\sqrt{1-x^2}$；（10）$y=\ln(x+\sqrt{x^2-a^2})$；

（11）$y=\cos^3\frac{x}{2}$；（12）$y=\sqrt{x^2-2x+5}$．

4．求$y=x^2$在$(3,9)$处的切线方程．

5．在曲线$y=\frac{1}{1+x^2}$上求一点，使通过该点的切线平行于x轴．

6．利用对数求导法则求下列函数的导数．

（1）$y=(\cos x)^{\sin x}$；（2）$y=\sqrt{\frac{x-1}{x(x+3)}}$；

（3）$y=x^x$；（4）$y=(\sin x)^{\ln x}$．

7．求下列方程所确定的隐函数的导数．

（1）$e^y\cdot x-10+y^2=0$；（2）$e^{xy}+y\cdot\ln x=\cos 2x$；

（3）$x^3+y^3-3x^2y=0$；（4）$xe^y+ye^x=0$；

（5）$\cos(x+y)=x$；　　（6）$e^{x+y}-xy=1$．

8．求下列参数方程所确定的函数的导数 $\frac{dy}{dx}$．

（1）$\begin{cases} x=\frac{1}{1+t} \\ y=\frac{t}{1+t} \end{cases}$；（2）$\begin{cases} x=a\cos^3\theta \\ y=b\sin^3\theta \end{cases}$；（3）$\begin{cases} x=1-t^2 \\ y=t-t^3 \end{cases}$；（4）$\begin{cases} x=e^t\sin t \\ y=e^t\cos t \end{cases}$．

9．求下列函数的高阶导数．

（1）$y=\ln(1-x^2)$，求 y''；　　（2）$y=(1+x^2)\arctan x$，求 y''；

（3）$y=x^3\ln x$，求 $y^{(4)}$；　　（4）$y=\ln(1+x)$，求 $y^{(n)}$．

10．求下列函数的微分．

（1）$y=\sqrt{2-5x^2}$；　　（2）$y=\frac{x}{1+x^2}$；

（3）$y=\arcsin\sqrt{x}$；　　（4）$y=\ln\sqrt{1-x^3}$；

（5）$y=e^{\cot x}$；　　（6）$y=\cos^2(2x-5)$．

自测题 2

一、单项选择题（每小题 3 分，共 21 分）

1．曲线 $y=\ln x$ 在点 $(2,\ln 2)$ 处的法线斜率为（　）．

A. -2　　B. 2　　C. $-\frac{1}{2}$　　D. $2\ln 2$

2．设 $f(x)$ 在 x_0 处不连续，则有（　）．

A. $f(x_0)$ 必不存在　　B. $f'(x_0)$ 必不存在

C. $\lim\limits_{x\to x_0} f(x)$ 必存在　　D. $\lim\limits_{x\to x_0} f(x)$ 必不存在

3．设 $y=x\ln x$，则 $y'(1)=$（　）．

A. 0　　B. 2　　C. 3　　D. 1

4．设函数 $y=e^{f(x)}$，则 $y'=$（　）．

A. $e^{f(x)}$　　B. $e^{f(x)}\cdot f'(x)$　　C. $e^{f'(x)}\cdot f'(x)$　　D. $e^{f'(x)}$

5．设函数 $f(x)=(x-1)(x+2)$，则 $f''(0)=$（　）．

A. 1　　B. 2　　C. 0　　D. -2

6．设 $y=\sin x$，则 $y^{(8)}=$（ ）.

A. $\sin x$　　B. $\cos x$　　C. $-\sin x$　　D. $-\cos x$

7．下列各式正确的是（ ）.

A. $\sin x\mathrm{d}x=\mathrm{d}(\cos x)$　　B. $x\mathrm{d}x=\mathrm{d}x^2$　　C. $\ln x\mathrm{d}x=\mathrm{d}\left(\frac{1}{x}\right)$　　D. $3\mathrm{d}x=\mathrm{d}(3x)$

二、填空题（每小题 3 分，共 21 分）

1．设 $y=\mathrm{e}^{5x}$，则 $y'|_{x=0}=$ ________.

2．设函数 $y=\ln x+2$，则 $\lim\limits_{\Delta x\to 0}\frac{f(x+\Delta x)-f(x)}{\Delta x}=$________.

3．设函数 $y=\ln(\cos x)+\sin\frac{\pi}{5}$，则 $\mathrm{d}y=$ __________.

4．设函数曲线方程为 $y=x^3-2x$ 在________处的切线方程与直线 $x-y+3=0$ 平行.

5．设 $f\left(\frac{1}{x}\right)=x$，则 $f'(x)=$________.

6．一物体的运动规律为 $s(t)=t^2+\frac{1}{t}+2$，则物体在时间 $t=1$ 时的瞬时速度为__________.

7．已知 $y=5x^3-2^x+3\mathrm{e}^x$，则 $y'=$_________.

三、计算题（每小题 6 分，共 36 分）

1．已知 $y=x^2\ln x$，求 $y'|_{x=\mathrm{e}}$.

2．已知 $y=\frac{\sin x}{x^2+1}$，求 $\mathrm{d}y$.

3．已知 $y=\sin^2(\ln x)$，求 y'.

4．求函数 $y=x\cos x$ 的二阶导数.

5．已知方程 $\begin{cases}x=t^2\\y=\ln\sin t\end{cases}$ 确定 y 是 x 的函数，求 $\frac{\mathrm{d}y}{\mathrm{d}x}$.

6．方程 $y^2\cos x+\mathrm{e}^y=0$ 确定 y 是 x 的函数，求 $\frac{\mathrm{d}y}{\mathrm{d}x}$.

四、综合题（每小题 11 分，共 22 分）

1．设函数 $f(x)=\begin{cases}x+b & x\geqslant 1\\ax+3 & x<1\end{cases}$ 在 $x=1$ 处可导，求 a 与 b 的值.

2．求函数曲线 $x^2-xy+y^2=7$ 在 $x=2$ 相应点处的切线方程与法线方程.

综合提高题 2

1．设 $f(x)=(x-a)\varphi(x)$，其中 $\varphi(x)$ 在 $x=a$ 连续，求 $f'(a)$．

2．设函数 $f(x)=\begin{cases}\dfrac{x}{1+e^{\frac{1}{x}}}, & x<0\\ 0, & x=0\\ \dfrac{2x}{1+e^{x}}, & x>0\end{cases}$，求函数 $f(x)$ 在点 $x=0$ 处的导数．

3．设函数 $f(x)$ 在 $x=a$ 处可导，且 $\lim\limits_{h\to 0}\dfrac{h}{f(a-2h)-f(a)}=\dfrac{1}{4}$，求 $f'(a)$．

4．当 $h\to 0$ 时，$f(x_0-3h)-f(x_0)+2h$ 是 h 的高阶无穷小，求 $f'(x_0)$．

5．已知 $f'(x_0)=-1$，计算 $\lim\limits_{x\to 0}\dfrac{x}{f(x_0-2x)-f(x_0-x)}$．

6．设函数 $f(x)=\begin{cases}ax^2+b, x\geqslant 1\\ x\cos\dfrac{\pi}{2}x, x<1\end{cases}$，$f(x)$ 在 $x=1$ 处可导，计算 a，b 的值．

7．设函数 $f(x)$ 有连续的导函数，$f(0)=0$ 且 $f'(0)=b$，若函数

$F(x)=\begin{cases}\dfrac{f(x)+a\sin x}{x}, x\neq 0\\ A, x=0\end{cases}$ 在 $x=0$ 处连续，计算常数 A 的值．

8．设 $f(x)=x(x+1)(x+2)\cdots(x+n)$，计算 $f'(0)$．

9．设 $y=\arctan e^x-\ln\sqrt{\dfrac{e^{2x}}{e^{2x}+1}}$，计算 $y'\big|_{x=1}$．

10．若 $f(t)=\lim\limits_{x\to\infty}t\left(1+\dfrac{1}{x}\right)^{2tx}$，计算 $f'(t)$．

11．已知 $y=f\left(\dfrac{3x-2}{3x+2}\right)$，$f'(x)=\arctan x^2$，计算 $y'\big|_{x=0}$．

12．设 $y=\ln\sqrt{\dfrac{1-x}{1+x^2}}$，计算 $y''\big|_{x=0}$．

13．设 $f(x)=\dfrac{1-x}{1+x}$，计算 $f^{(n)}(x)$．

14．设函数 $y=f(x)$ 由方程 $e^{2x+y}-\cos(xy)=e-1$ 所确定，求曲线 $y=f(x)$ 在点 $(0,1)$ 处

的法线方程.

15. 设函数 $y=f(x)$ 是由方程 $xy+e^y=x+1$ 所确定的隐函数，求 $\left.\frac{d^2y}{dx^2}\right|_{x=0}$.

16. 设 $y=x^{x^x}$，求 y'.

17. 求曲线 $\begin{cases}x=e^t\sin 2t\\ y=e^t\cos t\end{cases}$ 在点 $(0,1)$ 处的法线方程.

18. 设函数 $y=y(x)$ 由参数方程 $\begin{cases}x=t-\ln(1+t)\\ y=t^3+t^2\end{cases}$ 所确定，计算 $\frac{d^2y}{dx^2}$.

19. 设 $y=f(\ln x)e^{f(x)}$，其中 f 可微，计算 dy.

20. 曲线 $y=\frac{1}{\sqrt{x}}$ 的切线与 x 轴和 y 轴围成一个图形，记切点的横坐标为 a，试求切线方程和这个图形的面积。当切点沿曲线趋于无穷远时，该面积的变化趋势如何？

第 3 章　导数的应用

上一章介绍了微分学中的两个基本概念——导数与微分．本章将以微分学基本定理——微分中值定理为基础，进一步介绍利用导数研究函数性态的方法，讨论导数在经济问题中的一些应用．

3.1　中值定理

导数是刻画函数在某一点处变化率的数学模型，它反映了函数在这一点处的局部变化形态，而函数的变化趋势及图像特征是函数在某区间上的整体变化形态．微分中值定理在理论上给出了函数在某区间的整体性质与该区间内部一点的导数之间的关系，由于这些性质都与区间内部的某个中间值有关，因此称为中值定理．

3.1.1　罗尔定理

定理 1　如果函数 $f(x)$ 满足条件：

（1）在闭区间 $[a, b]$ 上连续；

（2）在开区间 (a, b) 内可导；

（3） $f(a)=f(b)$；

则在开区间 (a, b) 内至少存在一点 ξ，使得 $f'(\xi)=0$，如图 3-1 所示．

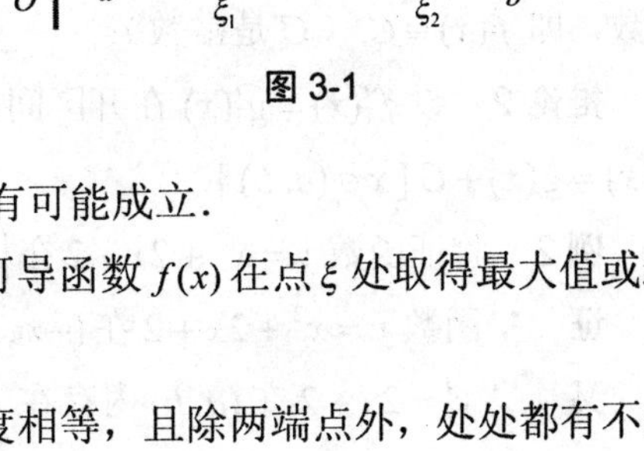

图 3-1

说明：①定理中的 3 个条件缺一不可，否则定理不一定成立，即定理中的条件是充分的，但非必要．换句话说,若不满足定理的条件，结论仍有可能成立．

②罗尔定理中的 ξ 点不一定唯一．事实上，若可导函数 $f(x)$ 在点 ξ 处取得最大值或最小值，则有 $f'(\xi)=0$．

③定理的几何意义：设有一段弧的两端点的高度相等，且除两端点外，处处都有不垂直于 x 轴的一切线，到弧上至少有一点处的切线平行于 x 轴．

例 1　验证函数 $f(x)=x\sqrt{3-x}$ 在 $[0,3]$ 上满足罗尔定理，并求满足定理的 ξ .

证　函数 $f(x)=x\sqrt{3-x}$ 在 $(-\infty,3]$ 内连续，当然在 $[0,3]$ 上连续；

$f'(x)=\dfrac{6-3x}{2\sqrt{3-x}}$ ，即 $f(x)$ 在 $(0,3)$ 内可导，且 $f(0)=f(3)=0$

∴根据罗尔定理的条件，一定能在 $(0,3)$ 内找到 ξ ，使 $f'(\xi)=0$

令 $f'(x)=0$ ，解得 $x=2\in(0,3)$

取 $\xi=2$ ，有 $f'(\xi)=f'(2)=0$

在罗尔定理中，把条件 $f(a)=f(b)$ 去掉并相应地改变结论，就得到拉格朗日中值定理.

3.1.2　拉格朗日中值定理

定理 2　如果函数 $f(x)$ 满足条件：

（1）在 $[a,b]$ 上连续；

（2）在 (a,b) 内可导；

则在开区间 (a,b) 内至少存在一点 ξ ，使得 $f'(\xi)=\dfrac{f(b)-f(a)}{b-a}$，如图 3-2 所示.

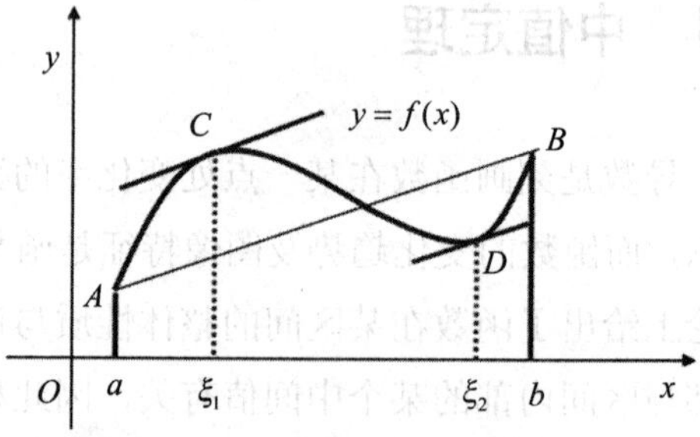

图 3-2

若此时，还有 $f(a)=f(b)\Rightarrow f'(\xi)=0$. 可见罗尔中值定理是拉格朗日中值定理的一个特殊情况，因而用罗尔中值定理来证明之.

说明：①拉格朗日中值定理是罗尔中值定理的推广.

②几何意义：如果曲线 $y=f(x)$ 在除端点外的每一点都有不平行于 y 轴的切线，则曲线上至少存在一点，该点的切线平行于两端点的连线.

由拉格朗日中值定理还可得到下列结论：

推论 1　如果函数 $f(x)$ 在开区间 (a,b) 内可导且 $f'(x)\equiv 0$ ，则 $f(x)$ 在该区间内是一个常数，即 $f(x)\equiv C$ （ C 是常数）.

推论 2　设 $f'(x)=g'(x)$ 在开区间 (a,b) 内处处成立，则 $f(x)$ 和 $g(x)$ 相差一个常数，即 $f(x)=g(x)+C\ [x\in(a,b)]$.

例 2　验证函数 $y=x^2+2x+2$ 在 $[a,b]$ 上满足拉格朗日中值定理.

证　∵函数 $y=x^2+2x+2$ 在 $(-\infty,+\infty)$ 内连续，当然在 $[a,b]$ 内连续；

又　∵ $y'=2x+2$ 在 (a,b) 内存在

令　$2x+2=\dfrac{(b^2+2b+2)-(a^2+2a+2)}{b-a}=a+b+2$

$\therefore \quad x=\dfrac{a+b}{2}\in(a,b)$

取$\xi=\dfrac{a+b}{2}$，则$f'(\xi)=\dfrac{f(b)-f(a)}{b-a}$

$\therefore$函数$y=x^2+2x+2$在$[a,b]$上满足拉格朗日中值定理.

例 3　证明$\arctan x+\operatorname{arccot} x=\dfrac{\pi}{2}$.

证　令$f(x)=\arctan x+\operatorname{arccot} x-\dfrac{\pi}{2}$，$x\in(-\infty,+\infty)$

则$f'(x)=\dfrac{1}{1+x^2}+\dfrac{-1}{1+x^2}=0$在$(-\infty,+\infty)$内成立

$\therefore f(x)=\arctan x+\operatorname{arccot} x-\dfrac{\pi}{2}=C$，$x\in(-\infty,+\infty)$

又$\because f(1)=\arctan 1+\operatorname{arccot} 1-\dfrac{\pi}{2}=0$

$\therefore C=0$

$\therefore \arctan x+\operatorname{arccot} x=\dfrac{\pi}{2}$

3.1.3　柯西中值定理

定理 3　设函数$f(x)$，$g(x)$在闭区间$[a,b]$上连续，在开区间(a,b)内可导，且$g'(x)\neq 0\,[x\in(a,b)]$，则在(a,b)内至少存在一点ξ，使得$\dfrac{f(b)-f(a)}{g(b)-g(a)}=\dfrac{f'(\xi)}{g'(\xi)}$.

在上式中，如果令$g(x)=x$，就变成拉格朗日中值定理，所以柯西中值定理是拉格朗日中值定理的推广.

3.2　洛必达法则

在某一变化过程中，两个无穷小或两个无穷大之比的极限可能存在，也可能不存在，我们称这类极限为未定式，记为$\dfrac{0}{0}$或$\dfrac{\infty}{\infty}$.应用初等方法求这类极限有时会比较困难，本节利用中值定理推出一种有效地求未定式极限的方法，即洛必达法则.

洛必达法则（一）

若函数$f(x)$与$g(x)$在点x_0的某去心邻域内可导，且满足：

（1）$\lim\limits_{x\to x_0} f(x)=\lim\limits_{x\to x_0} g(x)=0$；

（2）$g'(x)\neq 0$（$x\neq x_0$）；

（3）$\lim\limits_{x\to x_0}\dfrac{f'(x)}{g'(x)}=A$（或$\infty$）；

则 $\lim\limits_{x\to x_0}\dfrac{f(x)}{g(x)}=\lim\limits_{x\to x_0}\dfrac{f'(x)}{g'(x)}=A$（或$\infty$）.

洛必达法则（二）

若函数 $f(x)$ 与 $g(x)$ 在点 x_0 的某去心邻域内可导，且满足：

（1）$\lim\limits_{x\to x_0} f(x)=\lim\limits_{x\to x_0} g(x)=\infty$；

（2）$g'(x)\neq 0$（$x\neq x_0$）；

（3）$\lim\limits_{x\to x_0}\dfrac{f'(x)}{g'(x)}=A$（或$\infty$）；

则 $\lim\limits_{x\to x_0}\dfrac{f(x)}{g(x)}=\lim\limits_{x\to x_0}\dfrac{f'(x)}{g'(x)}=A$（或$\infty$）.

对于法则（一）和法则（二），把 $x\to x_0$ 改为 $x\to\infty$，仍然成立.

例 1 求 $\lim\limits_{x\to 0}\dfrac{e^x-1}{x^2-x}$.

解 当 $x\to 0$ 时，有 $e^x-1\to 0$ 和 $x^2-x\to 0$，这是 $\dfrac{0}{0}$ 型未定式，由洛必达法则得

$$\lim_{x\to 0}\frac{e^x-1}{x^2-x}=\lim_{x\to 0}\frac{e^x}{2x-1}=-1$$

例 2 求 $\lim\limits_{x\to 0}\dfrac{1-\cos x}{x^3}$.

解 当 $x\to 0$ 时，有 $1-\cos x\to 0$ 和 $x^3\to 0$，这是 $\dfrac{0}{0}$ 型未定式，由洛必达法则得

$$\lim_{x\to 0}\frac{1-\cos x}{x^3}=\lim_{x\to 0}\frac{\sin x}{3x^2}$$

当 $x\to 0$ 时，有 $\sin x\to 0$ 和 $3x^2\to 0$，仍是 $\dfrac{0}{0}$ 型未定式，再用洛必达法则得

$$\lim_{x\to 0}\frac{\sin x}{3x^2}=\lim_{x\to 0}\frac{\cos x}{6x}=\infty$$

例 3 求 $\lim\limits_{x\to+\infty}\dfrac{\dfrac{\pi}{2}-\arctan x}{\dfrac{1}{x}}$.

解 当 $x\to+\infty$ 时，有 $\dfrac{\pi}{2}-\arctan x\to 0$ 和 $\dfrac{1}{x}\to 0$，这是 $\dfrac{0}{0}$ 型未定式，由洛必达法则得

$$\lim_{x\to+\infty}\frac{\dfrac{\pi}{2}-\arctan x}{\dfrac{1}{x}}=\lim_{x\to+\infty}\frac{-\dfrac{1}{1+x^2}}{-\dfrac{1}{x^2}}=\lim_{x\to+\infty}\frac{x^2}{1+x^2}=1$$

例 4 求 $\lim\limits_{x\to+\infty}\dfrac{\ln x}{x^n}$.

解 当 $x\to+\infty$ 时，有 $\ln x\to+\infty$ 和 $x^n\to+\infty$，这是 $\dfrac{\infty}{\infty}$ 型未定式，由洛必达法则得

$$\lim_{x\to+\infty}\frac{\ln x}{x^n}=\lim_{x\to+\infty}\frac{\dfrac{1}{x}}{nx^{n-1}}=\lim_{x\to+\infty}\frac{1}{nx^n}=0$$

用洛必达法则时应注意：

（1）洛必达法则只适用于 $\dfrac{0}{0}$ 或 $\dfrac{\infty}{\infty}$ 型未定式的极限，每次使用该法则时必须检验所求极限是否是未定式；

（2）若 $\lim\dfrac{f'(x)}{g'(x)}$ 仍是 $\dfrac{0}{0}$ 或 $\dfrac{\infty}{\infty}$ 型未定式，可继续使用洛必达法则，注意化简极限式子；

（3）与其他方法综合运用，选择简单方法.

洛必达法则不但可以求 $\dfrac{0}{0}$ 或 $\dfrac{\infty}{\infty}$ 型未定式的极限，还可以用来求 $0\cdot\infty$ 、$\infty-\infty$ 、0^0 、1^∞ 和 ∞^0 型未定式的极限．求这几种未定式极限的基本方法就是设法将它们化为 $\dfrac{0}{0}$ 或 $\dfrac{\infty}{\infty}$ 型.

例 5 求 $\lim\limits_{x\to0^+}(x\cdot\ln x)$．（$0\cdot\infty$ 型）

解 $\lim\limits_{x\to0^+}(x\cdot\ln x)=\lim\limits_{x\to0^+}\dfrac{\ln x}{\dfrac{1}{x}}=\lim\limits_{x\to0^+}\dfrac{\dfrac{1}{x}}{-\dfrac{1}{x^2}}=\lim\limits_{x\to0^+}(-x)=0$

例 6 求 $\lim\limits_{x\to\frac{\pi}{2}}(\sec x-\tan x)$．（$\infty-\infty$ 型）

解 $\lim\limits_{x\to\frac{\pi}{2}}(\sec x-\tan x)=\lim\limits_{x\to\frac{\pi}{2}}\left(\dfrac{1}{\cos x}-\dfrac{\sin x}{\cos x}\right)=\lim\limits_{x\to\frac{\pi}{2}}\dfrac{1-\sin x}{\cos x}=\lim\limits_{x\to\frac{\pi}{2}}\dfrac{-\cos x}{-\sin x}=\dfrac{0}{1}=0$

例 7 求 $\lim\limits_{x\to+\infty} x^{\frac{1}{x}}$．（$\infty^0$ 型）

解 $\lim\limits_{x\to+\infty} x^{\frac{1}{x}} = \lim\limits_{x\to+\infty} e^{\frac{1}{x}\ln x}$

其中 $\lim\limits_{x\to+\infty}\left(\frac{1}{x}\ln x\right) = \lim\limits_{x\to+\infty}\frac{\ln x}{x} = \lim\limits_{x\to+\infty}\frac{1}{x} = 0$

$\therefore \lim\limits_{x\to+\infty} x^{\frac{1}{x}} = e^0 = 1$

例 8 求 $\lim\limits_{x\to0^+}(\tan x)^{\sin x}$．（$0^0$ 型）

解 $\lim\limits_{x\to0^+}(\tan x)^{\sin x} = \lim\limits_{x\to0^+} e^{\sin x\ln\tan x}$

其中 $\lim\limits_{x\to0^+}(\sin x\cdot\ln\tan x) = \lim\limits_{x\to0^+}\frac{\ln\tan x}{\frac{1}{\sin x}} = \lim\limits_{x\to0^+}\frac{\frac{1}{\tan x}\sec^2 x}{-\frac{\cos x}{\sin^2 x}} = \lim\limits_{x\to0^+}\frac{-\sin x}{\cos^2 x} = 0$

$\therefore \lim\limits_{x\to0^+}(\tan x)^{\sin x} = e^0 = 1$

例 9 求 $\lim\limits_{x\to+\infty}\frac{x+\sin x}{x}$．

解 这是$\frac{\infty}{\infty}$型未定式，但极限 $\lim\limits_{x\to+\infty}\frac{f'(x)}{g'(x)} = \lim\limits_{x\to+\infty}\frac{1+\cos x}{1}$ 不存在，即不满足洛必达法则的第三个条件，所以不能使用洛必达法则．

原极限可以由下面方法求出：

$$\lim_{x\to+\infty}\frac{x+\sin x}{x} = \lim_{x\to+\infty}\left(1+\frac{\sin x}{x}\right) = 1$$

从上面例子可以看出，洛必达法则虽然是求未定式极限的一种有效的方法，但它不是万能的，有时会失效．

3.3 函数的单调性与极值

3.3.1 函数的单调性

函数的单调性也就是函数的增减性，怎样才能判断函数的增减性呢？

如图 3-3、图 3-4 所示，函数在某区间上单调增（或减），则在此区间内函数图形上切线的斜率均为正（或负），也就是函数的导数在此区间上均取正值（或负值）．因此我们可通过判定函数导数的正负来判定函数的增减性．

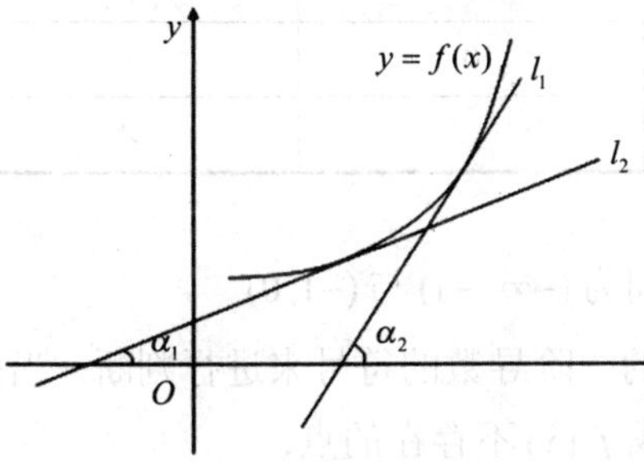

图 3-3

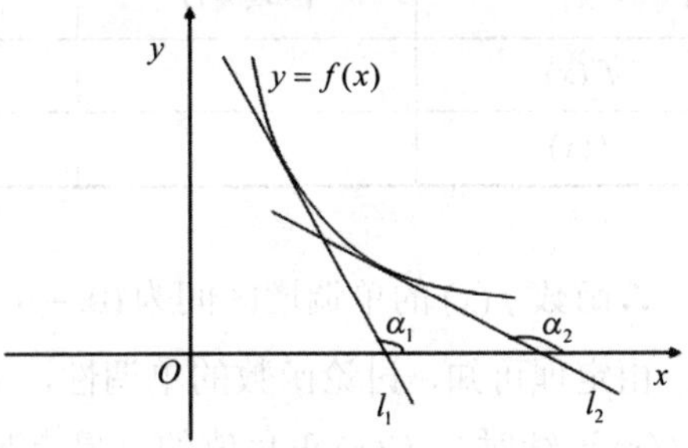

图 3-4

定理 1　设函数 $f(x)$ 在开区间 (a,b) 内可导，如果在 (a,b) 内 $f'(x)>0$，则函数 $y=f(x)$ 在该区间内是单调增函数. 如果在 (a,b) 内 $f'(x)<0$，则函数 $y=f(x)$ 在该区间内是单调减函数. 区间 (a,b) 叫作函数的单调增（减）区间.

说明：定理 1 可用拉格朗日中值定理证明，并且将其中的开区间换成其他区间（包括无穷区间），结论也成立；并且 $f'(x)>0$ 与 $f'(x)<0$ 换成 $f'(x)\geqslant 0$ 与 $f'(x)\leqslant 0$（等号只在个别点处成立），定理的结论仍然成立.

例 1　求函数 $f(x)=2x^3-9x^2+12x-3$ 的单调区间.

解　函数 $f(x)$ 的定义域为 $(-\infty,+\infty)$

$f'(x)=6x^2-18x+12=6(x-1)(x-2)$

令 $f'(x)=0$ 得 $x_1=1$，$x_2=2$

x	$(-\infty,1)$	1	$(1,2)$	2	$(2,+\infty)$
$f'(x)$	+	0	−	0	+
$f(x)$	↗		↘		↗

∴函数 $f(x)$ 的单调增区间为 $(-\infty,1)\cup(2,+\infty)$，单调减区间为 $(1,2)$

例 2　求函数 $f(x)=\dfrac{e^x}{1+x}$ 的单调区间.

解　函数 $f(x)$ 的定义域为 $(-\infty,-1)\cup(-1,+\infty)$

$$f'(x)=\frac{e^x(1+x)-e^x}{(1+x)^2}=\frac{xe^x}{(1+x)^2}$$

令 $f'(x)=0$ 得 $x=0$

x	$(-\infty,-1)$	$(-1,0)$	0	$(0,+\infty)$
$f'(x)$	−	−	0	+
$f(x)$	↘	↘		↗

∴函数 $f(x)$ 的单调增区间为 $(0,+\infty)$，单调减区间为 $(-\infty,-1)$ 与 $(-1,0)$

由定理可知，讨论函数的单调性，需要根据函数的一阶导数的符号来进行判断．当函数 $f(x)$ 连续时，$f'(x)$ 正负值的分界点是使 $f'(x)=0$ 或 $f'(x)$ 不存在的点．

我们把 $f'(x)=0$ 的点 x_0 称为函数 $f(x)$ 的驻点或稳定点．

由上述几个例子，我们可以得出讨论函数单调性的步骤为：

（1）求函数的定义域；

（2）求导数 $f'(x)$，并进一步求出 $f(x)$ 的驻点与不可导点，设为 x_i；

（3）以 x_i 为分界点，把函数的定义域分为若干个开区间；

（4）判断各开区间内 $f'(x)$ 的符号，由定理知其单调性．

例 3 证明：当 $x>0$ 时，$\ln(1+x)<x$．

证 设 $f(x)=\ln(1+x)-x$，$x\in[0,+\infty)$

则当 $x>0$ 时，$f'(x)=\dfrac{1}{1+x}-1=-\dfrac{x}{1+x}<0$

∴ $f(x)$ 在 $[0,+\infty)$ 内是单调减函数

又∵ $f(0)=0$

∴当 $x>0$ 时，$f(x)=\ln(1+x)-x<f(0)=0$

∴当 $x>0$ 时，$\ln(1+x)<x$

例 3 说明，运用函数的单调性证明不等式的关键在于合理地构造相应的辅助函数，并研究其在相应区间的单调性及在相应的区间端点处的值．

3.3.2 函数的极值

1．函数极值的定义

定义 设函数 $f(x)$ 在点 x_0 的某邻域 $U(x_0,\delta)$ 内有定义，如果当 $x\in \mathring{U}(x_0,\delta)$ 时，恒有

（1）$f(x)<f(x_0)$，则称 $f(x_0)$ 是函数的极大值，点 x_0 叫作函数的极大值点；

（2）$f(x)>f(x_0)$，则称 $f(x_0)$ 是函数的极小值，点 x_0 叫作函数的极小值点；

极大值与极小值统称为函数的极值，极大值点与极小值点统称为函数的极值点．

说明：函数的极值仅仅是对某一区间而言的，它是局部性概念．在某个区间上，函数可能有几个极大值与极小值，甚至极大值可能比极小值还小．极值点处如果有切线的话，一定是水平方向的，但有水平切线的点不一定是极值点，如图 3-5 所示．

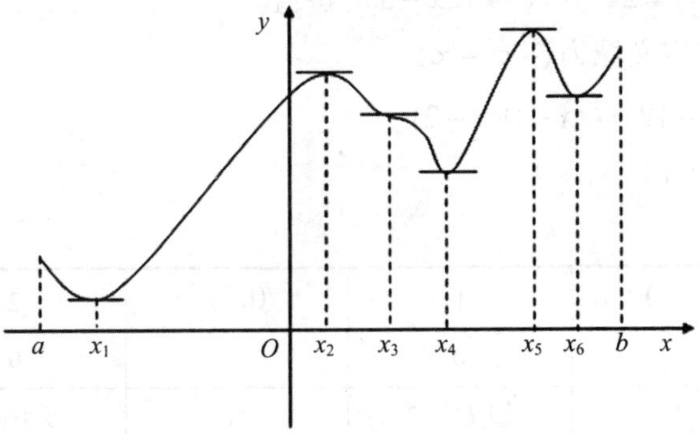

图 3-5

2．函数极值的判定

定理 2（极值存在的必要条件）　如果 $f(x)$ 在点 x_0 处取得极值，且在点 x_0 处可导，必有 $f'(x_0)=0$．

关于定理需要说明两点：

（1）$f'(x_0)=0$ 只是函数 $f(x)$ 在点 x_0 处取得极值的必要条件，而不是充分条件．即可导函数的极值点一定是函数的驻点，但驻点不一定是函数的极值点．如点 $x=0$ 是函数 $y=x^2$ 与 $y=x^3$ 的驻点，但它是函数 $y=x^2$ 的极小值点，却不是函数 $y=x^3$ 的极值点．

（2）连续不可导点也可能是极值点．如点 $x=0$ 是函数 $y=|x|$ 与 $y=\sqrt[3]{x}$ 的连续不可导点，它是函数 $y=|x|$ 的极小值点，却不是函数 $y=\sqrt[3]{x}$ 的极值点．

因此，函数的驻点和连续不可导点都有可能是极值点，这样寻求函数极值点的范围就大大缩小了，只需对驻点和连续不可导点进行判断即可．

下面给出判断极值的充分条件．

定理 3（极值的第一充分条件）　设函数 $f(x)$ 在点 x_0 的某邻域内连续且点 x_0 是函数的驻点或导数不存在的点，则在该邻域内，当 x 由小增大经过点 x_0 时，若

（1）$f'(x)$ 由正变负，则点 x_0 是函数 $f(x)$ 的极大值点；

（2）$f'(x)$ 由负变正，则点 x_0 是函数 $f(x)$ 的极小值点；

（3）$f'(x)$ 符号不变，则点 x_0 不是函数 $f(x)$ 的极值点．

综上所述，求函数 $f(x)$ 的极值点和极值的一般步骤如下：

（1）确定函数 $f(x)$ 的定义域；

（2）求导数 $f'(x)$，并求出 $f(x)$ 的驻点与不可导点，设为 x_i；

（3）以 x_i 为分界点，把函数的定义域分为若干个子区间；列表考察 $f'(x)$ 在各个子区间内的符号，判断出函数 $f(x)$ 在子区间上的单调性，也就得到了极值点；

（4）求出各极值点处的函数值，就得到 $f(x)$ 的全部极值．

例 4 求函数 $f(x)=2x^3-9x^2+12x-3$ 的极值.

解 函数 $f(x)$ 的定义域为 $(-\infty,+\infty)$

$f'(x)=6x^2-18x+12=6(x-1)(x-2)$

令 $f'(x)=0$ 得 $x_1=1$，$x_2=2$

x	$(-\infty,1)$	1	$(1,2)$	2	$(2,+\infty)$
$f'(x)$	+	0	−	0	+
$f(x)$	↗	极大值 2	↘	极小值 1	↗

∴函数的极大值为 $f(1)=2$，极小值 $f(2)=1$

上述定理给出了判定极值点的充分条件之一，如果函数在驻点处具有二阶导数，则有下面的判定方法.

定理 4（极值的第二充分条件） 设函数 $f(x)$ 在点 x_0 处有二阶导数，且 $f'(x_0)=0$，

（1）若 $f''(x_0)<0$，则函数 $f(x)$ 在点 x_0 处取得极大值；

（2）若 $f''(x_0)>0$，则函数 $f(x)$ 在点 x_0 处取得极小值；

（3）若 $f''(x_0)=0$，则不能判断 $f(x_0)$ 是否是极值；

对于 $f''(x_0)=0$ 的情形，$f(x)$ 可能是极大值，可能是极小值，也可能不是极值.

例如，$f(x)=-x^4$，$f''(0)=0$，$f(0)=0$ 是极大值；$g(x)=x^4$，$g''(0)=0$，$g(0)=0$ 是极大值；$\varphi(x)=x^3$，$\varphi''(0)=0$，但 $\varphi(0)=0$ 不是极值. 因此，当 $f''(x_0)=0$ 时，第二判别法失效，只能用第一判别法判断.

例 5 求函数 $f(x)=x^3-3x^2-9x+1$ 的极值.

解 因为 $f'(x)=3x^2-6x-9=3(x+1)(x-3)$

令 $f'(x)=0$，解得 $x=-1$，$x=3$

又因为 $f''(x)=6x-6$，且 $f''(3)=12>0$，所以，$x=3$ 是极小值点，极小值为 $f(3)=-26$；

而 $f''(-1)=-12<0$，所以，$x=-1$ 是极大值点，极小值为 $f(-1)=6$.

一般地，当函数只有驻点且在驻点的二阶导数不为零的情况下，用极值第二充分条件求解比较简单. 特别是许多实际应用问题，用第二充分条件解决较多. 但有不可导点或在驻点的二阶导数为零的情况下，必须用极值第一充分条件.

3.3.3 函数的最值

在工农业生产、工程技术及科学试验中，常会遇到这样一类问题：在一定条件下，怎样使“产品最多”“用料最省”“成本最低”等.

这类问题在数学上可归结为求某一函数的最大值、最小值的问题.

函数的极值与函数的最值是两个不同的概念．极值是局部性的概念，它只限于与x_0的某邻域的函数值比较来说；而最值是一个整体概念，它是就整个区间的函数值比较来说的．那么如何求最值呢？

对于闭区间上的连续函数一定有最值，其最值一定在函数的驻点、一阶导数不存在的点、区间端点处取得，我们只要求出这些点所对应的函数值，找出其中最大的就是函数的最大值，最小的就是函数的最小值．于是，我们可以归纳出求函数$f(x)$在闭区间$\left[a,b\right]$上最值的方法：

（1）求函数$f(x)$的导数，得出驻点和函数连续但不可导的点；

（2）再求驻点和导数不存在的点以及区间端点处的函数值；

（3）比较上述函数值的大小，其最大者是函数$f(x)$在$\left[a,b\right]$上的最大值，最小者即是最小值．

例6　求函数$f(x)=x^3-6x^2+5$在闭区间$\left[-1,3\right]$上的最大值和最小值．

解　因为$f'(x)=3x^2-12=3x(x-4)$，令$f'(x)=0$得驻点$x_1=0$，$x_2=4$（舍去）

又$f(0)=5$，$f(-1)=-2$，$f(3)=-22$

所以函数$f(x)$在$\left[-1,3\right]$上的最大值是$f(0)=5$，最小值是$f(3)=-22$．

在解决实际问题时，注意以下结论，会使我们讨论问题显得方便有效．

（1）如果函数$f(x)$在闭区间$\left[a,b\right]$上单调增加（或减少），则$f(a)$ [或$f(b)$]为最小值，$f(b)$ [或$f(a)$]为最大值．

（2）若函数$f(x)$在讨论的区间（有限或无限，开或闭）内仅有一个极值点，而所讨论的问题在它所对应的区间内又只有一个驻点x_0，那么不必讨论$f(x_0)$是否是极值，一般就可以断定$f(x_0)$就是问题所求的最大值或最小值．

例7　设有一块边长为a的正方形铁皮，从它的四角截去同样大小的小正方形，做成一个无盖方匣，问截去的小正方形边长为多大，才能使做成的方匣容积最大？

解　设截去的小正方形边长为x，则方匣容积为$V=x(a-2x)^2$（$0<x<\dfrac{a}{2}$）

令$V'=(a-2x)^2+2x(a-2x)(-2)=(a-2x)(a-6x)=0$

得V在$(0,\dfrac{a}{2})$内的驻点$x=\dfrac{a}{6}$

∵函数只有唯一驻点且实际问题一定存在最大值

∴当$x=\dfrac{a}{6}$，即截去的小正方形边长为$\dfrac{a}{6}$时，方匣容积最大．

例8　某厂生产某种产品，其固定成本为3万元，每生产一百件产品，成品增加2万元．其收入 R 是产量 q 的函数 $R=5q-\frac{1}{2}q^2$，求达到最大利润时的产量．

解 由题意知，成本函数为 $C=3+2q$

那么利润函数为 $L=R-C=-3+3q-\frac{1}{2}q^2$

且 $L'=3-q$

令 $L'=0$，得 $q=3$（百件）

∵函数只有唯一驻点且函数一定存在最大利润

∴当 $q=3$，即产量为 300 件时达到最大利润．

3.4 曲线的凹凸性与拐点

3.4.1 曲线的凹凸性与拐点

在研究函数图形的特征时，只知道它的单调性是不够的，上升和下降还不能完全反映图像的变化．如图 3-6 所示的三段曲线弧，从点 A 到点 B 都是上升的，但它们的弯曲方向却不一样．所以，我们还要研究曲线的弯曲方向．讨论曲线的凹凸性就是讨论曲线弯曲方向问题．据此，我们给出以下定义：

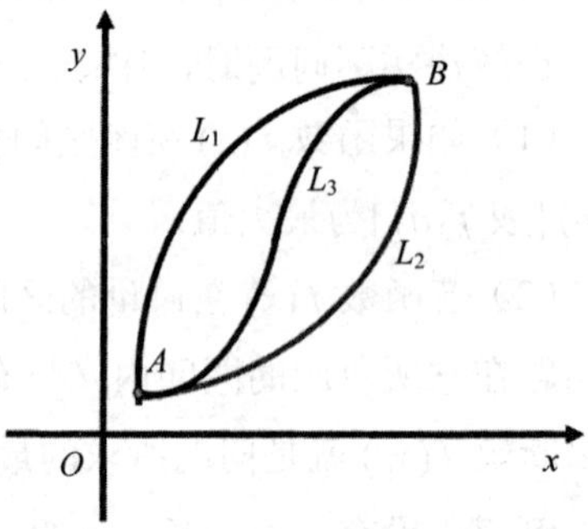

图 3-6

定义 1 若在某区间 I 内，连续曲线弧 $y=f(x)$ 总位于其上任意一点处的切线的上（下）方，则称曲线在该区间 I 内是凹（凸）的；区间 I 叫作曲线的凹（凸）区间．

定义 2 连续曲线上凹弧与凸弧的分界点 $[x_0, f(x_0)]$ 叫作曲线的拐点．

如何判别曲线在某一区间上的凹凸性呢？若曲线是凹弧，则当 x 由小变大时，x 轴与曲线的切线的夹角是增大的，即切线的斜率是递增的，如图 3-7 所示．若曲线是凸弧，则当 x 由小变大时，x 轴与曲线的切线的夹角是减小的，即切线的斜率是递减的，如图 3-8 所示．从而我们可以根据函数的一阶导数是递增还是递减的，或根据原来函数的二阶导数是正还是负来判断曲线弧的凹凸性．

如果函数 $f(x)$ 在 I 内具有二阶导数，那么可以利用二阶导数的符号来判断曲线的凹凸性，这就是下面曲线凹凸性的判定定理．

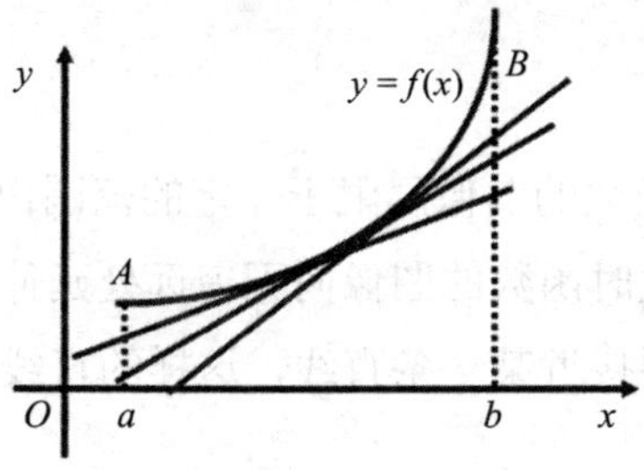

图 3-7

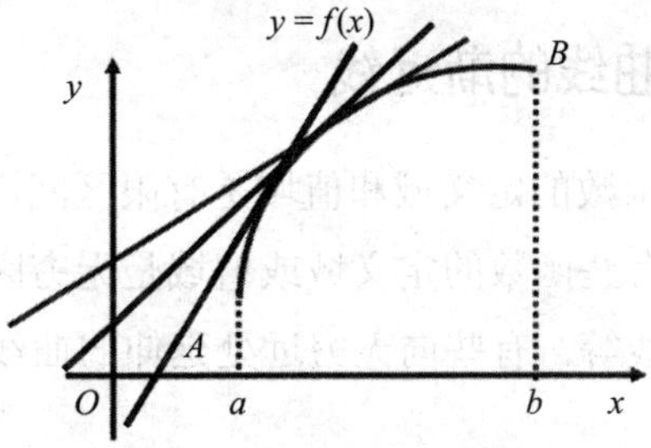

图 3-8

定理　设函数 $y=f(x)$ 在区间 (a,b) 内二阶可导（除在个别点外）.如果在 (a,b) 内 $f''(x)>0$，则曲线 $y=f(x)$ 在 (a,b) 内是凹的；如果在 (a,b) 内 $f''(x)<0$，则曲线 $y=f(x)$ 在 (a,b) 内是凸的.

求曲线的凹凸区间、拐点的方法步骤如下：

（1）确定函数的定义域；

（2）求方程 $f''(x)=0$ 的点和 $f''(x)$ 不存在的点；

（3）用上述点划分函数的定义域，在各个小区间上讨论 $f''(x)$ 的符号，从而确定曲线的凹凸区间和拐点.

例 1　判断曲线 $y=2x^2+3x+1$ 的凹凸性.

解　因为 $y'=4x+3$，$y''=4>0$

所以曲线 $y=2x^2+3x+1$ 在其定义域 $(-\infty,+\infty)$ 上是凹的.

例 2　求曲线 $y=\mathrm{e}^{-x^2}$ 的凹凸区间和拐点.

解　函数的定义域为 $(-\infty,+\infty)$

$y'=-2x\mathrm{e}^{-x^2}$，$y''=2(2x^2-1)\mathrm{e}^{-x^2}$

令 $y''=0$，得 $x=\pm\dfrac{1}{\sqrt{2}}$

x	$\left(-\infty,-\frac{1}{\sqrt{2}}\right)$	$-\frac{1}{\sqrt{2}}$	$\left(-\frac{1}{\sqrt{2}},\frac{1}{\sqrt{2}}\right)$	$\frac{1}{\sqrt{2}}$	$\left(\frac{1}{\sqrt{2}},+\infty\right)$
y''	+	0	−	0	+
y	凹的	拐点 $\left(-\frac{1}{\sqrt{2}},\frac{1}{\sqrt{\mathrm{e}}}\right)$	凸的	拐点 $\left(\frac{1}{\sqrt{2}},\frac{1}{\sqrt{\mathrm{e}}}\right)$	凹的

$\therefore$ 凹区间为 $\left(-\infty,-\dfrac{1}{\sqrt{2}}\right)$ 与 $\left(\dfrac{1}{\sqrt{2}},+\infty\right)$，凸区间为 $\left(-\dfrac{1}{\sqrt{2}},\dfrac{1}{\sqrt{2}}\right)$，

拐点为 $\left(-\dfrac{1}{\sqrt{2}},\dfrac{1}{\sqrt{\mathrm{e}}}\right)$ 与 $\left(\dfrac{1}{\sqrt{2}},\dfrac{1}{\sqrt{\mathrm{e}}}\right)$.

3.4.2 曲线的渐近线

有些函数的定义域和值域是有限区间，此时函数的图像局限于一定的范围内，如圆、椭圆．而有些函数的定义域或值域是无穷区间，此时函数的图像向无穷远处延伸，如双曲线、抛物线等．有些向无穷远处延伸的曲线常常要接近某一条直线，这样的直线叫作曲线的渐近线．

定义 3 对于给定的函数 $y=f(x)$，如果 $\lim\limits_{x\to\infty}f(x)=A$ 或 $\lim\limits_{x\to+\infty}f(x)=A$，或 $\lim\limits_{x\to-\infty}f(x)=A$（其中 A 为有限数），则称 $y=A$ 是曲线 $y=f(x)$ 的一条水平渐近线；

如果有常数 a，使得 $\lim\limits_{x\to a}f(x)=\infty$ 或 $\lim\limits_{x\to a^+}f(x)=\infty$ 或 $\lim\limits_{x\to a^-}f(x)=\infty$，则称 $x=a$ 是曲线 $y=f(x)$ 的一条垂直渐近线．

例 3 求曲线 $y=\mathrm{e}^{-x^2}$ 的渐近线．

解 函数的定义域为 $(-\infty,+\infty)$

因为 $\lim\limits_{x\to\infty}\mathrm{e}^{-x^2}=0$，所以曲线的水平渐近线为 $y=0$．

例 4 求曲线 $y=\dfrac{x^3}{x^2+2x-3}$ 的渐近线．

解 函数的定义域为 $(-\infty,-3)\cup(-3,1)\cup(1,+\infty)$

因为 $\lim\limits_{x\to\infty}\dfrac{x^3}{x^2+2x-3}=\infty$

所以曲线没有水平渐近线；

因为 $\lim\limits_{x\to-3}\dfrac{x^3}{x^2+2x-3}=\infty$，$\lim\limits_{x\to1}\dfrac{x^3}{x^2+2x-3}=\infty$

所以曲线的垂直渐近线为 $x=-3$ 与 $x=1$．

3.4.3 函数作图

利用导数和其他方法分析函数的整体性态（如奇偶性、单调性、凹凸性等），求出渐近线，结合描点法来作图的方法，叫作分析作图法．

具体方法如下：

（1）求出函数的定义域和值域；

（2）确定曲线关于坐标轴的对称性；

（3）求出曲线与坐标轴的交点；

（4）确定函数的单调区间并求出极值；

（5）确定曲线的凹凸区间并求出拐点；

（6）求出渐近线；

（7）列表讨论绘图．

例 5　绘制函数 $f(x)=\dfrac{4(x+1)}{x^2}-2$ 的图像.

解　(1) 定义域为 $\{x|x\neq 0\}$

(2) 函数是非奇非偶函数，因此曲线无对称性

(3) 特殊点 $(1-\sqrt{3},0)$，$(1+\sqrt{3},0)$；$A(-1,-2)$，$B(1,6)$，$C(2,1)$

(4) $f'(x)=-\dfrac{4(x+2)}{x^3}$，$f''(x)=\dfrac{8(x+3)}{x^4}$

令 $f'(x)=0$，得驻点 $x=-2$

令 $f''(x)=0$，得特殊点 $x=-3$

(5) 因为 $\lim\limits_{x\to\infty}f(x)=\lim\limits_{x\to\infty}[\dfrac{4(x+1)}{x^2}-2]=-2$，所以曲线的水平渐近线为 $y=-2$

因为 $\lim\limits_{x\to 0}f(x)=\lim\limits_{x\to 0}[\dfrac{4(x+1)}{x^2}-2]=+\infty$，所以曲线的垂直渐近线为 $x=0$

(6) 列表确定函数的单调区间、凹凸区间，极值与拐点

x	$(-\infty,-3)$	-3	$(-3,-2)$	-2	$(-2,0)$	0	$(0,+\infty)$
$f'(x)$	−		−	0	+	不存在	−
$f''(x)$	−	0	+		+		+
$f(x)$	↘	拐点 $(-3,-\frac{26}{9})$	↘	极值点 -3	↗	间断点	↘

(7) 作图，函数图像如图 3-9 所示.

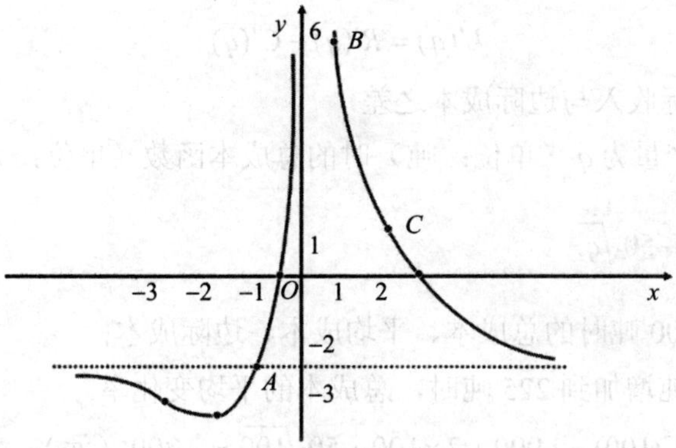

图 3-9

3.5 导数在经济工作中的应用

本节介绍导数概念在经济学中的两个应用——边际分析和弹性分析.

3.5.1 边际分析

边际概念是经济学中的一个重要概念，一般指经济函数的变化率. 利用导数研究经济变量边际变化的方法，叫作边际分析方法.

1. 边际成本

在经济学中,边际成本定义为产量增加一个单位时所增加的成本. 设某产品产量为 q 单位时所需的总成本为 $C=C(q)$.

由于 $C(q+1)-C(q)=\Delta C(q)\approx \mathrm{d}C(q)=C'(q)\Delta q=C'(q)$

所以，边际成本就是总成本函数关于产量 q 的导数.

2. 边际收入

在经济学中，边际收入定义为多销售一个单位产品所增加的销售收入.

设某产品的销售量为 q 时的收入函数为 $R=R(q)$，则收入函数关于销售量 q 的导数就是该产品的边际收入 $R'(q)$.

3. 边际利润

设某产品的销售量为 q 时的利润函数为 $L=L(q)$，当 $L(q)$ 可导时，称 $L'(q)$ 为销售量为 q 时的边际利润，它近似等于销售量为 q 时再多销售一个单位产品所增加（或减少）的利润.

由于利润函数为收入函数与总成本函数之差，即

$$L(q)=R(q)-C(q)$$

由导数运算法则可知

$$L'(q)=R'(q)-C'(q)$$

即边际利润为边际收入与边际成本之差.

例 1 设某产品产量为 q（单位：吨）时的总成本函数（单位：元）为

$C(q)=1\,000+7q+50\sqrt{q}.$

求（1）产量为 100 吨时的总成本、平均成本、边际成本；

（2）产量从 100 吨增加到 225 吨时，总成本的平均变化率.

解 （1）总成本 $C(100)=1\,000+7\times100+50\sqrt{100}=2\,200$（元）;

平均成本 $\overline{C}(100)=\dfrac{C(100)}{100}=22$（元）；

边际成本 $C'(100)=[7+25q^{-\frac{1}{2}}]_{q=100}=9.5$（元）.

经济意义：当产量为 100 吨时，再多生产一吨需增加的成本为 9.5 元.

（2）产量从 100 吨增加到 225 吨时，总成本的平均变化率

$$\frac{\Delta C}{\Delta q}=\frac{C(225)-C(100)}{225-100}=9\text{（元）}$$

例 2　设某产品的需求函数为 $q=100-5p$（其中 p 是价格），求边际收入函数，以及 $q=30$、$q=50$ 和 $q=80$ 时的边际收入，并解释所得结果的经济意义.

解　由已知，得 $p=(100-q)/5$，于是收入函数为

$$R(q)=(100-q)q/5$$

边际收入函数为

$$R'(q)=(100-2q)/5$$

∴当 $q=30$、$q=50$ 和 $q=80$ 时的边际收入分别为：

$$R'(30)=8,\quad R'(50)=0,\quad R'(80)=-12$$

经济意义：当销售量为 30 个单位时，再多销售一个单位产品，总收入约增加 8 个单位；当销售量为 50 个单位时，再多增加销售量总收入不会增加；当销售量为 80 个单位时，再多销售一个单位产品反而会使总收入减少约 12 个单位.

3.5.2　弹性分析

弹性分析也是经济分析中常用的一种方法，主要用于对生产、供给、需求等问题的研究.

下面先给出弹性的一般概念.

给定变量 u，它在某点处的增量 Δu 称为绝对改变量，比值 $\Delta u/u$ 称为相对改变量.

定义　对于函数 $y=f(x)$，如果 $\lim\limits_{\Delta x\to 0}\dfrac{\Delta y/y}{\Delta x/x}$ 存在，

则 $\lim\limits_{\Delta x\to 0}\dfrac{\Delta y/y}{\Delta x/x}=\dfrac{x}{y}\lim\limits_{\Delta x\to 0}\dfrac{\Delta y}{\Delta x}=\dfrac{x}{y}\dfrac{\mathrm{d}y}{\mathrm{d}x}=\dfrac{x}{y}f'(x)$ 称作函数 $y=f(x)$ 在点 x 处的弹性，记作 E，

即

$$E=\frac{x}{y}\cdot\frac{\mathrm{d}y}{\mathrm{d}x}$$

从定义可以看出，函数 $f(x)$ 的弹性是函数的相对改变量与自变量的相对改变量比值的极限，它是函数的相对变化率，或解释成当自变量改变 1%时函数变化的百分数.

由需求函数$Q=Q(p)$可得需求弹性为$E_d=\dfrac{p}{Q}\dfrac{\mathrm{d}Q}{\mathrm{d}p}$.

根据经济理论，需求函数是减函数，所以，需求弹性一般取负值.

由供给函数$S=S(p)$可得供给弹性$E_s=\dfrac{p}{S}\dfrac{\mathrm{d}S}{\mathrm{d}p}$.

例 3 设某产品的需求函数为$Q=3\,000\mathrm{e}^{-0.02p}$，求价格为 100 时的需求弹性并解释其经济含义.

解 $E_d=\dfrac{p}{Q}Q'(p)=\dfrac{-0.02p\times 3\,000\mathrm{e}^{-0.02p}}{3\,000\mathrm{e}^{-0.02p}}=-0.02p$，

所以 $E_d(100)=-2$.

它的经济意义是：当价格为 100 时，若价格增加 1%，则需求减少 2%.

在市场经济中，企业经营者关心的是商品涨价（$\Delta p>0$）或降价（$\Delta p<0$）对总收入的影响程度. 利用需求弹性概念可以知道涨价未必增收，降价未必减收.

因为

$$E_d=\frac{p}{Q}\frac{\mathrm{d}Q}{\mathrm{d}p} \qquad p\mathrm{d}Q=E_d\cdot Q\mathrm{d}p$$

当商品价格p有微小变化（$|\Delta p|$非常小）时，商品销售收入$R=pQ$的改变量为

$$\Delta R=\Delta(pQ)\approx \mathrm{d}(pQ)=Q\mathrm{d}p+p\mathrm{d}Q=Q\mathrm{d}p+E_dQ\mathrm{d}p=(1+E_d)Q\mathrm{d}p$$

即 $\Delta R\approx(1-|E_d|)Q\mathrm{d}p\approx(1-|E_d|)Q\Delta p$

所以，当$|E_d|>1$时，商品涨价（$\Delta p>0$）将使产品销售总收入减少（$\Delta R<0$），商品降价（$\Delta p<0$）将使产品销售总收入增加（$\Delta R>0$）.

当$|E_d|<1$时，商品涨价将使产品销售总收入增加，商品降价将使产品销售总收入减少.

当$|E_d|=1$时，商品涨价或降价对商品销售总收入基本没有影响.

例 4 已知某公司生产经营的某种电器的需求弹性在1.5～3.5，如果该公司计划在下一年度内将价格降低10%，试问这种电器的销售量将会增加多少？总收入将会增加多少？

解 由需求弹性$E_d=\dfrac{p}{Q}\dfrac{\mathrm{d}Q}{\mathrm{d}p}$，得 $\dfrac{\Delta Q}{Q}\approx E_d\dfrac{\Delta p}{p}$

由$\Delta R\approx(1-|E_d|)Q\Delta p$和$R=pQ$，得

$$\frac{\Delta R}{R}\approx\frac{(1-|E_d|)Q\Delta p}{pQ}=(1-|E_d|)\frac{\Delta p}{p}$$

因此，当$|E_d|=1.5$时，

$$\frac{\Delta Q}{Q} \approx -1.5 \times (-0.1) = 0.15 = 15\%$$

$$\frac{\Delta R}{R} \approx (1-1.5) \times (-0.1) = 0.05 = 5\%$$

当 $|E_d| = 3.5$ 时，

$$\frac{\Delta Q}{Q} \approx -3.5 \times (-0.1) = 0.35 = 35\%$$

$$\frac{\Delta R}{R} \approx (1-3.5) \times (-0.1) = 0.25 = 25\%$$

即在下一年度内将价格降低 10% 后，该公司这种电器的销售量将会增加 $15\% \sim 35\%$，总收入会将会增加 $5\% \sim 25\%$.

本章小结

1．中值定理

2．洛必达法则

若分式 $\frac{u(x)}{v(x)}$ 是 $\frac{0}{0}$ 型或 $\frac{\infty}{\infty}$ 型未定式，而且 $\lim \frac{u'(x)}{v'(x)} = A$（或 ∞），则有

$$\lim \frac{u(x)}{v(x)} = \lim \frac{u'(x)}{v'(x)} = A \text{（或} \infty \text{）}$$

上述公式对 $x \to x_0$ 和 $x \to \infty$ 都成立.

3．导数在研究函数特性方面的应用及函数作图

（1）判断函数的单调性

设函数 $f(x)$ 在区间 (a,b) 内可导，如果在 (a,b) 内 $f'(x) > 0$，那么函数 $f(x)$ 在该区间内是单调增函数. 如果在 (a,b) 内 $f'(x) < 0$，那么函数 $f(x)$ 在该区间内是单调减函数.

（2）求函数的极值

设 $f'(x_0) = 0$，当 x 由小增大经过点 x_0 时，若 $f'(x)$ 由正变负，则 x_0 是极大值点；若 $f'(x)$ 由负变正，则 x_0 是极小值点；若 $f'(x)$ 不改变符号，则 x_0 不是极值点.

或用二阶导数的符号判断：若 $f''(x_0) < 0$，则函数 $f(x)$ 在点 x_0 处取得极大值；若 $f''(x_0) > 0$，则函数 $f(x)$ 在点 x_0 处取得极小值.

（3）利用单调性证明不等式

首先利用不等式构造辅助函数，利用辅助函数的单调性证明不等式.

（4）求函数在闭区间上的最大值和最小值

用函数的极值（或驻点的函数值）和端点值相比较求得.

（5）判断曲线的凹凸区间和拐点

在某个区间内，如果 $f''(x)>0$，则曲线是凹的；如果 $f''(x)<0$，则曲线是凸的. 使 $f''(x)$ 改变符号的点为曲线的拐点.

（6）求曲线的渐近线

若 $\lim\limits_{x\to\infty} f(x)=c$，则 $y=c$ 是曲线的水平渐近线；

若 $\lim\limits_{x\to x_0} f(x)=\infty$，则 $x=x_0$ 是曲线的垂直渐近线.

（7）函数的作图问题是在以上（1）（2）（5）（6）各问题讨论的基础上，列表、画图.

4. 导数在经济问题中的应用

（1）边际成本，边际收入，边际利润.

（2）需求弹性，供给弹性.

阅读材料

洛必达

洛必达（L'Hospital，Guillaume Francois Antoine de）是法国数学家，1661 年出生于巴黎，1704 年 2 月 2 日卒于巴黎。

洛必达出生于法国贵族家庭，他拥有圣梅特（Saimte-Mesme）侯爵昂特尔芒（d'Entremont）伯爵的称号。青年时期一度任骑兵军，因眼睛近视而退伍，转而从事学术研究。

洛必达很早即显示出其数学才华，15 岁时解决了帕斯卡所提出的一个摆线难题。他是莱布尼茨微积分的忠实信徒，并且是约翰·伯努利（Johann Bernoulli）的高足，成功地解答过约翰·伯努利提出的“最速降线”问题。他是法国科学院院士。

洛必达最大的功绩是撰写了世界上第一本系统的微积分教程——《用于理解曲线的无穷小分析》，因此，美国数学史家伊夫斯（Eves）说：“第一本微积分课本出版于 1696 年，它是由洛必达写的。”后来多次修订再版，为在欧洲大陆，特别是在法国，普及微积分起了重要作用。这本书追随欧几里得和阿基米德古典范例，以定义和公理为出发点。在这本书中，先给出了如下定义和公理：“定义 1，称那些连续地增加或减少的量为变量，……”

"定义2，一个变量在其附近连续地增加或减少的无穷小部分称为差分（微分），……"。然后给出了两个公理，第一个是说，几个仅差无穷小量的量可以互相代替；第二个是说，把一条曲线看作是无穷多段无穷小直线的集合，……在这两个公理之后，给出了微分运算的基本法则和例子。洛必达这本书中的许多内容是取材于他的老师约翰·伯努利早期的著作。其经过是这样的：约翰·伯努利在1691—1692年写了两篇关于微积分的短论，但未发表。不久以后，他答应为年轻的洛必达侯爵讲授微积分，定期领取薪金作为报答。他把自己的数学发现传授给洛必达，并允许他随时利用。于是洛必达根据约翰·伯努利的传授和未发表的论著以及自己的学习心得，撰写了《用于理解曲线的无穷小分析》。这部著作不但普及了微积分，而且帮助约翰·伯努利完成并传播了平面曲线的理论。特别值得指出的是，在这部书的第九章中有求分子分母同趋于零的分式极限的法则，即"洛必达法则"：如果 $f(x)$ 和 $g(x)$ 是可微函数，且 $f(a)=g(a)=0$，则 $\lim\limits_{x\to a}\dfrac{f(x)}{g(x)}=\lim\limits_{x\to a}\dfrac{f'(x)}{g'(x)}$，当然，须在右端的极限存在或为 ∞ 的情况下，但当时洛必达的论证没有使用函数的符号，是用文字叙述的，相当于断言

$$\frac{f(a+\mathrm{d}x)}{g(a+\mathrm{d}x)}=\frac{f(a)+f'(a)\mathrm{d}x}{g(a)+g'(a)\mathrm{d}x}=\frac{f'(a)\mathrm{d}x}{g'(a)\mathrm{d}x}=\frac{f'(a)}{g'(a)}$$

当 $f(a)=g(a)=0$，他的结论是：如果把给定曲线的纵坐标 y"表示为一个分式，且 $x=a$ 时分子和分母都等于零"，那么"如果求出分子的微分，再除以分母的微分，最后在其中令 $x=a$，便得到（当 $x=a$ 时的纵坐标 y 的）值。"这个法则实际上是约翰·伯努利在1694年7月22日写信告诉他的。至于现在一般微积分教材上用来解决其他未定式求极限的法则，是后人对洛必达法则所作的推广[例如，未定式 $\dfrac{\infty}{\infty}$，$\infty-\infty$ 的法则就是后来欧拉（Euler）给出的]，但现在都笼统地叫作"洛必达法则"。

洛必达曾计划出版一本关于积分学的书，但在得悉莱布尼茨也打算撰写这样一本书时，就放弃了自己的计划。他还写过一本关于圆锥曲线的书——《圆锥曲线分析论》，此书在他逝世之后16年才出版。

洛必达豁达大度，气宇不凡。由于他与当时欧洲各国主要数学家都有交往，从而成为全欧洲传播微积分的著名人物。

习题3

1. 下列函数在给定的区间上是否满足罗尔定理的条件？如果满足，求出定理中 ξ 的值.

（1） $f(x)=x^2-2x-3,\ [-1,1]$； （2） $f(x)=\ln\sin x,\ \left[\frac{\pi}{6},\frac{5\pi}{6}\right]$.

2. 下列函数在给定的区间上是否满足拉格朗日定理的条件？如果满足，求出定理中 ξ 的值.

（1） $f(x)=x^3+3x,\ [0,1]$； （2） $f(x)=x+\sqrt[3]{x},\ [-1,1]$.

3. 利用洛必达法则求下列极限.

（1） $\lim\limits_{x\to 0}\frac{e^x-e^{-x}}{x}$； （2） $\lim\limits_{x\to 1}\frac{\ln x}{x-1}$；

（3） $\lim\limits_{x\to 1}\frac{x^3-3x^2+2}{x^3-x^2-x+1}$； （4） $\lim\limits_{x\to 0}\frac{x-\sin x}{x^3}$；

（5） $\lim\limits_{x\to 0}\frac{x^2}{e^x-1}$； （6） $\lim\limits_{x\to 0}\left(\frac{1}{x}-\frac{1}{\sin x}\right)$；

（7） $\lim\limits_{x\to 0}\frac{e^x\cos x-1}{\sin 2x}$； （8） $\lim\limits_{x\to 0}\frac{2^x-1}{x}$；

（9） $\lim\limits_{x\to 1}\left((1-x)\cdot\tan\frac{\pi x}{2}\right)$； （10） $\lim\limits_{x\to+\infty}xe^{-x}$；

（11） $\lim\limits_{x\to+\infty}\frac{x+\ln x}{x\ln x}$； （12） $\lim\limits_{x\to 0}\left(\frac{1}{x}-\frac{1}{e^x-1}\right)$；

（13） $\lim\limits_{x\to 0^+}x^x$； （14） $\lim\limits_{x\to 0^+}(\cot x)^{\frac{1}{\ln x}}$.

4. 验证下列极限存在，但不能用洛比达法则得出.

（1） $\lim\limits_{x\to\infty}\frac{x^2\sin\frac{1}{x}}{\sin x}$； （2） $\lim\limits_{x\to\infty}\frac{e^x-e^{-x}}{e^x+e^{-x}}$.

5. 求下列函数的单调区间.

（1） $y=x^3-6x^2-15x+4$； （2） $y=x^4-2x^2+3$；

（3） $y=x-e^x$； （4） $y=x+\ln(x+1)$.

6. 证明下列不等式.

（1）当 $x>1$ 时，$e^x>ex$； （2）当 $x>1$ 时，$4\sqrt{x}>5-\frac{1}{x}$.

7. 求下列函数的极值.

（1） $y=2x^3-3x^2-12x+3$； （2） $y=x^4-8x^2$；

（3） $y=\frac{x}{\ln x}$； （4） $y=\frac{2x}{1+x^2}$.

8．利用二阶导数，判断下列函数的极值．

（1） $y=2x-\ln 4x$；　　（2） $y=\frac{1}{3}x^3-2x^2+3x+1$．

9．求下列函数在给定区间上的最大值和最小值．

（1） $y=x^4-2x^2+5$，$[-2,2]$；　　（2） $y=x+\sqrt{1-x}$，$[0,1]$．

10．问 a 为何值时，函数 $f(x)=a\sin x+\frac{1}{3}\sin 3x$ 在 $x=\frac{\pi}{3}$ 处具有极值？它是极大值还是极小值？并求此极值．

11．当 a，b 为何值时，点 $(1,1)$ 为曲线 $y=ax^3+bx^2$ 的拐点？

12．求下列函数的凹凸区间与拐点．

（1） $y=x+x^{\frac{5}{3}}$；　　（2） $y=\ln(x^2+1)$；

（3） $y=x\mathrm{e}^{-x}$；　　（4） $y=1+\sqrt[3]{x}$．

13．求下列曲线的渐近线．

（1） $y=\frac{1}{x^2-4x-5}$；　　（2） $y=\mathrm{e}^{\frac{1}{x}}-4$；　　（3） $y=\frac{1}{(x+3)^2}$；

（4） $y=\frac{\ln x}{\sqrt{x}}$；　　（5） $y=\frac{\mathrm{e}^x}{1+x}$．

14．设某产品的总成本函数和收入函数分别为 $C(q)=3+2\sqrt{q}$，$R(q)=\frac{5q}{q+1}$，其中 q 为该产品的销售量，求该产品的边际成本、边际收入和边际利润．

15．某产品的需求函数和总成本函数分别为 $Q=800-10p$，$C(q)=5\,000+20q$，求边际利润函数，并计算 $q=150$ 和 $q=400$ 时的边际利润．

16．设某企业的利润函数为 $L(q)=10+2q-0.1q^2$，求使利润最大的产量 q．

17．某厂每天生产某种产品 q 单位时的总成本函数为 $C(q)=0.5q^2+36q+9\,800$，问每天生产多少单位的产品时，其平均成本最低．

18．某个体户以每条 10 元的价格购进一批牛仔裤，设牛仔裤的需求函数为 $Q=40-p$，问该个体户将销售价定为多少时，才能获得最大利润？

19．证明在周长相等的矩形中，正方形的面积最大．

20．设某产品的需求量 Q 对价格 p 的函数关系为 $Q=1\,600\left(\frac{1}{4}\right)^p$，求当 $p=3$ 时的需求价格弹性．

自测题 3

一、单项选择题（每小题 3 分，共 21 分）

1．函数 $y=x^3+x^2-x+1$ 在区间 $[-2,1]$ 上的最小值为（　）.

A. $\frac{22}{27}$　　B. 2　　C. −1　　D. −4

2．如果 $f'(x_0)=0$，则下列结论正确的是（　）.

A. x_0 是函数的极大值点　　B. x_0 是函数的极小值点

C. x_0 是函数的驻点　　D. x_0 是曲线的拐点

3．下列极限计算正确的是（　）.

A. $\lim\limits_{x\to 0}\frac{x^2-1}{x}=\lim\limits_{x\to 0}\frac{2x}{1}=0$　　B. $\lim\limits_{x\to 2}\frac{x^3-2x-4}{x-2}=\lim\limits_{x\to 2}\frac{3x^2-2}{1}=10$

C. $\lim\limits_{x\to 2}\frac{x^3-2x-4}{(x-2)^2}=\lim\limits_{x\to 2}\frac{3x^2-2}{2(x-2)}=\lim\limits_{x\to 2}\frac{6x}{2}=6$　　D. $\lim\limits_{x\to\infty}\frac{x-\sin x}{x+\sin x}=\lim\limits_{x\to\infty}\frac{1-\cos x}{1+\cos x}=1$

4．若 $f(x)$ 在 (a,b) 上二阶可导，且（　），则 $f(x)$ 在 (a,b) 内单调增加且是凸的.

A. $f'(x)>0$，$f''(x)>0$　　B. $f'(x)>0$，$f''(x)<0$

C. $f'(x)<0$，$f''(x)>0$　　D. $f'(x)<0$，$f''(x)<0$

5．下列函数在所给区间满足拉格朗日中值定理条件的是（　）.

A. $f(x)=\sqrt[3]{x^2}$，$x\in[-1,3]$　　B. $f(x)=\frac{1}{x^2}$，$x\in[-1,1]$

C. $f(x)=|x|$，$x\in[-1,1]$　　D. $f(x)=x\sqrt{3-x}$，$x\in[0,3]$

6. 某产品的利润函数 $L(x)=20x-x^2$（百元），则要该产品的利润最大，产量应为（　）.

A. 8　　B. 9　　C. 10　　D. 11

7．函数 $f(x)=x-\ln x$ 的单调增区间是（　）.

A. $(0,+\infty)$　　B. $(-\infty,0)$　　C. $(0,1)$　　D. $(1,+\infty)$

二、填空题（每小题 3 分，共 21 分）

1．曲线 $y=\frac{2x-1}{(x-1)^2}$ 的水平渐近线是__________，垂直渐近线是__________.

2．已知函数 $y=a\ln x+bx^2+3x$ 在点 $x_1=1$ 与 $x_2=2$ 处有极值，则 $a=$________，$b=$________.

3．设 $f(x)$ 满足 $f(0)=0$，$f'(0)=1$，则 $\lim\limits_{h\to 0}\frac{f(h)}{h}=$__________.

4．函数 $f(x)=x^2+3x$ 在 $[-3,0]$ 上满足罗尔定理条件，则结论中的 $\xi=$__________.

5．设某产品的价格函数为 $P=20-\frac{q}{5}$，其中 P 为价格，q 为销售量，销售量为 15 个单位时的边际收益是__________.

6．点 $(1,3)$ 是曲线 $y=ax^3+bx^2$ 的拐点，则 $a=$__________，$b=$__________.

7．函数 $f(x)=|x-1|+2$ 的最小值点是 $x=$__________.

三、计算题（每小题 6 分，共 36 分）

1．计算极限 $\lim\limits_{x\to 0}\frac{\ln(x+\mathrm{e}^x)}{2x}$.

2．计算极限 $\lim\limits_{x\to\infty}x\left(\cos\frac{1}{x}-1\right)$.

3．求函数 $y=2x^2-\ln x$ 的单调区间.

4．求函数 $f(x)=\frac{x^4}{4}-\frac{2}{3}x^3+\frac{x^2}{2}+2$ 的极值.

5．求函数 $f(x)=x^4-2x^2+5$ 在闭区间 $[-3,1]$ 上的最值.

6．求曲线 $f(x)=x\mathrm{e}^x$ 的凹凸区间和拐点.

四、综合题（每小题 11 分，共 22 分）

1．证明：当 $x>0$ 时，$\ln(1+x)>x-\frac{1}{2}x^2$.

2．某工厂每天生产 x 件服装的总成本为 $C(x)=\frac{1}{9}x^2+x+100$（元），该种服装独家经营，市场需求规律为 $x=75-3p$，其中 p 是服装的单价（元）.问每天生产多少件时，获得利润最大？此时每件服装的价格为多少元？

综合提高题 3

1．设 $f(x)$ 在 $[0,1]$ 上连续，在 $(0,1)$ 内可导，且 $f(1)=0$，试证：至少存在一点 $\xi\in(0,1)$，使得 $f'(\xi)=-\frac{2f(\xi)}{\xi}$.

2．设函数 $f(x)$ 在 $[0,1]$ 上连续，在 $(0,1)$ 内可导，且 $f(0)=f(1)=0$，$f\left(\frac{1}{2}\right)=1$，

试证：（1）存在 $\eta\in\left(\frac{1}{2},1\right)$，使得 $f(\eta)=\eta$.

（2）对任意实数 λ，必存在 $\xi\in(0,\eta)$，使得 $f'(\xi)-\lambda[f(\xi)-\xi]=1$.

3．设 $a_0,a_1,a_2,\cdots,a_n$ 是满足 $a_0+\frac{a_1}{2}+\frac{a_2}{3}+\cdots+\frac{a_n}{n+1}=0$ 的实数，证明多项式 $f(x)=$

$f(x)=a_0+a_1x+a_2x^2+\cdots+a_nx^n$ 在 $(0,1)$ 内至少有一个零点.

4．设函数 $f(x)$ 在闭区间 $[a,b]$ 上满足罗尔定理的条件，且 $f(x)$ 不恒等于常数，证明：在区间 (a,b) 内至少存在一点 $\xi\in(a,b)$，使得 $f'(\xi)>0$．

5．证明恒等式：$\arctan x=\arcsin\dfrac{x}{\sqrt{1+x^2}}(-\infty<x<+\infty)$．

6．计算：$\lim\limits_{x\to 0}\dfrac{x-\sin x}{x^3}$．

7．计算：$\lim\limits_{x\to 0}\dfrac{\ln(\cos x)}{x^2}$．

8．计算：$\lim\limits_{x\to 0^+}x\ln x$．

9．计算：$\lim\limits_{x\to 1}(\dfrac{x}{x-1}-\dfrac{1}{\ln x})$．

10．设 $x\to 0$ 时，$e^{\tan x}-e^x$ 与 x^n 是同阶无穷小，则 $n=$_______．

11．设 $f(x)$ 在 $(-\infty,+\infty)$ 内可导，且对任意 x_1,x_2，当 $x_1>x_2$ 时，都有 $f(x_1)>f(x_2)$，则（　）．

A.对任意 x，$f'(x)>0$　　　　B.对任意 x，$f'(-x)\leqslant 0$

C.函数 $f(-x)$ 单调增加　　　　D.函数 $-f(-x)$ 单调增加

12．证明：函数 $f(x)=\left(1+\dfrac{1}{x}\right)^x$ 在区间 $(0,+\infty)$ 上单调增加.

13．试证：当 $x>0$ 时，$(x^2-1)\ln x\geqslant(x-1)^2$．

14．当 a 取（　）时，函数 $f(x)=2x^3-9x^2+12x-a$ 恰有两个不同的零点.

A.2　　B.4　　C.6　　D.8

15．函数 $y=x^5-4x+2$ 的拐点是________．

16．曲线的 $y=-6x^2+4x^4$ 的凸区间是___________．

17．证明：当 $0<x<\pi$ 时，有 $\sin\dfrac{x}{2}>\dfrac{x}{\pi}$．

18．设函数 $y=f(x)$ 由方程 $y^3+xy^2+x^2y+6=0$ 确定，求 $f(x)$ 的极值.

19．当 $x>0$ 时，曲线 $y=x\sin\dfrac{1}{x}$ 是（　）.

A.有且仅有水平渐近线

B.有且仅有铅直渐近线

C.既有水平渐近线，也有铅直渐近线

D.既无水平渐近线，也无铅直渐近线

20．曲线 $y=x\ln(e+\dfrac{1}{x})$（$x>0$）的渐近线方程为________________．

第4章　不定积分

经过前面的学习已经知道，微分法的基本问题是研究如何从已知函数求出它的导函数，那么与之相反的问题是：求一个未知函数，使其导函数恰好是某一已知的函数．这种逆问题不仅是数学理论本身的需要，而且还因它出现在许多实际问题中．例如，已知速度$v(t)$，求路程$s(t)$；已知加速度$a(t)$，求速度$v(t)$；已知曲线上每一点处的切线斜率（或它满足的某规律），求曲线方程等．这些内容与后面的知识构成一元函数微积分学的另一重要部分——积分学．

4.1　不定积分的概念与基本积分公式

4.1.1　原函数

定义 1　设函数$f(x)$在区间(a,b)上有定义，如果存在函数$F(x)$，对于任意的$x\in(a,b)$，都有$F'(x)=f(x)$，则称$F(x)$是$f(x)$在区间(a,b)上的一个原函数．

例如，在区间$(-\infty,+\infty)$上，$\left(\dfrac{1}{3}x^3\right)'=x^2$，即$\dfrac{1}{3}x^3$是$x^2$的原函数；在区间$(-\infty,+\infty)$上，$(-\dfrac{1}{2}\cos 2x)'=(1-\dfrac{1}{2}\cos 2x)'=\sin 2x$，即$-\dfrac{1}{2}\cos 2x$、$1-\dfrac{1}{2}\cos 2x$都是$\sin 2x$的原函数；在区间$(-\infty,+\infty)$上，$[x\arctan x-\dfrac{1}{2}\ln(1+x^2)]'=\arctan x$，即$x\arctan x-\dfrac{1}{2}\ln(1+x^2)$是$\arctan x$的原函数．

上述前2个例子，可以从基本求导公式反推而得到，但第3个例子就不那么明显了．事实上，研究原函数必须解决以下两个重要问题：

（1）在什么条件下，一个函数的原函数存在？如果存在，是否只有一个？

（2）若已知某函数的原函数存在，又怎样把它求出来？

对于第一个问题，我们有以下两个定理，至于第二个问题，则是本章以后着重介绍的各种积分方法．

定理 1　若函数$f(x)$在区间(a,b)上连续，则$f(x)$在(a,b)上存在原函数．

本定理将在下一章给出证明.

由于初等函数在其定义区间上是处处连续的，因此根据定理 1 可知，每个初等函数在其定义区间上都有原函数.

定理 2 设 $F(x)$ 是 $f(x)$ 在区间 (a,b) 上的一个原函数，则：

（1）$F(x)+C$ 也是 $f(x)$ 的一个原函数，其中 C 为任意常数.

（2）$f(x)$ 的任意两个原函数之间只相差一个常数.

定理 2 表明：如果函数有一个原函数存在，则必有无穷多个原函数，且它们彼此间只相差一个常数. 只要求出任意一个原函数，便可得到全部原函数.

根据原函数的这一种性质，进一步引入下面的定义.

4.1.2 不定积分

定义 2 函数 $f(x)$ 的全部原函数，称为 $f(x)$ 的不定积分. 记作 $\int f(x)\mathrm{d}x$

其中“$\int$”为积分号，$f(x)$ 为被积函数，$f(x)\mathrm{d}x$ 为被积表达式，x 为积分变量.

由定义 2 可见，不定积分与原函数是总体与个体的关系，即若 $F(x)$ 为 $f(x)$ 在区间 (a,b) 上的一个原函数，则 $f(x)$ 在区间 (a,b) 上的不定积分是一个函数族 $F(x)+C$，其中 C 是任意常数，即 $\int f(x)\mathrm{d}x = F(x)+C$，这时 C 又称为积分常数.

本节开始的几个例子可以记作：

$$\int x^2\mathrm{d}x = \frac{1}{3}x^3 + C$$

$$\int \sin 2x\mathrm{d}x = -\frac{1}{2}\cos 2x + C$$

$$\int \arctan x\mathrm{d}x = x\arctan x - \frac{1}{2}\ln(1+x^2) + C .$$

此外，一个函数存在不定积分与存在原函数是等价的说法.

4.1.3 不定积分的几何意义

若 $F(x)$ 是 $f(x)$ 的一个原函数，称 $y=F(x)$ 的图像是 $f(x)$ 的一条积分曲线. 因此，函数 $f(x)$ 的不定积分在几何上表示 $f(x)$ 某一条积分曲线沿纵轴方向任意平移所得的一切积分曲线组成的曲线族. 可见，在每一条积分曲线上横坐标相同的点作切线，则这些切线都是相互平行的（图 4-1）.

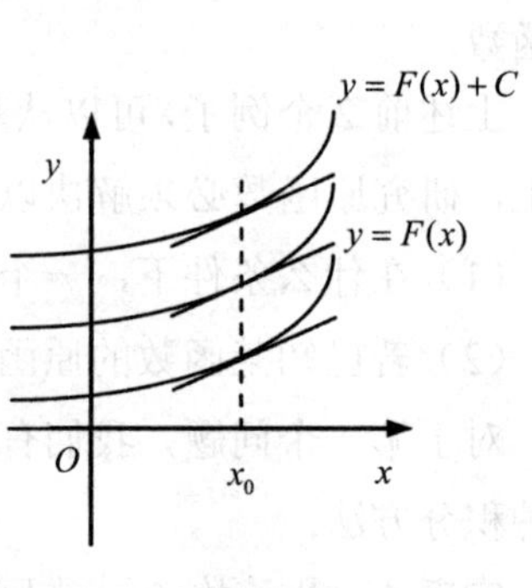

图 4-1

4.1.4　不定积分的性质

性质 1　不定积分与求导数或微分互为逆运算.

（1）$\left[\int f(x)\mathrm{d}x\right]' = f(x)$　　　　$d\left[\int f(x)dx\right] = f(x)\mathrm{d}x$

（2）$\int f'(x)\mathrm{d}x = f(x) + C$　　　　$\int \mathrm{d}f(x) = f(x) + C$

性质 2　不定积分的线性运算法则

（1）若函数 $f(x)$ 和 $g(x)$ 在区间 (a,b) 上的原函数都存在，则 $f(x)\pm g(x)$ 在区间 (a,b) 上的原函数也存在，且 $\int[f(x)\pm g(x)]\mathrm{d}x = \int f(x)\mathrm{d}x \pm \int g(x)\mathrm{d}x$.

（2）若函数 $f(x)$ 在区间 (a,b) 上的原函数存在，k 为实数（$k \neq 0$），则 $kf(x)$ 的原函数也存在，且 $\int[kf(x)]\mathrm{d}x = k\int f(x)\mathrm{d}x$.

这一结论可以推广到任意有限多个函数的代数和的情形.

4.1.5　基本积分表

由于不定积分是求导数（或微分）的逆运算，所以根据求导公式可以得到相应的积分公式，现罗列如下：

（1）$\int 0\mathrm{d}x = C$　　　　（2）$\int \mathrm{d}x = x + C$

（3）$\int x^{\alpha}\mathrm{d}x = \dfrac{1}{\alpha+1}x^{\alpha+1} + C\ (\alpha \neq 0,-1)$　　　　（4）$\int \dfrac{1}{x}\mathrm{d}x = \ln|x| + C$

（5）$\int \mathrm{e}^{x}\mathrm{d}x = \mathrm{e}^{x} + C$　　　　（6）$\int a^{x}\mathrm{d}x = \dfrac{1}{\ln a}a^{x} + C$

（7）$\int \cos x\mathrm{d}x = \sin x + C$　　　　（8）$\int \sin x\mathrm{d}x = -\cos x + C$

（9）$\int \sec^{2} x\mathrm{d}x = \tan x + C$　　　　（10）$\int \csc^{2} x\mathrm{d}x = -\cot x + C$

（11）$\int \sec x \tan x\mathrm{d}x = \sec x + C$　　　　（12）$\int \csc x \cot x\mathrm{d}x = -\csc x + C$

（13）$\int \dfrac{1}{\sqrt{1-x^{2}}}\mathrm{d}x = \arcsin x + C$　　　　（14）$\int \dfrac{1}{1+x^{2}}\mathrm{d}x = \arctan x + C$

应牢牢记住上述基本积分公式，因为许多不定积分最终往往归结为求这些初等函数的不定积分．

4.1.6 直接积分法

在求积分问题时，直接利用不定积分的运算及基本积分公式进行计算的积分方法叫作直接积分法，这种方法主要解决被积函数为加减法运算的积分计算．

例 1 求$\int x^2\mathrm{d}x$．

解 因为$\left(\frac{1}{3}x^3\right)'=x^2$，所以$\frac{1}{3}x^3$是$x^2$的一个原函数，从而

$$\int x^2\mathrm{d}x=\frac{1}{3}x^3+C\,.$$

例 2 求$\int(3x^2+2)\mathrm{d}x$．

解 $\int(3x^2+2)\mathrm{d}x=3\int x^2\mathrm{d}x+2\int 1\mathrm{d}x=3\times\frac{1}{3}x^3+2x+C$．

例 3 求积分$\int x^2\sqrt{x}\mathrm{d}x$．

解 $\int x^2\sqrt{x}\mathrm{d}x=\int x^2\cdot x^{\frac{1}{2}}\mathrm{d}x=\int x^{\frac{5}{2}}\mathrm{d}x=\frac{2}{7}x^{\frac{7}{2}}+C$．

例 4 求不定积分$\int\frac{x^2}{x^2+1}\mathrm{d}x$．

本题不能直接应用基本积分公式，可以先把被积函数变形．

解 $\int\frac{x^2}{x^2+1}\mathrm{d}x=\int\left(\frac{x^2+1-1}{x^2+1}\right)\mathrm{d}x=\int\left(1-\frac{1}{x^2+1}\right)\mathrm{d}x=x-\arctan x+C$

例 5 求不定积分$\int(10^x+\tan^2x)\mathrm{d}x$．

解 $\int(10^x+\tan^2x)\mathrm{d}x=\int 10^x\mathrm{d}x+\int\tan^2x\mathrm{d}x$

$$=\int 10^x\mathrm{d}x+\int(\sec^2x-1)\mathrm{d}x=\frac{10^x}{\ln 10}+\tan x-x+C$$

可见，在使用直接积分法时，往往需要对被积函数进行恒等变形，如利用三角公式、加项减项、同乘同除、裂项等运算技巧．

4.2 换元积分法

利用直接积分法能计算的不定积分是非常有限的，因此，有必要进一步寻找更有效的积分方法．本节讨论的换元积分法是与复合函数求导法则相对应的一种积分方法，它的基本思想是通过适当的变量替换，把较难的不定积分化为较易的不定积分．

按照引入变量方式的不同，换元法又分为第一换元积分法和第二换元法．

4.2.1 第一换元积分法（凑微分法）

定理1　已知$\int f(u)\mathrm{d}u = F(u)+C$，则$\int f[u(x)]u'(x)\mathrm{d}x = F[u(x)]+C$，其中$u=u(x)$为中间变量．

证　$\because \int f(u)\mathrm{d}u = F(u)+C$

$$\therefore \int f[u(x)]u'(x)\mathrm{d}x = \int f[u(x)]\mathrm{d}u(x) = \int f(u)\mathrm{d}u = F(u)+C = F[u(x)]+C$$

上述定理的证明过程，就是凑微分的过程，因此，这种不定积分的方法又叫作凑微分法，也是微分形式不变性的一个具体应用．这种方法的关键是先凑微分，再选中间变量，熟练后，中间变量可以省去．下面举例说明．

例1　求下列不定积分．

（1）$\int \sin 2x\mathrm{d}x$；　（2）$\int (2x+1)^4\mathrm{d}x$；　（3）$\int \mathrm{e}^x\cos\mathrm{e}^x\mathrm{d}x$；

（4）$\int \sin^2 x\cdot\cos x\mathrm{d}x$；　（5）$\int \frac{\ln x}{x}\mathrm{d}x$；　（6）$\int \frac{1}{x^2}\mathrm{e}^{\frac{1}{x}}\mathrm{d}x$．

解

（1）$\int \sin 2x\mathrm{d}x = \frac{1}{2}\int \sin 2x\mathrm{d}(2x) = \frac{1}{2}\int \sin u\mathrm{d}u = -\frac{1}{2}\cos u + C = -\frac{1}{2}\cos 2x + C$

（2）$\int (2x+1)^4\mathrm{d}x = \frac{1}{2}\int (2x+1)^4\mathrm{d}(2x+1) = \frac{1}{2}\int u^4\mathrm{d}u = \frac{1}{10}u^5 + C$

$$= \frac{1}{10}(2x+1)^5 + C$$

（3）$\int \mathrm{e}^x\cos\mathrm{e}^x\mathrm{d}x = \int \cos\mathrm{e}^x\mathrm{d}\mathrm{e}^x = \sin\mathrm{e}^x + C$

（4）$\int \sin^2 x\cdot\cos x\mathrm{d}x = \int \sin^2 x\mathrm{d}\sin x = \frac{1}{3}\sin^3 x + C$

（5）$\int \frac{\ln x}{x}\mathrm{d}x = \int \ln x\mathrm{d}\ln x = \int u\mathrm{d}u = \frac{1}{2}u^2 + C = \frac{1}{2}\ln^2 x + C$

（6）$\int \frac{1}{x^2}\mathrm{e}^{\frac{1}{x}}\mathrm{d}x = -\int \mathrm{e}^{\frac{1}{x}}\mathrm{d}(\frac{1}{x}) = -\mathrm{e}^{\frac{1}{x}} + C$

由此可见，“凑微分”的过程，就是一个统一积分变量的过程，变量统一的原则，就是要把原积分转化为简单的积分（直接积分）或基本积分公式的形式，进而求出不定积分.

常见的“凑微分”（或变量统一）的形式有（a,b为常数，$a\neq 0$）：

$\mathrm{d}x=\frac{1}{a}\mathrm{d}(ax)$　　　　$\mathrm{d}x=\frac{1}{a}\mathrm{d}(ax+b)$

$x\mathrm{d}x=\frac{1}{2}\mathrm{d}(x^2)$　　　　$x^2\mathrm{d}x=\frac{1}{3}\mathrm{d}(x^3)$

$\cos x\mathrm{d}x=\mathrm{d}(\sin x)$　　　　$\sin x\mathrm{d}x=-\mathrm{d}(\cos x)$

$\frac{1}{\sqrt{x}}\mathrm{d}x=2\mathrm{d}(\sqrt{x})$　　　　$\frac{1}{x^2}\mathrm{d}x=-\mathrm{d}\left(\frac{1}{x}\right)$

$\frac{1}{x}\mathrm{d}x=\mathrm{d}(\ln|x|)$　　　　$\mathrm{e}^x\mathrm{d}x=\mathrm{d}(\mathrm{e}^x)$

4.2.2 第二换元积分法

第一换元积分法是利用变换$u=u(x)$，将不易求的积分$\int f[u(x)]u'(x)\mathrm{d}x$化为易求的积分$\int f(u)\mathrm{d}u$.但我们常常会遇到相反的情形，需要求的积分$\int f(x)\mathrm{d}x$形式上简单，实际上却很难求．这时，可选择适当的变换$x=\varphi(t)$，将不易求的积分$\int f(x)\mathrm{d}x$化为易求的积分$\int f[\varphi(t)]\varphi'(t)\mathrm{d}t$.

定理2　设函数$f(x)$连续，$x=\varphi(t)$是单调可导函数，且$\varphi'(t)\neq 0$,如果

$$\int f[\varphi(t)]\varphi'(t)\mathrm{d}t=F(t)+C$$

则有

$$\int f(x)\mathrm{d}x=\int f[\phi(t)]\mathrm{d}\varphi(t)=\int f[\varphi(t)]\varphi'(t)\mathrm{d}t=F(t)+C=F\left[\varphi^{-1}(x)\right]+C$$

其中，$\varphi^{-1}(x)$是$x=\varphi(t)$的反函数.

这就是第二换元积分法．事实上，当被积函数为无理函数，又不适合第一换元积分法计算的不定积分，常常适用第二换元法.

例2　计算下列不定积分.

（1）$\int\frac{1}{1+\sqrt{x}}\mathrm{d}x$；　（2）$\int x\sqrt{2x-1}\mathrm{d}x$；　（3）$\int\frac{1}{\sqrt{x}+\sqrt[3]{x}}\mathrm{d}x$；

（4）$\int\sqrt{4-x^2}\mathrm{d}x$（$a>0$）；　（5）$\int\frac{1}{\sqrt{a^2+x^2}}\mathrm{d}x$（$a>0$）.

解

（1）令$\sqrt{x}=t$，则$x=t^2$，$dx=dt^2=2tdt$，于是

$$\int\frac{1}{1+\sqrt{x}}dx=\int\frac{1}{1+t}\cdot 2tdt=2\int\frac{t+1-1}{t+1}dt=2\int\left(1-\frac{1}{t+1}\right)dt$$

$$=2\int 1dt-2\int\frac{1}{t+1}d(t+1)=2t-2\ln|t+1|+C$$

再回代，得

$$\int\frac{1}{1+\sqrt{x}}dx=2\sqrt{x}-2\ln\left(\sqrt{x}+1\right)+C$$

（2）令$\sqrt{2x-1}=t$，则$x=\frac{t^2+1}{2}$，$dx=d\frac{t^2+1}{2}=tdt$，于是

$$\int x\sqrt{2x-1}dx=\int\frac{t^2+1}{2}\cdot t\cdot tdt=\int\frac{t^4+t^2}{2}dt=\frac{1}{10}t^5+\frac{1}{6}t^3+C$$

$$=\frac{1}{10}(2x-1)^{\frac{5}{2}}+\frac{1}{6}(2x-1)^{\frac{3}{2}}+C$$

（3）令$\sqrt[6]{x}=t$，则$x=t^6$，$dx=dt^6=6t^5dt$，于是

$$\int\frac{1}{\sqrt{x}+\sqrt[3]{x}}dx=\int\frac{6t^5}{t^3+t^2}dt=6\int\frac{t^3}{t+1}dt=6\int\frac{t^3+1-1}{t+1}dt$$

$$=6\int\left[\left(t^2-t+1\right)-\frac{1}{t+1}\right]dt=6\cdot\frac{1}{3}t^3-6\cdot\frac{1}{2}t^2+6t-\ln|t+1|+C$$

$$=2t^3-3t^2+6t-\ln|t+1|+C=2\sqrt{x}-3\sqrt[3]{x}+6\sqrt[6]{x}-6\ln\left|\sqrt[6]{x}+1\right|+C$$

（4）令$x=2\sin t$，$(0\leqslant t\leqslant\frac{\pi}{2})$

于是被积函数化为$\sqrt{4-x^2}=\sqrt{2^2-(2\sin t)^2}=|2\cos t|=2\cos t$

又由$dx=2\cos tdt$，所以

$$\int\sqrt{4-x^2}dx=\int 4\cos^2 tdt=4\int\frac{1+\cos 2t}{2}dt$$

$$=2t+\sin 2t+C=2t+2\sin t\cos t+C$$

由$x=2\sin t$，所以$t=\arcsin\frac{x}{2}$.于是$\cos t=\sqrt{1-\sin^2 t}=\sqrt{1-\left(\frac{x}{2}\right)^2}=\frac{1}{2}\sqrt{4-x^2}$

因此，$\int\sqrt{4-x^2}\mathrm{d}x = 2\arcsin\frac{x}{2}+\frac{1}{2}x\sqrt{4-x^2}+C$.

由此例，一般地有，$\int\sqrt{a^2-x^2}\mathrm{d}x=\frac{a^2}{2}\arcsin\frac{x}{a}+\frac{1}{2}x\sqrt{a^2-x^2}+C \quad (a>0)$

（5）作正切代换 $x=a\tan t$ ，$(-\frac{\pi}{2}<t<\frac{\pi}{2})$

则 $\sqrt{a^2+x^2}=\sqrt{a^2+(a\tan t)^2}=a\sqrt{1+\tan^2 t}=a\sec t$ ，

$\mathrm{d}x=a\sec^2 t\mathrm{d}t$ ，代入原积分，得

$$\int\frac{1}{\sqrt{a^2+x^2}}\mathrm{d}x=\int\frac{1}{a\sec t}a\sec^2 t\mathrm{d}t=\int\sec t\mathrm{d}t=\ln\left|\sec t+\tan t\right|+C_1$$

为了将变量 t 还原成变量 x，常作三角替换：做一个直角三角形，三角形的边角关系由所作代换 $x=a\tan t$ 所确定，故有 $\sec t=\frac{\sqrt{a^2+x^2}}{a}$ （图 4-2)，于是

$$\int\frac{1}{\sqrt{a^2+x^2}}\mathrm{d}x=\ln\left|\frac{\sqrt{a^2+x^2}}{a}+\frac{x}{a}\right|+C_1=\ln\left|x+\sqrt{a^2+x^2}\right|+C \text{（其中 } C=C_1-\ln a\text{）}$$

第二换元积分法常常用于被积函数中含有根式的情形，常见的变量代换可总结如下：

（1）被积函数含有因子 $\sqrt[n_1]{x}$ ，$\sqrt[n_2]{x}$ ，令 $t=\sqrt[n]{x}$ （其中 n 为 n_1 与 n_2 的最小公倍数)；

（2）被积函数含有因子 $\sqrt[n]{ax+b}$ ，令 $t=\sqrt[n]{ax+b}$ ；

（3）被积函数含有因子 $\sqrt{a^2-x^2}$ ，令 $x=a\sin t$ ；

（4）被积函数含有因子 $\sqrt{x^2+a^2}$ ，令 $x=a\tan t$ ；

（5）被积函数含有因子 $\sqrt{x^2-a^2}$ ，令 $x=a\sec t$.

在做三角替换时，可用直角三角形边角关系确定有关三角函数的关系，以返回积分变量.

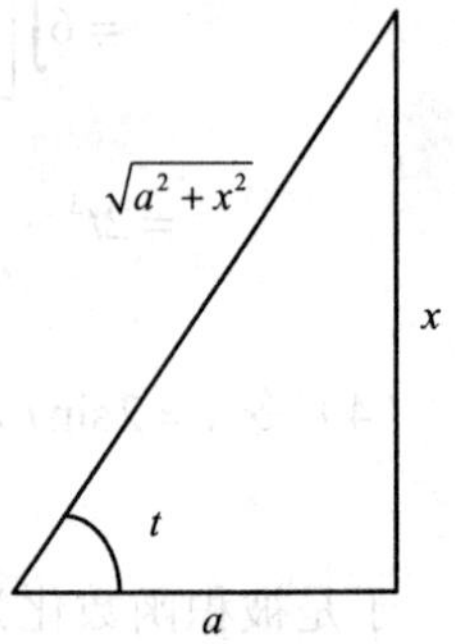

图 4-2

4.3 分部积分法

利用换元积分法可以求很多函数的不定积分，但一些看似简单的不定积分，如 $\int\ln x\mathrm{d}x$ ，

$\int x\cdot\sin x\mathrm{d}x$，$\int x\mathrm{e}^x\mathrm{d}x$ 等利用换元积分法无能为力．像这样，当被积函数是两种不同类型的函数的乘积时，需要用分部积分法来解决．

如果把上述换元积分法看作是复合函数求导的逆运算的话，那么分部积分法就是两个乘积函数导数的逆运算．下面我们根据乘积的求导公式，推出分部积分公式．

由于 $(uv)'=u'v+uv'$，变形得 $uv'=(uv)'-u'v$，

若 u'，v'连续，对上式两端积分

$$\int uv'\mathrm{d}x=uv-\int u'v\mathrm{d}x$$

定理 设 u，v 是关于 x 的可微函数，则有

$$\int u\mathrm{d}v=uv-\int v\mathrm{d}u$$

此公式叫作分部积分公式．

说明：分部积分公式是把一个积分变为另一个易计算的积分，所以分部积分的关键是恰当地选择好 u 和 $\mathrm{d}v$，一般要考虑如下两点：

①v 要容易求得（可用凑微分法求出）；

②分部后右边的积分 $\int v\mathrm{d}u$ 以容易积出为原则．

例 1 求下列不定积分．

（1）$\int x\cos x\mathrm{d}x$；（2）$\int x\mathrm{e}^x\mathrm{d}x$；（3）$\int x\ln x\mathrm{d}x$；（4）$\int \arcsin x\mathrm{d}x$．

解

（1）设 $u=x$，$\cos x\mathrm{d}x=\mathrm{d}v=\mathrm{d}\sin x$，则 $v=\sin x$，

$\therefore \int x\cos x\mathrm{d}x=\int x\mathrm{d}\sin x=x\sin x-\int\sin x\mathrm{d}x=x\sin x+\cos x+C$

（2）$\int x\mathrm{e}^x\mathrm{d}x=\int x\mathrm{d}(\mathrm{e}^x)=x\mathrm{e}^x-\int\mathrm{e}^x\mathrm{d}x=x\mathrm{e}^x-\mathrm{e}^x+C$

一般地，当被积函数是关于 x 的幂（或 x 的多项式）与 e^x，$\sin x$ 或 $\cos x$ 的乘积时，总是选 u 为 x 的幂（或 x 的多项式）．

（3）$\int x\ln x\mathrm{d}x=\frac{1}{2}\int\ln x\mathrm{d}\left(x^2\right)=\frac{1}{2}x^2\ln x-\frac{1}{2}\int x^2\cdot\frac{1}{x}\mathrm{d}x=\frac{1}{2}x^2\ln x-\frac{1}{4}x^2+C$

（4）$\int\arcsin x\mathrm{d}x=x\arcsin x-\int x\cdot\frac{1}{\sqrt{1-x^2}}\mathrm{d}x$

$$=x\arcsin x+\frac{1}{2}\int\frac{1}{\sqrt{1-x^2}}\mathrm{d}(1-x^2)=x\arcsin x+\sqrt{1-x^2}+C$$

（3）（4）两题 u 和 $\mathrm{d}v$ 的选取也是有规律的．

一般地，当被积函数是关于 x 的幂（或 x 的多项式）与 $\ln x$ 或反三角函数的乘积时，总是选 $u=\ln x$ 或 u 为反三角函数，其余部分为 $\mathrm{d}v$．

例 2 求不定积分$\int e^x\cos x dx$．

解 $\int e^x\cos x dx=\int\cos x d(e^x)=e^x\cos x-\int e^x d\cos x$

$$=e^x\cos x+\int e^x\sin x dx=e^x\cos x+\int\sin x de^x$$

$$=e^x\cos x+e^x\sin x-\int e^x d\sin x=e^x\left(\sin x+\cos x\right)-\int e^x\cos x dx$$

移项得

$$2\int e^x\cos x dx=e^x(\sin x+\cos x)$$

$$\therefore\int e^x\cos x dx=\frac{1}{2}e^x(\sin x+\cos x)+C$$

说明：当被积函数是指数函数与正弦或余弦函数的乘积时，u 和 dv 可以任意选择．此种类型要分部积分两次，再解一个以不定积分为未知量的一元一次方程，注意两次分部积分中 u 的选取要一致，另外，移项后，积分常数的系数要与左端积分前面的系数相同．

例 3 求不定积分$\int e^{\sqrt{x}}dx$．

解 先换元，设$t=\sqrt{x}$，则$x=t^2$，$dx=2tdt$，

$$\int e^{\sqrt{x}}dx=\int e^t 2tdt=2\int tde^t=2te^t-2\int e^t dt$$

$$=2te^t-2e^t+C=2\sqrt{x}e^{\sqrt{x}}-2e^{\sqrt{x}}+C$$

从这个例子可以看出，换元积分法与分部积分法要灵活运用，切忌死套公式，有的问题往往需要这两种方法兼用才能求得最终结果．

至此我们已经学过了求不定积分的几种基本方法．一般来说，求初等函数不定积分的方法不是唯一的，并伴随着一定的技巧．因此，求不定积分要比求导数困难得多．需要指出的是，通常所说的“求不定积分”，是指怎样用初等函数把这个不定积分表示出来．在这种意义下，并不是任何初等函数的不定积分都能“求出”来的．例如，$\int\frac{1}{\ln x}dx$，$\int\frac{\sin x}{x}dx$等，虽然它们都存在，但却无法用初等函数来表示．

本章小结

积分法是微分法的逆运算，因此，本章着重解决的是：已知某函数的导函数，求这个函数的问题．积分起源于某些实际问题的求解．本章讲的是整个积分学的基础知识，它将为以后定积分等知识的学习奠定基础．

1．原函数和不定积分

若函数$F(x)$和$f(x)$定义在同一个区间(a,b)内，并且处处有

$$F'(x)=f(x)\text{或}dF(x)=f(x)dx$$

则称 $F(x)$ 为 $f(x)$ 的一个原函数.

$f(x)$ 的全部原函数称为 $f(x)$ 的不定积分，即

$$\int f(x)\mathrm{d}x = F(x) + C$$

由不定积分的定义可知，求不定积分问题可以归结为求原函数问题，而且求不定积分与求导数或微分互为逆运算．由此可以得出不定积分的运算法则和基本积分公式．

2．不定积分的计算

不定积分的计算是本章的重点内容，常用的有直接积分法、换元积分法和分部积分法．

（1）使用直接积分法时，往往需要对被积函数进行恒等变形．

（2）换元积分法又分为第一换元积分法和第二换元积分法．第一换元积分法的关键在于凑微分．第二换元积分法通常用来解决带有根式的不定积分问题．常用的有三角代换和简单根式代换两种形式．

使用换元积分法时，应注意变量的回代．三角代换时可借助直角三角形中边角的关系．

（3）分部积分法通常用来解决被积函数为两类不同类型函数乘积的不定积分问题．它是由两个函数乘积的微分公式变换而来的，即

$$\int u\mathrm{d}v = uv - \int v\mathrm{d}u$$

该公式把求 $\int u\mathrm{d}v$ 的问题转化为求 $\int v\mathrm{d}u$ 的问题，这是一种很重要的解决问题的思想方法．分部积分法的关键在与 u 与 $\mathrm{d}v$ 的选取．

阅读材料

贝若

牛顿的老师——贝若（Isaac Barrow）

贝若生于英国伦敦，四岁时母亲病倒，从事布匹生意的父亲由于工作太忙无暇照顾他，便把他送到乡下和祖父住在一起。贝若的祖父本来就反对儿子的婚姻，因此几乎是带着报复的心理对待这个小孙子，对贝若非常严格，且经常打他。

在这种环境下长大的他，根本无法了解什么是爱，他的世界里只有恨。六岁开始他就几度企图离家出走，每次被抓回来就是一顿毒打。在学校里，他以打架、不服管教、品性不良著名，成绩差到连续留级。从七岁入学到十六岁，不知被退学了多少次；在老师眼中，他已经是被教育放弃的孩子。

贝若的父亲把他转到一所以循循善诱出名的好学校，但经过一段时间后，校长告诉贝若的父亲说，学校无法包容这么顽劣的学生。贝若在门外偷看这一幕，看到父亲听到连这间慈善之家都无法教好他的孩子时，父亲失望地倒在地上，对神说恨不得这个儿子早点死掉。贝若轻轻把门掩上，也掉下泪来，问神："我真的是没救了吗？难道我真的是没人要的孩子吗？"如果失败能使人想到"神"，那失败就是一种祝福，因为能使人面对生命最深刻、最关键的问题。

贝若十六岁时转到另一所乡间学校菲尔斯特（Felsted），在那里遇到了改变他一生的好老师——教希腊文的霍尔比齐（Holbeach）。老师看了他过去的记录和资料，并没有露出鄙视的神情，反而对他说："我相信你有一天会成为最好的老师，事实上，你是天生做老师的好材料。"贝若听到这番话，惊讶地抬起头来，他第一次体会到被人信任的滋味。从那一天开始，贝若成为一个好学生，他的希腊文一跃成为顶尖高手。霍尔比齐还鼓励他学习拳击、剑术，以发泄用不完的精力。

1641 年爱尔兰要求独立，与英格兰发生了一场血腥战争，贝若的父亲生意大受影响，无法再继续资助孩子。霍尔比齐就接贝若住在家里，照顾他的生活。这一举动影响了贝若日后对待学生的方式，当他后来担任剑桥大学数学系首席教授时，在他班上有一个安静的学生，成绩中等，但思考深刻敏锐，却因家境贫困必须打工，贝若就像霍尔比齐老师一样，开放家庭招待这位学子，后来这位学生成为近代物理之父——牛顿。

贝若把牛顿当作自己孩子一样。牛顿也沿袭了贝若老师的教育方式，开放家庭招待一位名叫泰勒（Brook Taylor）的穷学生；泰勒后来发表了著名的泰勒级数。人类历史上多少伟大学者的知识传承，绝对不是只在课堂上，而是在长期爱心的浇灌下才产生的。多少人在等候天才，却很少有人愿意去栽培天才；大部分的天才都是问题学生，给你制造问题以后，才慢慢显出解决问题的能力。

贝若从未以天才的栽培人自居，他认为自己像是古希腊的悲剧诗人索福克勒斯，"独立在静默的舞台上，没有吟唱、没有旁白、没有歌咏、没有伴舞……只有少数学生，像是遭遇海难的船员，被幸运之浪漂流到他的舞台前；或是到处流浪，不甘被摆入现在框框中的学生，无意间'碰'上，他们就能听到普罗米修斯传自洞穴中的几句箴言。"贝若一生都自诩是持守真理终不悔的普罗米修斯。

贝若后来由文学进入数学领域。一开始为了研究神学，他需要学习年代学，为了年代学他需要懂天文学，为了懂天文学，他需要懂得几何学。他后来把数学学习得那么好，是因为找到了学习数学的意义——帮助他认识"神"。

今天世界上每一个念过数学或物理的学生，都会读到他发现的理论；有没有读过用切线去求斜率？用切线去求曲线截面积？用切线去求反曲点？他是第一个把光学和几何学结合在一起的人；在透镜上画切去求焦距与曲率半径的关系式，这是光学物理最著名的透镜公式。贝若的一生把数学、拳击、信仰结合在一起，却来自一个不可思议的起点。

退休后的贝若到英国的贫民区，买下一间破旧的大戏院，改成一间教堂，自己担任牧师。这间教会的 1/3 是图书馆，给喜欢念书的孩子用；1/3 是拳击房与戏台，给不爱念书的孩子；1/3 才是聚会的地方。

贝若一生未婚，把人生大部分的时光都给了学生。诗人马波立多夫（John Maplotof）为他撰写碑文，简短的一句："他使周围的人认识神"，涵盖了他丰富的一生。

贝若死前留下一则祷告："哦！主啊，你是何等伟大的几何学家，因为你创造了一个无限的空间让科学家去飞翔，让探索者去发现，让爱好技术的人去模仿！我有一个祷告是，让这些学习大自然知识的人，最终能得以认识你自己！"

习题 4

1．验证函数 $F(x)=x(\ln x-1)$ 是 $f(x)=\ln x$ 的一个原函数.

2．计算下列不定积分.

（1）$\int x\sqrt{x}\mathrm{d}x$；（2）$\int \mathrm{e}^{x-1}\mathrm{d}x$；（3）$\int \frac{x+1}{\sqrt{x}}\mathrm{d}x$；

（4）$\int \frac{\mathrm{e}^{2x}-1}{\mathrm{e}^{x}+1}\mathrm{d}x$；（5）$\int \tan^2 x\mathrm{d}x$；（6）$\int (3\cos x-\frac{1}{1+x^2})\mathrm{d}x$.

3．计算下列不定积分.

（1）$\int (x+2)^6\mathrm{d}x$；（2）$\int x\mathrm{e}^{-3x^2}\mathrm{d}x$；（3）$\int \frac{3x^2}{1+x^3}\mathrm{d}x$；

（4）$\int \mathrm{e}^x(1+\mathrm{e}^x)^2\mathrm{d}x$；（5）$\int \frac{\ln^3 x}{x}\mathrm{d}x$；（6）$\int \frac{\sin\frac{1}{x}}{x^2}\mathrm{d}x$；

（7）$\int \mathrm{e}^{\cos x}\sin x\mathrm{d}x$；（8）$\int \frac{\sin\sqrt{x}}{\sqrt{x}}\mathrm{d}x$；（9）$\int \frac{2x-1}{x^2-x-1}\mathrm{d}x$；

（10）$\int \frac{1}{\sqrt{x}(1+x)}\mathrm{d}x$；（11）$\int \frac{x}{\sqrt{x-1}}\mathrm{d}x$；（12）$\int \frac{1}{\sqrt{16-x^2}}\mathrm{d}x$.

4．计算下列不定积分.

（1）$\int x\sin x\mathrm{d}x$；（2）$\int x\mathrm{e}^{-x}\mathrm{d}x$；（3）$\int \ln x\mathrm{d}x$；

（4）$\int \arctan x\mathrm{d}x$；（5）$\int \cos\sqrt{x}\mathrm{d}x$；（6）$\int \mathrm{e}^x\cos x\mathrm{d}x$.

5．设曲线通过点 $(1,2)$，且曲线上任一点的切线斜率等于这个点横坐标的两倍，求此曲线方程.

6．在某池塘内养鱼，该池塘最多能养鱼 1 000 尾.在时刻 t，鱼数 y 是时间 t 的函数 $y=y(t)$，其变化率与鱼数 y 及 $1000-y$ 的乘积成正比．已知在池塘内放养鱼 100 尾，3 个月后池塘内有鱼 250 尾，求放养 t 月后鱼数 $y(t)$ 的公式.

自测题 4

一、单项选择题（每小题 3 分，共 21 分）

1．$\sqrt{x}$ 是下列哪个函数的一个原函数（　）.

A. $\dfrac{1}{2x}$　　B. $\dfrac{1}{2\sqrt{x}}$　　C. $\ln x$　　D. $\sqrt{x^3}$

2．若 $f(x)$ 为可导、可积函数，则（　）.

A. $\left[\int f(x)\mathrm{d}x\right]' = f(x)$　　B. $\mathrm{d}\left[\int f(x)\mathrm{d}x\right] = f(x)$

C. $\int f'(x)\mathrm{d}x = f(x)$　　D. $\int \mathrm{d}f(x) = f(x)$

3．$\int \cos x\mathrm{d}x =$（　）.

A. $\sin x$　　B. $\sin x + C$　　C. $\cos x$　　D. $\cos x + C$

4．$\int (x^3+1)\mathrm{d}x =$（　）.

A. $3x^2 + C$　　B. $x^3 + C$　　C. $\dfrac{1}{4}x^4 + x + C$　　D. $x^3 + x + C$

5．下列凑微分式中，正确的是（　）.

A. $\sin 2x\mathrm{d}x = \mathrm{d}(\sin^2 x)$　　B. $\dfrac{\mathrm{d}x}{\sqrt{x}} = \mathrm{d}(\sqrt{x})$

C. $\ln|x|\mathrm{d}x = \mathrm{d}\left(\dfrac{1}{x}\right)$　　D. $\arctan x\mathrm{d}x = \mathrm{d}\left(\dfrac{1}{1+x^2}\right)$

6．$\int \dfrac{\ln x}{x}\mathrm{d}x =$（　）.

A. $\dfrac{1}{2}x\ln^2 x + C$　　B. $\dfrac{1}{2}\ln^2 x + C$　　C. $\dfrac{\ln x}{x} + C$　　D. $\dfrac{1}{x^2} - \dfrac{\ln x}{x^2} + C$

7．如果 $f(x) = \sqrt{x+1}$，则 $\int f(x)\mathrm{d}x =$（　）.

A. $\dfrac{1}{2\sqrt{x}} + C$　　B. $\dfrac{1}{2\sqrt{x+1}} + C$　　C. $\dfrac{2}{3}\sqrt{x^3} + x + C$　　D. $\dfrac{2}{3}\sqrt{(x+1)^3} + C$

二、填空题（每小题 3 分，共 15 分）

1．$\int \sin 2x\mathrm{d}x =$__________.

2．已知 $\int xf(x)\mathrm{d}x = \arcsin x + C$，则 $\int \dfrac{1}{f(x)}\mathrm{d}x =$__________.

3．$\int \sin 10x\mathrm{d}x =$__________.

4. $\int \frac{2x-3}{x^2-3x+7}\mathrm{d}x =$ ＿＿＿＿＿＿＿＿＿＿.

5. 已知 $\int f(x)\mathrm{d}x = F(x)+C$，则 $\int f(b-ax)\mathrm{d}x =$ ＿＿＿＿＿＿＿＿＿＿.

三、计算题（每小题 6 分，共 64 分）

1. $\int \frac{1}{x^3}\mathrm{d}x$；　2. $\int \frac{x^2}{1+x^2}\mathrm{d}x$；　3. $\int \frac{\mathrm{e}^{2x}-1}{\mathrm{e}^x+1}\mathrm{d}x$；　4. $\int \frac{1}{x^2(x^2+1)}\mathrm{d}x$；

5. $\int \frac{x}{\sqrt{1-x^2}}\mathrm{d}x$；　6. $\int \frac{(\arctan x)^2}{1+x^2}\mathrm{d}x$；　7. $\int x\sin x\mathrm{d}x$；　8. $\int x^2 \ln x\mathrm{d}x$.

综合提高题 4

一、选择题

1. 下列函数中，不是 $\mathrm{e}^{2x}-\mathrm{e}^{-2x}$ 的原函数的是（　）.

A. $\frac{1}{2}(\mathrm{e}^{2x}+\mathrm{e}^{-2x})$　B. $\frac{1}{2}(\mathrm{e}^{x}+\mathrm{e}^{-x})^2$　C. $\frac{1}{2}(\mathrm{e}^{x}-\mathrm{e}^{-x})^2$　D. $\frac{1}{2}(\mathrm{e}^{2x}-\mathrm{e}^{-2x})$

2. 若 $f(x)$ 的导函数为 $\sin x$，则 $f(x)$ 的一个原函数是（　）.

A. $1+\sin x$　B. $1-\sin x$　C. $1+\cos x$　D. $1-\cos x$

3. 如果 $f(x)=\mathrm{e}^{-x}$，则 $\int \frac{f'(\ln x)}{x}\mathrm{d}x =$（　）.

A. $-\frac{1}{x}+C$　B. $\frac{1}{x}+C$　C. $-\ln x+C$　D. $\ln x+C$

二、计算题

1. $\int x\arctan x\mathrm{d}x$；　2. $\int \sec^3 x\mathrm{d}x$；　3. $\int \sin(\ln x)\mathrm{d}x$；

4. $\int \frac{3x^4 3x^2+1}{x^2+1}\mathrm{d}x$；　5. $\int 3^x \mathrm{e}^x \mathrm{d}x$；　6. $\int \frac{1+x+x^2}{x(1+x^2)}\mathrm{d}x$；

7. $\int \frac{\mathrm{d}x}{\sqrt{5-2x-x^2}}$；　8. $\int \frac{\mathrm{d}x}{x\sqrt{1-\ln^2 x}}$；　9. $\int \sin^2 3x\mathrm{d}x$；

10. $\int \sin^3 x\cos^2 x\mathrm{d}x$；　11. $\int \sin^3 x\mathrm{d}x$；　12. $\int \tan^3 x\mathrm{d}x$；

13. $\int \mathrm{e}^{\sin x}\cos x\mathrm{d}x$；　14. $\int \frac{1-\sin x}{x+\cos x}\mathrm{d}x$；　15. $\int \frac{\mathrm{d}x}{\sqrt{x}(1+\sqrt[3]{x})}$；

16. $\int \ln(x+\sqrt{x^2+1})\,\mathrm{d}x$；　17. $\int \frac{\ln x-1}{x^2}\mathrm{d}x$.

第 5 章　定积分及其应用

从历史上看，定积分是由计算平面上封闭曲线围成的面积而产生的. 这类区域的面积，最后归结为计算具有特定结构的和式的极限，人们在后来的时间中逐步认识到，这种特定结构的和式的极限，不仅是计算区域面积的数学工具，而且也是计算许多实际问题（如变力做功、水的压力、立体的体积等）的有力工具，因此无论是在理论上还是在实践中，特定结构的和式的极限——定积分具有普遍的意义. 于是定积分就成为高等数学重要的组成部分之一.

5.1　定积分的概念与性质

5.1.1　问题提出

1. 曲边梯形的面积

设 $f(x)$ 为闭区间 $\left[a,b\right]$ 上的连续函数，并且 $f\left(x\right)>0$，由曲线 $y=f\left(x\right)$，直线 $x=a$，$x=b$ 以及 x 轴所围成的平面图形（图 5-1）称为 $f\left(x\right)$ 在 $\left[a,b\right]$ 上的曲边梯形. 区间 $\left[a,b\right]$ 称为曲边梯形的底，曲线称 $y=f\left(x\right)$ 为曲边梯形的曲边.

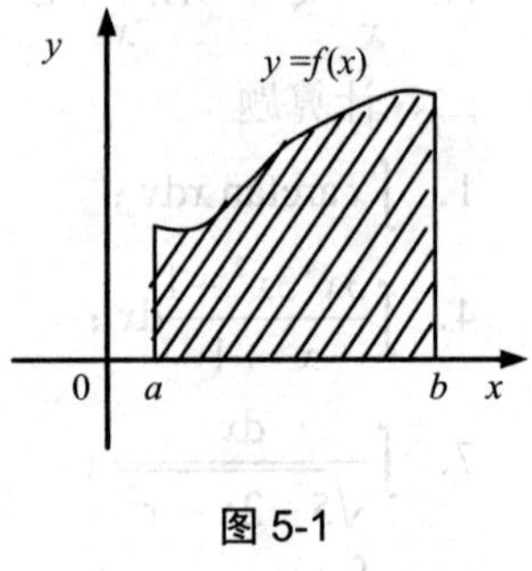

图 5-1

如何求该曲边梯形的面积？（这是求任意曲边梯形面积的基础）在初等数学里，圆面积是用一系列边数无限增加的内接正多边形面积的极限来定义. 现在我们仍用这种办法来定义曲边梯形的面积.

由于曲边梯形的高 $f\left(x\right)$ 在区间 $\left[a,b\right]$ 上是连续变化的，在很小的一段区间上它的变化很小，近似于不变. 因此，如果把 $\left[a,b\right]$ 分割为许多小区间，那么曲边梯形也相应地被分割为许多小曲边梯形，每一个小曲边梯形的面积可以用一个小矩形的面积来代替，小矩形的长可以用每个小区间上某点处的高来代替，宽就是小区间的长度，这样小矩形的面积之和就可以作为曲边梯形面积的近似值. 显然，区间 $\left[a,b\right]$ 分割越细，这种近似的精度越高. 当小矩形的宽（即小区间的长度）都趋向于零时，所有小矩形面积之和的极限就是曲边梯形面积的精确值.

根据以上分析，可按如下步骤求曲边梯形的面积，如图 5-2 所示.

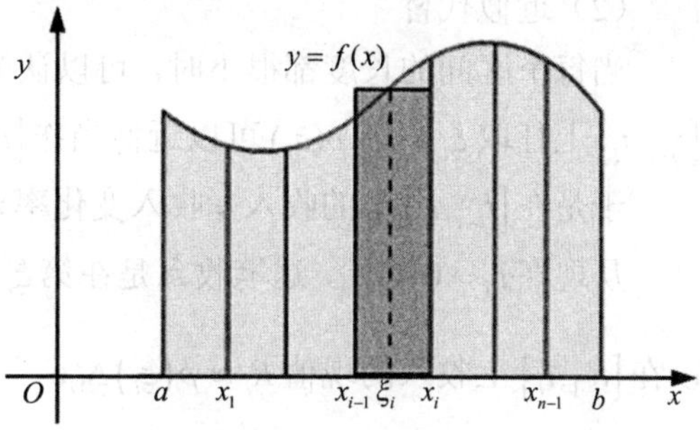

图 5-2

（1）分割

在区间$[a,b]$内任意插入$n-1$个分点：

$a=x_0<x_1<x_2<\cdots<x_n=b$，将区间$[a,b]$分成$n$个小区间$[x_{i-1},x_i](i=1,2,3,\cdots,n)$，其长度记为$\Delta x_i=x_i-x_{i-1}$，过各分点作垂直于 x 轴的垂线，把整个曲边梯形分成n个小曲边梯形，其中第i个小曲边梯形的面积记为$\Delta A_i(i=1,2,3,\cdots,n)$.

（2）近似代替

在第i个小曲边梯形的底$[x_{i-1},x_i]$上任取一点$\xi_i(x_{i-1}\leqslant\xi_i\leqslant x_i)$，用相应地宽为$\Delta x_i$，长为$f(\xi_i)$的小矩形的面积近似代替这个小曲边梯形的面积，即

$$\Delta A_i\approx f(\xi_i)\Delta x_i(i=1,2,3,\cdots,n)$$

（3）求和

将n个小矩形面积相加就得到曲边梯形的面积A的近似值，即

$$A=\sum_{i=1}^{n}\Delta A_i\approx\sum_{i=1}^{n}f(\xi_i)\Delta x_i$$

（4）取极限

如果分点的数目无限增多且每个小区间的长度都趋近于零时，和式$\sum_{i=1}^{n}f(\xi_i)\Delta x_i$的极限就是所求曲边梯形的面积$A$. 记$\lambda=\max\limits_{1\leqslant i\leqslant n}\{\Delta x_i\}$，则当$\lambda\to 0$时，有$A=\lim\limits_{\lambda\to 0}\sum_{i=1}^{n}f(\xi_i)\Delta x_i$.

2．企业收益

大型企业集团的收入是随时流入的，因此这一收入可以表示为一个连续的函数. 设$p(t)$是收入在时刻t的变化率（单位：元/年），现计算从现在$t=0$到T年内的总收入.

在处理这一问题时，考虑到时间因素，就需要计算这一收入的现值. 设利息以连续复利计算，利率为r，则计算过程如下：

（1）分割

用分点$0=t_0<t_1<t_2<\cdots<t_n=T$把区间$[0,T]$划分为$n$个小区间$[t_{i-1},t_i](i=1,2,3,\cdots,n)$，每个小区间的长度记为$\Delta t_i=t_i-t_{i-1}$.

（2）近似代替

当每个区间的长度都很小时，可以认为收入的变化率在$\left[t_{i-1},t_i\right]$上的变化不大. 所以在$\left[t_{i-1},t_i\right]$上任取ξ_i，则$p(\xi_i)$可以近似当作$\left[t_{i-1},t_i\right]$上收入的变化率.

于是在$\left[t_{i-1},t_i\right]$上的收入≈收入变化率×时间$\approx p(\xi_i)\Delta t_i\,(i=1,2,3,\cdots,n)$

从现在$t_0=0$开始，这笔收入是在第ξ_i年取得的，因此需要把这笔收入折合成现值. 所以在$\left[t_{i-1},t_i\right]$上收入的现值$R_i \approx p(\xi_i)\Delta t_i \mathrm{e}^{-r\xi_i}\,(i=1,2,3,\cdots,n)$.

（3）求和

把所有小区间上收入的现值相加，得到从$t_0=0$到T年该企业总收入现值的近似值

$$R \approx \sum_{i=1}^{n} p(\xi_i)\Delta t_i \mathrm{e}^{-r\xi_i}$$

（4）取极限

如果分点个数无限增多，且$\lambda=\max\limits_{1\leqslant i\leqslant n}\{\Delta t_i\}$趋向于零时，和式$\sum\limits_{i=1}^{n} p(\xi_i)\Delta t_i \mathrm{e}^{-r\xi_i}$的极限就是总收入的现值$R=\lim\limits_{\lambda\to 0}\sum\limits_{i=1}^{n} p(\xi_i)\Delta t_i \mathrm{e}^{-r\xi_i}$.

从上述分析可以看出，这两个例子都可以归结为求和式的极限，这就是产生定积分概念的背景.

5.1.2 定积分的概念

定义 设函数$f(x)$在闭区间$[a,b]$上有界，在(a,b)内任意地插入$n-1$个分点，$a=x_0<x_1<x_2<\cdots<x_n=b$，把区间$[a,b]$分成$n$个小区间$[x_{i-1},x_i]$，记$\Delta x_i=x_i-x_{i-1}$ $(i=1,2,3,\cdots,n)$，为第i个小区间的长度，在第i个小区间$[x_{i-1},x_i](i=1,2,3,\cdots,n)$上任取一点$\xi_i\,(x_{i-1}\leqslant\xi_i\leqslant x_i)$，作乘积$f(\xi_i)\Delta x_i$的和$\sum\limits_{i=1}^{n} f(\xi_i)\Delta x_i$，记$\lambda=\max\limits_{1\leqslant i\leqslant n}\{\Delta x_i\}$，则称极限$\lim\limits_{\lambda\to 0}\sum\limits_{i=1}^{n} f(\xi_i)\Delta x_i$为函数$y=f(x)$在区间$[a,b]$上的定积分，记作$\int_a^b f(x)\,\mathrm{d}x$，即

$$\int_a^b f(x)\,\mathrm{d}x=\lim_{\lambda\to 0}\sum_{i=1}^{n} f(\xi_i)\Delta x_i$$

其中$f(x)$称为被积函数，x称为积分变量，$f(x)dx$称为被积表达式，$[a,b]$称为积分区间，a称为积分下限，b称为积分上限，$\int$称为积分号，$\sum\limits_{i=1}^{n} f(\xi_i)\Delta x_i$称为函数$f(x)$在区间$[a,b]$上的积分和.

当$\lim\limits_{\lambda\to 0}\sum\limits_{i=1}^{n} f(\xi_i)\Delta x_i$存在时，称函数$f(x)$在区间$[a,b]$上可积或定积分存在，否则称函数$f(x)$在区间$[a,b]$上不可积或定积分不存在.

按照定积分的定义，前面两个例子都可以用定积分来表示：

（1）曲边梯形的面积是方程$f(x)$在区间$[a,b]$上的定积分，即

$$A=\int_a^b f(x)\,\mathrm{d}x$$

（2）该企业集团在T年内总收益的现值是函数$y=p(t)\mathrm{e}^{-rt}$在区间$[0,T]$上的定积分，即

$$R=\int_0^T p(t)\mathrm{e}^{-rt}\mathrm{d}t$$

说明：①定积分的数值与被积函数$f(x)$及积分区间$[a,b]$有关，与区间$[a,b]$的分法和点ξ_i的取法无关，因此在用定义求定积分时，往往对积分区间采用特殊的分法（如均分），ξ_i采用特殊的取法（如取左端点）. 与积分变量的记号无关，即$\int_a^b f(x)\,\mathrm{d}x=\int_a^b f(t)\,\mathrm{d}t=\int_a^b f(u)\,\mathrm{d}u$.

②规定：当$a=b$时，$\int_a^b f(x)\,\mathrm{d}x=0$；当$a>b$时，$\int_a^b f(x)\,\mathrm{d}x=-\int_b^a f(x)\,\mathrm{d}x$（互换定积分的上下限，定积分要变号）.

5.1.3　定积分的几何意义

当$f(x)\geqslant 0$时，定积分$\int_a^b f(x)\,\mathrm{d}x$表示以$y=f(x)(a\leqslant x\leqslant b)$为曲边，以$[a,b]$为底的曲边梯形的面积，即$A=\int_a^b f(x)\,\mathrm{d}x$；

当$f(x)\leqslant 0$时，曲边梯形在x轴下方，定积分$\int_a^b f(x)\,\mathrm{d}x$表示这个曲边梯形面积的负值，即$\int_a^b f(x)\,\mathrm{d}x=-A$；

当$f(x)$在$[a,b]$上有正有负时，$\int_a^b f(x)\,\mathrm{d}x$表示介于直线$x=a,x=b$之间，$x$轴上下有符号的曲边梯形面积的代数和（图 5-3），即

$$\int_a^b f(x)\,\mathrm{d}x=A_1-A_2+A_3$$

例 1　计算定积分$\int_0^1\sqrt{1-x^2}\mathrm{d}x$.

解　由定积分的几何意义知，$\int_0^1\sqrt{1-x^2}\mathrm{d}x$在数值上等于由曲线$y=\sqrt{1-x^2},x=0,x=1$以及$x$轴所围成的图形的面积$A$. 而面积$A=\dfrac{\pi}{4}$，如图 5-4 所示. 即

$$\int_0^1\sqrt{1-x^2}\mathrm{d}x=\frac{\pi}{4}$$

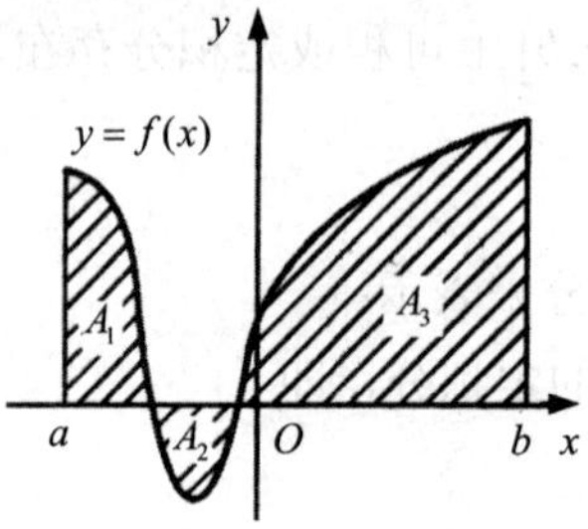

图 5-3

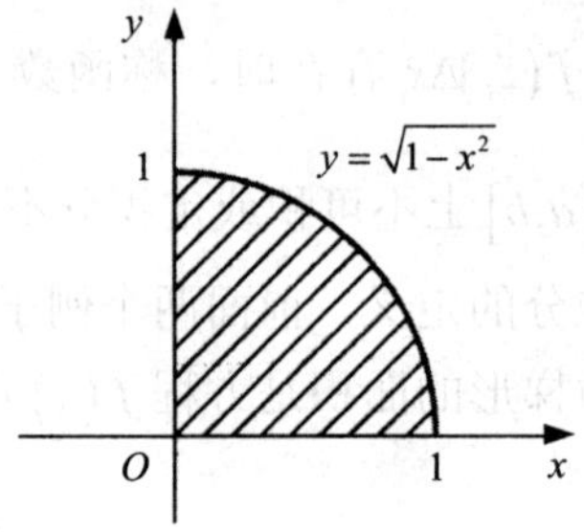

图 5-4

5.1.4 定积分的性质

由定积分的定义，可以得出定积分具有以下性质，其中所讨论的函数，我们假定总是在给定的区间上是可积的，并在进行几何说明时，以被积函数非负为例.

性质 1 常数因子可以提到积分号外，即 $\int_a^b kf(x)\,\mathrm{d}x = k\int_a^b f(x)\,\mathrm{d}x$.

性质 2 函数代数和的定积分等于定积分的代数和，即

$$\int_a^b [f(x) \pm g(x)]\,\mathrm{d}x = \int_a^b f(x)\,\mathrm{d}x \pm \int_a^b g(x)\,\mathrm{d}x.$$

性质 3 定积分对区间的可加性：对任意常数 c 有

$$\int_a^b f(x)\,\mathrm{d}x = \int_a^c f(x)\,\mathrm{d}x + \int_c^d f(x)\,\mathrm{d}x.$$

其中 c 可以在 $[a,b]$ 内，也可以在 $[a,b]$ 外，如图 5-5 所示.

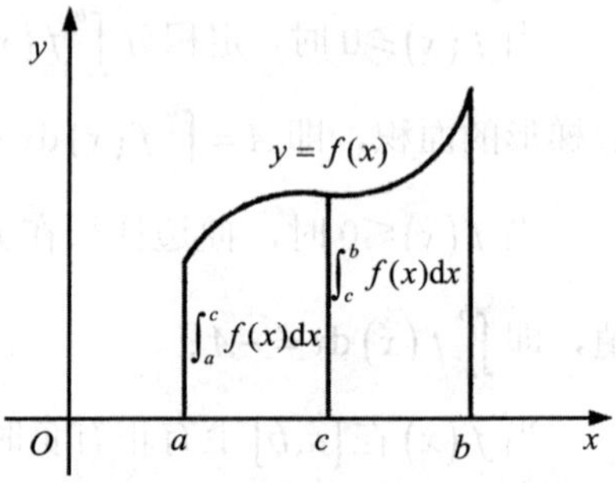

图 5-5

根据性质 3，当被积函数为分段函数或含绝对值号时，应先把积分区间分割成若干个子区间，分别在各子区间上求定积分，然后求和，从而求得原定积分.

性质 4 若在 $[a,b]$ 上，$f(x) \leqslant g(x)$，则

$$\int_a^b f(x)\,\mathrm{d}x \leqslant \int_a^b g(x)\,\mathrm{d}x.$$

性质 5 $\int_a^b \mathrm{d}x = b - a$.

性质 6 （估值定理）若在区间 $[a,b]$ 上有 $m \leqslant f(x) \leqslant M$，其中 m 与 M 都是常数，则

$$m(b-a) \leqslant \int_a^b f(x)\,\mathrm{d}x \leqslant M(b-a).$$

3．下列积分收敛的是（ ）.

A. $\int_2^{+\infty}\frac{1}{1+x^2}\mathrm{d}x$ B. $\int_2^{+\infty}x\mathrm{d}x$ C. $\int_2^{+\infty}\frac{1}{\sqrt[3]{x}}\mathrm{d}x$ D. $\int_2^{+\infty}\frac{1}{\sqrt{x}}\mathrm{d}x$

4．设在区间$[a,b]$上$f(x)>0, f'(x)<0, f''(x)>0$，令$S_1=\int_a^b f(x)\mathrm{d}x, S_2=f(b)(b-a)$, $S_3=\frac{1}{2}[f(a)+f(b)](b-a)$，则（ ）.

A. $S_1<S_2<S_3$ B. $S_2<S_1<S_3$ C. $S_3<S_1<S_2$ D. $S_2<S_3<S_1$

5．设$f(x)$在$[-a,a]$上连续，则$\int_{-a}^{a}f(x)\mathrm{d}x$恒等于（ ）.

A. $2\int_0^a f(x)\mathrm{d}x$ B. 0 C. $\int_0^a[f(x)+f(-x)]\mathrm{d}x$ D. $\int_0^a[f(x)-f(-x)]\mathrm{d}x$

6．设$f(x)$为连续函数，且$F(x)=\int_{\frac{1}{x}}^{\ln x}f(t)\mathrm{d}t$，则$F'(x)=$（ ）.

A. $\frac{1}{x}f(\ln x)+\frac{1}{x^2}f(\frac{1}{x})$ B. $f(\ln x)+f(\frac{1}{x})$

C. $\frac{1}{x}f(\ln x)-\frac{1}{x^2}f(\frac{1}{x})$ D. $f(\ln x)-f(\frac{1}{x})$

二、计算题

1． $\int_0^4\frac{\sqrt{x}}{1+\sqrt{x}}\mathrm{d}x$； 2. $\int_0^1 x(1-x^4)^{\frac{3}{2}}\mathrm{d}x$； 3. $\int_0^1\sqrt{2x-x^2}\mathrm{d}x$；

4． $\int_0^2 x\sqrt{2x-x^2}\mathrm{d}x$； 5. $\int_1^5\frac{x-1}{1+\sqrt{2x-1}}\mathrm{d}x$； 6. $\int_{\ln 2}^{\ln 4}\frac{1}{\sqrt{\mathrm{e}^x-1}}\mathrm{d}x$；

7． $\int_0^{\frac{\pi}{4}}\frac{x}{1+\cos 2x}\mathrm{d}x$； 8. $\int_1^2 x(\ln x)^2\mathrm{d}x$； 9. $\int_0^{\pi^2}\sqrt{x}\cos\sqrt{x}\mathrm{d}x$；

10．设$f(2x-1)=\frac{\ln x}{\sqrt{x}}$，求$\int_1^7 f(x)\mathrm{d}x$.

三、解答题

1．曲线$y=x(x-1)(2-x)$与x轴所围图形的面积是多少？

2．曲线$y=-x^3+x^2+2x$与x轴所围图形的面积是多少？

3．求曲线$y=|\ln x|$与直线$x=\frac{1}{\mathrm{e}}$， $x=\mathrm{e}$及$y=0$所围成的区域的面积.

例 2　估计定积分 $\int_{-1}^{2} e^{-x^2} dx$ 的取值范围.

解　先求 $f(x)=e^{-x^2}$ 在 $[-1,2]$ 上的最大值和最小值，

令 $f'(x)=-2xe^{-x^2}=0$ 得驻点 $x=0$，比较 $f(x)$ 在驻点和区间端点处的函数值

$$f(0)=1, f(-1)=e^{-1}, f(2)=e^{-4}$$

故最大值 $M=1$，最小值 $m=e^{-4}$，由估值定理得

$$3e^{-4} \leqslant \int_{-1}^{2} e^{-x^2} dx \leqslant 3$$

性质 7　（积分中值定理）若函数 $f(x)$ 在闭区间 $[a,b]$ 上连续，则至少存在一点 $\xi \in [a,b]$，使得 $\int_a^b f(x)\,dx = f(\xi)(b-a)$.

此性质的几何意义是：以区间 $[a,b]$ 为底，曲线 $y=f(x)$ 为曲边的曲边梯形的面积等于同一底而高为 $f(\xi)$ 的一个矩形的面积.

另外，$\frac{1}{b-a}\int_a^b f(x)\,dx$ 也可看作是曲线 $y=f(x)$ 在区间 $[a,b]$ 上的平均高度，通常称作函数 $f(x)$ 的平均值.

5.2　微积分基本定理

通过第 4 章学习可知微分与不定积分互为逆运算，本节进一步研究微分、不定积分与定积分之间的关系.

5.2.1　变上限定积分

我们知道，定积分的值是与被积函数和积分上限、下限有关的，在被积函数和积分下限不变的情况下，积分值随着积分上限的变化而变化，成为一个函数，因此设函数 $y=f(x)$ 在区间 $[a,b]$ 上连续，得 $\Phi(x)=\int_a^x f(t)\,dt, x\in[a,b]$. 称为变上限定积分或积分上限函数，如图 5-6 所示.

变上限定积分函数有如下重要性质：

定理 1 若函数 $f(x)$ 在 $[a,b]$ 上连续，则积分上限函数 $\Phi(x)=\int_a^x f(t)\mathrm{d}t$ 在 $[a,b]$ 上可导，且

$\Phi'(x)=[\int_a^x f(t)\mathrm{d}t]'=f(x)$ 或 $\mathrm{d}[\Phi(x)]=f(x)\mathrm{d}x$.

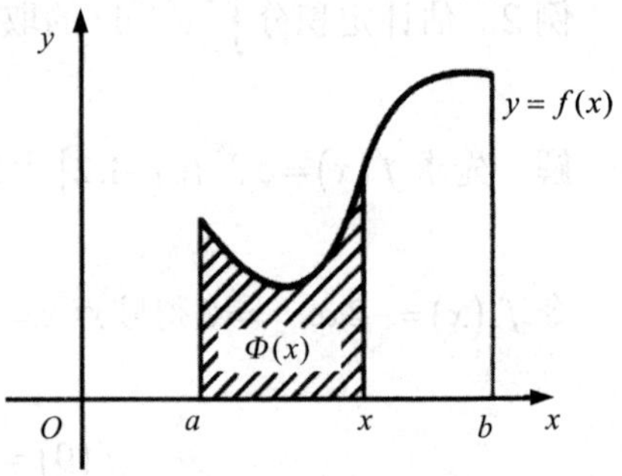

图 5-6

此定理揭示了微分（或导数）与定积分这两个不同概念之间的内在联系.

推论 如果 $f(x)$ 在区间 $[a,b]$ 上连续，$g(x)$ 在区间 $[a,b]$ 上可导，则 $\Phi(x)=\int_a^{g(x)} f(t)\,\mathrm{d}t$，$x\in[a,b]$ 在 $[a,b]$ 上可导，且

$$\Phi'(x)=\left[\int_a^{g(x)} f(t)\,\mathrm{d}t\right]'=f[g(x)]g'(x)$$

例 1 求下列函数的导数.

（1）$\Phi(x)=\int_1^x \mathrm{e}^{t^2}\mathrm{d}t$；（2）$\Phi(x)=\int_x^0 \sin t\ \mathrm{d}t$；（3）$\Phi(x)=\int_a^{x^2}\cos t^2\mathrm{d}t$.

解

（1）$\Phi'(x)=\mathrm{e}^{x^2}$

（2）$\Phi'(x)=(\int_x^0 \sin t\ \mathrm{d}t)'=-\left(\int_0^x \sin t\mathrm{d}t\right)'=-\sin x$

（3）$\Phi'(x)=\dfrac{\mathrm{d}}{\mathrm{d}x}\left[\int_a^{x^2}\cos t^2\mathrm{d}t\right]=\cos(x^2)^2\cdot(x^2)'=2x\cos x^4$

例 2 计算极限 $\lim\limits_{x\to 0}\dfrac{1}{x^2}\int_0^x \ln(1+t)\,\mathrm{d}t$.

解 当 $x\to 0$ 时，此极限是“$\dfrac{0}{0}$”型未定式，利用洛必达法则有

$$\lim_{x\to 0}\frac{1}{x^2}\int_0^x \ln(1+t)\mathrm{d}t=\lim_{x\to 0}\frac{\int_0^x \ln(1+t)}{x^2}\mathrm{d}t=\lim_{x\to 0}\frac{\ln(1+x)}{2x}=\frac{1}{2}$$

5.2.2 微积分基本定理

定理 2 设 $f(x)$ 在 $[a,b]$ 上连续，$F(x)$ 是 $f(x)$ 在 $[a,b]$ 上的一个原函数，则

$$\int_a^b f(x)\,\mathrm{d}x = \left[F(x)\right]_a^b = F(b) - F(a)$$

此定理称为微积分基本定理，公式称为牛顿—莱布尼茨公式．这个定理将定积分和不定积分联系了起来，它提供了求定积分的一个简便有效的方法，可表述为：定积分的值等于其原函数在上下限处值的差．

例 3 计算下列定积分．

（1）$\int_1^2 x^3\mathrm{d}x$；（2）$\int_1^2\left(x+\frac{1}{x}\right)^2\mathrm{d}x$；（3）$\int_0^1\frac{x^2}{1+x^2}\mathrm{d}x$．

解

（1）$\int_1^2 x^3\mathrm{d}x = \frac{1}{4}x^4\Big|_1^2 = \frac{1}{4}\times 2^4 - \frac{1}{4}\times 1^4 = \frac{15}{4}$

（2）$\int_1^2\left(x+\frac{1}{x}\right)^2\mathrm{d}x = \int_1^2\left(x^2+2+\frac{1}{x^2}\right)\mathrm{d}x = \left(\frac{x^3}{3}+2x-\frac{1}{x}\right)\Big|_1^2 = \frac{29}{6}$

（3）$\int_0^1\frac{x^2}{1+x^2}\mathrm{d}x = \int_0^1\left(1-\frac{1}{1+x^2}\right)\mathrm{d}x = (x-\arctan x)\Big|_0^1 = 1-\frac{\pi}{4}$

$$=\left(\frac{\pi}{12}+\frac{\sqrt{3}}{2}-1\right)+\left(-\frac{\pi}{4}+\frac{\sqrt{3}}{2}+\frac{\pi}{12}\right)=\sqrt{3}-1-\frac{\pi}{12}$$

例 4 求 $\int_{-1}^1 |x|\mathrm{d}x$．

解 $\int_{-1}^1 |x|\mathrm{d}x = \int_{-1}^0 (-x)\mathrm{d}x + \int_0^1 x\mathrm{d}x = -\frac{1}{2}x^2\Big|_{-1}^0 + \frac{1}{2}x^2\Big|_0^1 = 1$

例 5 求由曲线 $y=\sin x, x=0, x=\pi$ 及 x 轴所围成的图形的面积 A．

解 $A=\int_0^\pi \sin x\mathrm{d}x = (-\cos x)\big|_0^\pi = -\cos\pi - (-\cos 0) = 2$

5.3 定积分的计算

牛顿—莱布尼茨公式的最大贡献，就在于它把求定积分的问题归结为求原函数（不定积分）的问题，所以不定积分的计算方法，在定积分计算中有相应的方法．

5.3.1 定积分的换元积分法

定理 1 设函数 $f(x)$ 在 $[a,b]$ 上连续，作变换 $x=\varphi(t)$，如果：

（1）$\varphi(t)$ 在 $[\alpha,\beta]$（或 $[\beta,\alpha]$）上单调可导且 $\varphi'(t)$ 连续；

（2）$\varphi(\alpha)=a,\varphi(\beta)=b$.

则有定积分换元公式

$$\int_a^b f(x)\,\mathrm{d}x=\int_\alpha^\beta f[\varphi(t)]\varphi'(t)\,\mathrm{d}t$$

在应用此公式时，应注意以下两点：

（1）用$\varphi(t)$把原来变量x代换成新变量t时，积分限也要换成相应于新变量t的积分限；

（2）求出$f[\varphi(t)]\varphi'(t)$的一个原函数$F(t)$后，不必像计算不定积分那样再把$F(t)$变换成原来变量x的函数，而只要把新变量t的上、下限分别代入$F(t)$中，然后相减就可以了.

例 1 计算下列定积分.

（1）$\int_0^4\frac{\mathrm{d}x}{1+\sqrt{x}}$；（2）$\int_0^{\ln 2}\mathrm{e}^x\left(1+\mathrm{e}^x\right)^2\mathrm{d}x$；（3）$\int_0^{\frac{\pi}{2}}\sin^2 x\cos x\mathrm{d}x$.

解

（1）令$\sqrt{x}=t$，则$x=t^2$，$\mathrm{d}x=2t\mathrm{d}t$，$x:0\to 4,t:0\to 2$，则

$$\int_0^4\frac{\mathrm{d}x}{1+\sqrt{x}}=\int_0^2\frac{2t}{1+t}\mathrm{d}t=2\left[t-\ln(1+t)\right]\Big|_0^2=2(2-\ln 3)$$

（2）$\int_0^{\ln 2}\mathrm{e}^x\left(1+\mathrm{e}^x\right)^2\mathrm{d}x=\int_0^{\ln 2}\left(1+\mathrm{e}^x\right)^2\mathrm{d}\left(1+\mathrm{e}^x\right)=\frac{1}{3}\left(1+\mathrm{e}^x\right)^3\Big|_0^{\ln 2}=\frac{19}{3}$

（3）方法一：令$t=\sin x$，则$\mathrm{d}t=\cos x\mathrm{d}x$，$x:0\to\frac{\pi}{2},t:0\to 1$，则

$$\int_0^{\frac{\pi}{2}}\sin^2 x\cos x\mathrm{d}x=\int_0^1 t^2\mathrm{d}t=\frac{1}{3}t^3\Big|_0^1=\frac{1}{3}$$

方法二：$\int_0^{\frac{\pi}{2}}\sin^2 x\cos x\mathrm{d}x=\int_0^{\frac{\pi}{2}}\sin^2 x\mathrm{d}(\sin x)=\frac{1}{3}\sin^3 x\Big|_0^{\frac{\pi}{2}}=\frac{1}{3}$

说明：方法一对应了不定积分的第二换元法，换元必须换积分上下限；方法二对应了不定积分的第一换元积分法，由于积分变量没有变，故不需要换积分上下限.

定理 2 如果$f(x)$在$[a,b]$上连续且是偶函数，则$\int_{-a}^a f(x)\,\mathrm{d}x=2\int_0^a f(x)\,\mathrm{d}x$；

如果$f(x)$在$[a,b]$上连续且是奇函数，则$\int_{-a}^a f(x)\,\mathrm{d}x=0$.

例 2 计算$\int_{-1}^1\left(x^3-3x^2+\sin x^3\right)\mathrm{d}x$.

解 x^3和$\sin x^3$均为奇函数

所以$\int_{-1}^{1}\left(x^3-3x^2+\sin x^3\right)\mathrm{d}x=-3\int_{-1}^{1}x^2\mathrm{d}x=-2$

5.3.2　分部积分法

定理 3　设函数$u(x)$、$v(x)$在$[a,b]$上有连续的导数$u'(x)$、$v'(x)$，则

$$\int_a^b u(x)\,\mathrm{d}[v(x)]=[u(x)v(x)]\Big|_a^b-\int_a^b v(x)\,\mathrm{d}[u(x)]$$

例 3　计算下列定积分.

（1）$\int_0^{\frac{\pi}{2}}x\sin x\mathrm{d}x$；（2）$\int_1^{\mathrm{e}}x\ln x\mathrm{d}x$；（3）$\int_0^1\mathrm{e}^{\sqrt{x}}\mathrm{d}x$.

解

（1）$\int_0^{\frac{\pi}{2}}x\sin x\mathrm{d}x=\int_0^{\frac{\pi}{2}}x\mathrm{d}(-\cos x)=-x\cos x\Big|_0^{\frac{\pi}{2}}+\int_0^{\frac{\pi}{2}}\cos x\mathrm{d}x$

$$=(-x\cos x+\sin x)\Big|_0^{\frac{\pi}{2}}=1$$

（2）$\int_1^{\mathrm{e}}x\ln x\mathrm{d}x=\int_1^{\mathrm{e}}\ln x\mathrm{d}\left(\frac{1}{2}x^2\right)=\frac{1}{2}x^2\ln x\Big|_1^{\mathrm{e}}-\int_1^{\mathrm{e}}\frac{1}{2}x\mathrm{d}x=\frac{1}{2}\mathrm{e}^2-\frac{1}{4}x^2\Big|_1^{\mathrm{e}}$

$$=\frac{1}{2}\mathrm{e}^2-\frac{1}{4}\mathrm{e}^2+\frac{1}{4}=\frac{\mathrm{e}^2+1}{4}$$

（3）令$\sqrt{x}=t$，则$x=t^2$， $\mathrm{d}x=2t\mathrm{d}t$， $x:0\to1,t:0\to1$

$$\int_0^1\mathrm{e}^{\sqrt{x}}dx=2\int_0^1 t\mathrm{e}^t\mathrm{d}t=2\int_0^1 t\mathrm{d}(\mathrm{e}^t)=(2t\mathrm{e}^t)\Big|_0^1-2\int_0^1\mathrm{e}^t\mathrm{d}t=2\mathrm{e}-2\mathrm{e}^t\Big|_0^1=2$$

本节讨论的定积分的换元法与分部积分法和不定积分对应的方法相比，其涉及的函数类型、解题技巧等方面大致相同．因此，以前在计算不定积分时所积累的经验和技巧大都可以用在定积分的计算中．

5.4　无限区间上的广义积分

前面我们讨论的积分，有两个最基本的约束条件，积分区间的有限性和被积函数的有界性，但在某些问题中却突破了这些约束，需要考虑无穷区间上的积分或对无界函数的积分．这类积分被称为广义积分．

定义　设函数$f(x)$在区间$[a,+\infty)$上连续，取$b>a$，则称$\lim\limits_{b\to+\infty}\int_a^b f(x)\mathrm{d}x$为函数$f(x)$

在$[a,+\infty)$上的广义积分，记作$\int_a^{+\infty} f(x)\,\mathrm{d}x$，即

$$\int_a^{+\infty} f(x)\,\mathrm{d}x=\lim_{b\to+\infty}\int_a^b f(x)\,\mathrm{d}x$$

如果$\lim\limits_{b\to+\infty}\int_a^b f(x)\,\mathrm{d}x$存在，称$\int_a^{+\infty} f(x)\,\mathrm{d}x$收敛；否则称$\int_a^{+\infty} f(x)\,\mathrm{d}x$发散.

类似地，可以定义下限为负无穷大或者上下限都是无穷大的广义积分：

$$\int_{-\infty}^b f(x)\mathrm{d}x=\lim_{a\to-\infty}\int_a^b f(x)\mathrm{d}x,$$

$$\int_{-\infty}^{+\infty} f(x)\,\mathrm{d}x=\int_{-\infty}^0 f(x)\mathrm{d}x+\int_0^{+\infty} f(x)\mathrm{d}x=\lim_{a\to-\infty}\int_a^0 f(x)\mathrm{d}x+\lim_{b\to+\infty}\int_0^b f(x)\mathrm{d}x.$$

上述广义积分统称为无限区间上的广义积分.

若$F(x)$是连续函数$f(x)$的一个原函数，记

$$F(+\infty)=\lim_{x\to+\infty}F(x),\quad F(-\infty)=\lim_{x\to-\infty}F(x)$$

则

$$\int_a^{+\infty} f(x)\mathrm{d}x=\mathrm{F}(x)\Big|_a^{+\infty}=F(+\infty)-F(a)$$

$$\int_{-\infty}^b f(x)\mathrm{d}x=\mathrm{F}(x)\Big|_{-\infty}^{b}=F(b)-F(-\infty)$$

$$\int_{-\infty}^{+\infty} f(x)\mathrm{d}x=\mathrm{F}(x)\Big|_{-\infty}^{+\infty}=F(+\infty)-F(-\infty)$$

在计算广义积分时，利用牛顿—莱布尼茨公式是无法直接代入的，但形式上也可以用牛顿—莱布尼茨公式的格式，形式上把∞当作一个数.

例 1 计算$\int_{-\infty}^0 \mathrm{e}^x\mathrm{d}x$.

解 $\int_{-\infty}^0 \mathrm{e}^x\mathrm{d}x=\lim\limits_{a\to-\infty}\int_a^0 \mathrm{e}^x\mathrm{d}x=\lim\limits_{a\to-\infty}\mathrm{e}^x\Big|_a^0=\lim\limits_{a\to-\infty}\left(1-\mathrm{e}^a\right)=1$

例 2 计算$\int_{-\infty}^{+\infty}\frac{1}{1+x^2}\mathrm{d}x$.

解 $\int_{-\infty}^{+\infty}\frac{1}{1+x^2}\mathrm{d}x=\int_{-\infty}^0\frac{1}{1+x^2}\mathrm{d}x+\int_0^{+\infty}\frac{1}{1+x^2}\mathrm{d}x$

$$= \arctan\Big|_{-\infty}^{0} + \arctan\Big|_{0}^{+\infty}$$

$$=0 - \lim_{a\to-\infty} \arctan a + \lim_{b\to+\infty} \arctan b - 0$$

$$=\frac{\pi}{2}+\frac{\pi}{2}=\pi$$

例 3　计算 $\int_0^{+\infty} xe^{-x}dx$.

解　$\int_0^{+\infty} xe^{-x}dx = -\int_0^{+\infty} xd(e^{-x}) = -xe^{-x}\Big|_0^{+\infty} + \int_0^{+\infty} e^{-x}dx = (-xe^{-x} - e^{-x})\Big|_0^{+\infty}$

$$= \lim_{x\to+\infty}\left(-xe^{x} - e^{-x}\right) - (-1) = 1$$

例 4　讨论广义积分 $\int_a^{+\infty} \frac{1}{x^p}dx$ 的敛散性（其中 $a>0, p>0$）.

解　当 p=1 时，$\int_a^{+\infty} \frac{1}{x}dx = \ln x\Big|_a^{+\infty} = +\infty$

当 $p \neq 1$ 时，$\int_a^{+\infty} \frac{1}{x^p}dx = \frac{1}{1-p}x^{1-p}\Big|_a^{+\infty} = \lim_{b\to+\infty}\frac{b^{1-p}}{1-p} - \frac{a^{1-p}}{1-p}$

$$= \begin{cases} -\dfrac{a^{1-p}}{1-p}, & p>1 \\ +\infty, & 0<p<1 \end{cases}$$

所以广义积分 $\int_a^{+\infty} \frac{1}{x^p}dx\,(a>0)$ 当 $p>1$ 时收敛，当 $0<p\leqslant 1$ 时发散.

5.5　定积分的应用

定积分是在研究实际问题中产生和发展的，因此它的应用非常广泛．本节主要介绍它在几何和经济学方面的简单应用.

5.5.1　平面图形的面积

由定积分的几何意义可以知道，当 $f(x)\geqslant 0$ 时，定积分 $\int_a^b f(x)dx$ 表示曲边梯形的面积；

当 $f(x)\leqslant 0$ 时，定积分 $\int_a^b f(x)\mathrm{d}x$ 的负值表示曲边梯形面积．下面介绍更一般的情况．

（1）由上、下两条曲线 $y=f(x)$，$y=g(x)$ 及直线 $x=a,x=b$ 所围成的平面图形的面积为：$A=\int_a^b\left|f(x)-g(x)\right|\mathrm{d}x$（图 5-7）．

（2）由左、右两条曲线 $x=\varphi(y),x=\psi(y)$ 及直线 $y=c,y=d$ 所围成的平面图形的面积为：$A=\int_c^d\left|\varphi(y)-\psi(y)\right|\mathrm{d}y$（图 5-8）．

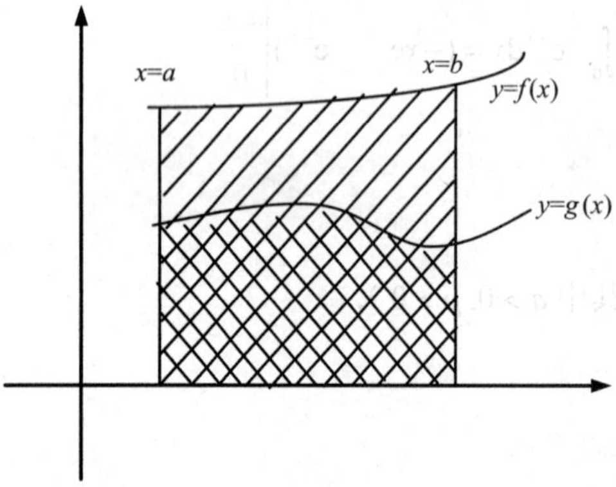

图 5-7

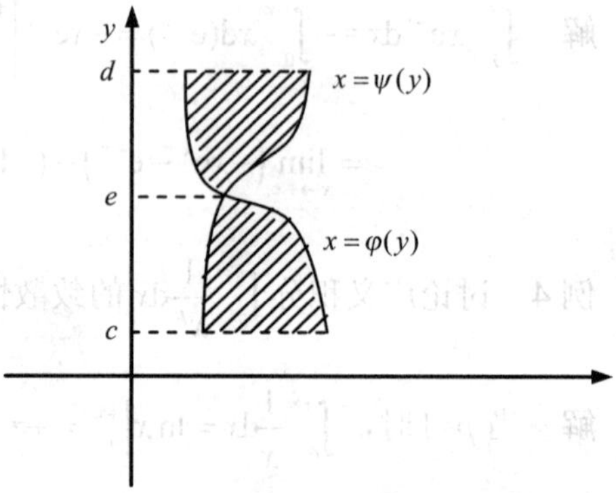

图 5-8

例 1 求由曲线 $y=x^2-4$ 和直线 $x=4$ 及 x 轴，y 轴所围成的平面图形的面积．

解 如图 5-9 示，在区间 $[0,4]$ 上，由于 $f(2)=0$，故曲线 $y=x^2-4$ 在 $x=2$ 处穿过 x 轴．当 $x\in[0,2]$ 时 $f(x)\leqslant 0$；当 $x\in[2,4]$ 时 $f(x)\geqslant 0$．

根据公式，所求图形的面积为：

$$
\begin{aligned}
S&=S_1+S_2\\
&=-\int_0^2\left(x^2-4\right)\mathrm{d}x+\int_2^4\left(x^2-4\right)\mathrm{d}x\\
&=-\left(\frac{x^3}{3}-4x\right)\Bigg|_0^2+\left(\frac{x^3}{3}-4x\right)\Bigg|_2^4\\
&=-\left(\frac{8}{3}-8\right)+\left(\frac{64}{3}-16\right)-\left(\frac{8}{3}-8\right)\\
&=16
\end{aligned}
$$

例 2 求由两抛物线 $y=x^2$ 与 $x=y^2$ 所围成图形的面积 S．

解 解方程组 $\begin{cases}y=x^2\\x=y^2\end{cases}$ 得交点坐标 $(0,0)$ 和 $(1,1)$，如图 5-10 所示．

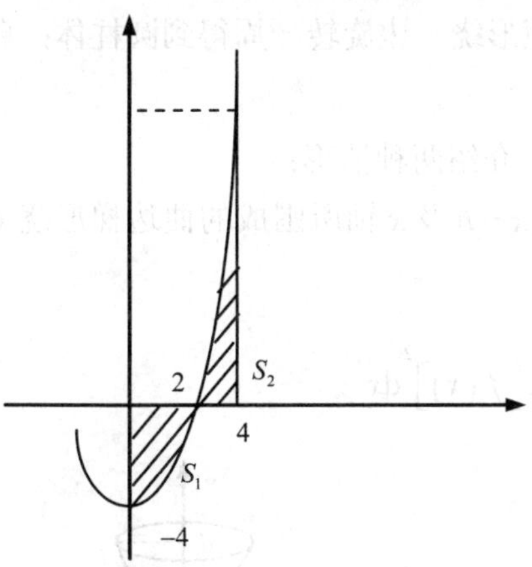

图 5-9

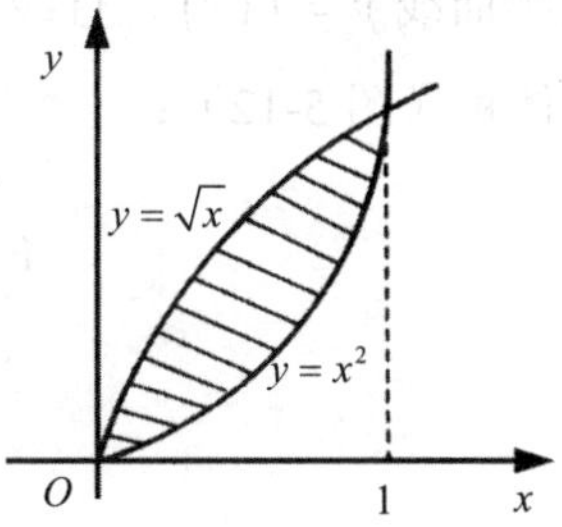

图 5-10

选 x 为积分变量，所以，所求图形的面积为：

$$S=\int_0^1\left(\sqrt{x}-x^2\right)\mathrm{d}x=\left(\frac{2}{3}x^{\frac{3}{2}}-\frac{1}{3}x^3\right)\Bigg|_0^1=\frac{1}{3}.$$

例 3　求由抛物线 $y^2=2x$ 与直线 $y=x-4$ 所围成图形的面积 S .

解　由方程组 $\begin{cases}y^2=2x\\y=x-4\end{cases}$ 得抛物线与直线的交点 $(2,-2)$ 及 $(8,4)$，如图 5-11 所示.

取 y 为积分变量，则所求面积为：

$$S=\int_{-2}^4\left[(y+4)-\frac{y^2}{2}\right]\mathrm{d}y=\left[\frac{y^2}{2}+4y-\frac{y^3}{6}\right]\Bigg|_{-2}^4=18$$

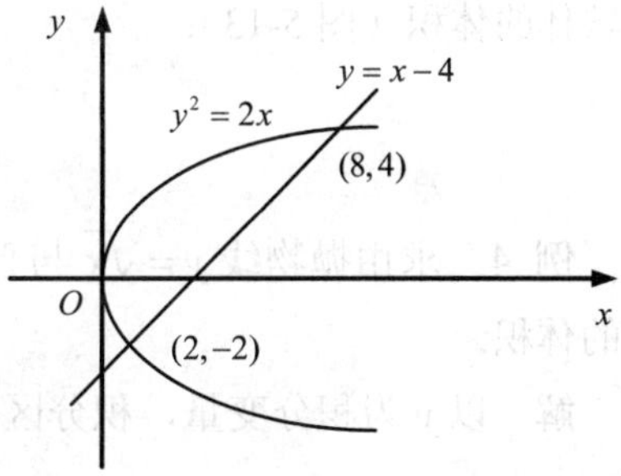

图 5-11

该例也可选取 x 为积分变量，但会比较麻烦一些.

由以上各题可总结出求若干条曲线围成的平面图形面积的步骤：

（1）画草图：在平面直角坐标系中，画出各条曲线，确定围成的平面区域.

（2）求交点：求解每两条曲线方程所构成的方程组，得到各交点的坐标.

（3）求面积：选择恰当的积分变量，确定积分的上限、下限，列式计算出平面图形的面积.

5.5.2 旋转体的体积

旋转体是一个平面图形绕这平面内的一条直线旋转一周而成的立体，这条直线叫作旋转轴．例如，圆绕直径旋转一周得到球，矩形绕一边旋转一周得到圆柱体；直角三角形绕直角边旋转一周得到圆锥．

如何用定积分计算旋转体的体积，以下介绍两种情形：

（1）由连续曲线 $y=f(x)$、直线 $x=a,x=b$ 及 x 轴所围成的曲边梯形绕 x 轴旋转一周所得旋转体的体积（图 5-12）：

$$V=\int_a^b \pi\left[f(x)\right]^2 \mathrm{d}x$$

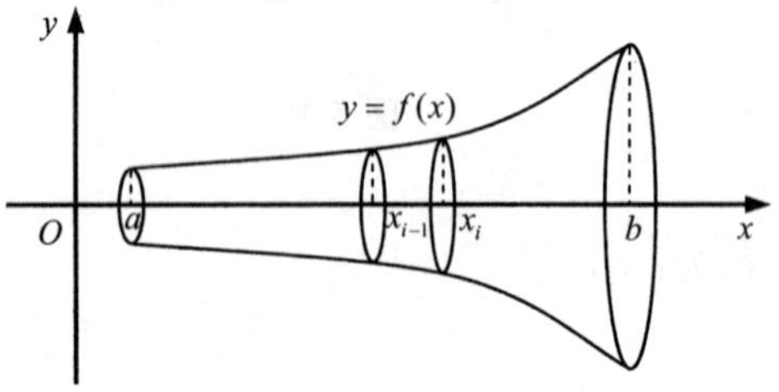

图 5-12

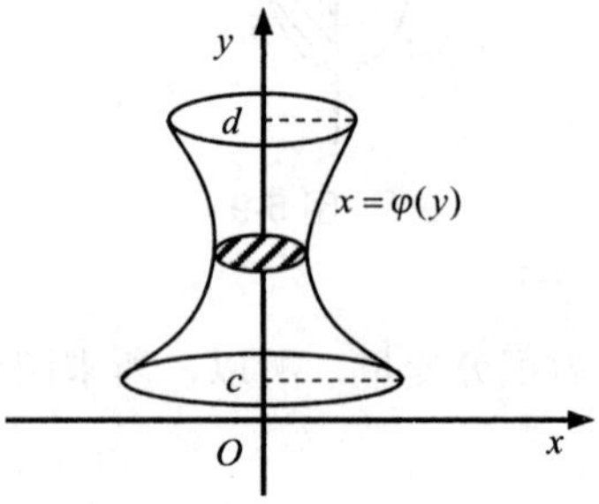

图 5-13

（2）由曲线 $x=\varphi(y)$，直线 $y=c,y=d$ 及 y 轴所成的曲边梯形绕 y 轴旋转一周所得的旋转体的体积（图 5-13）：

$$V=\int_c^d \pi\left[\varphi(y)\right]^2 \mathrm{d}y$$

例 4 求由抛物线 $y=\sqrt{x}$ 与直线 $y=1$ 和 y 轴围成的平面图形绕 y 轴旋转而成的旋转体的体积．

解 以 y 为积分变量，积分区间为 $(0,1)$，旋转曲线为 $x=y^2$，所求体积

$$V=\int_0^1 \pi y^4 \mathrm{d}y=\pi\left.\frac{y^5}{5}\right|_0^1=\frac{\pi}{5}$$

例 5 如图 5-14 所示，求抛物线 $y^2=8x(y>0)$ 与直线 $x+y-6=0$ 及 $y=0$ 所围成的图形绕 x 轴旋转一周所得几何体的体积．

解 解方程组 $\begin{cases} y^2=8x(y>0) \\ x+y-6=0 \end{cases}$ 得 $\begin{cases} x=2 \\ y=4 \end{cases}$

$y^2=8x$ 与 $x+y-6=0$ 的交点坐标为 $(2,4)$，以 x 为积分变量，所求几何体的体积为曲边 $y=\sqrt{8x}$ 在区间 $(0,2)$ 上绕 x 轴旋转一周的体积与曲边 $y=6-x$ 在区间 $(2,6)$ 上绕轴旋转一周的体积之和：

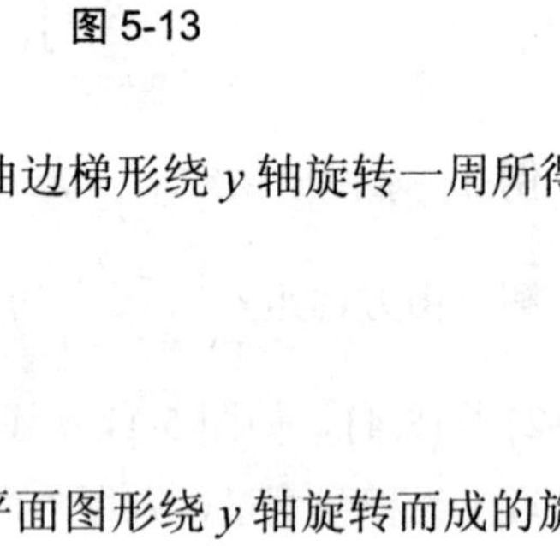

图 5-14

$$V=\int_0^2 \pi\left(\sqrt{8x}\right)^2 \mathrm{d}x+\int_2^6 \pi(6-x)^2 \mathrm{d}x=16\pi+\frac{64}{3}\pi=\frac{112}{3}\pi$$

5.5.3 定积分在经济中的应用

对已知经济函数 $F(x)$[如需求函数 $Q(p)$、总成本函数 $C(p)$、总收入函数 $R(q)$ 和利润函数 $L(q)$ 等]，求它的边际函数就是求它的导函数 $F'(x)$. 若已知边际函数 $F'(x)$，求不定积分 $\int F'(x)\mathrm{d}x$，可求得原经济函数 $F(x)=\int F'(x)\mathrm{d}x$. 其中积分常数 C 由 $F(0)=F_0$ 的具体条件确定.

也可以由牛顿—莱布尼茨公式 $\int_0^x F'(x)\mathrm{d}x=F(x)-F(0)$ 移项，从而由变上限定积分求得原经济函数 $F(x)=\int_0^x F'(x)\mathrm{d}x+F(0)$.

例 6 若一企业生产某产品的边际成本是产量 q 的函数 $C'(q)=2\mathrm{e}^{0.2q}$，其固定成本是 $C_0=90$，求总成本函数.

解 $C(q)=\int C'(q)\mathrm{d}q=\int 2\mathrm{e}^{0.2q}\mathrm{d}q=\frac{2}{0.2}\mathrm{e}^{0.2q}+C$

将条件 $C_0=90$ 即 $q=0$ 时 $C(0)=90$ 代入上式两边，解得 $C=80$.

于是，总成本函数 $C(q)=10\mathrm{e}^{0.2q}+80C(q)=10\mathrm{e}^{0.2q}+80$.

例 7 已知生产某产品 q 单位时的边际收入为 $R'(q)=100-2q$（元/单位），求生产 40 单位时的总收入及平均收入，并求再增加 10 个单位时所增加的总收入.

解 因为 $R(q)=\int_0^q R'(q)\mathrm{d}q$

所以 $R(40)=\int_0^{40}(100-2q)dq=\left(100q-q^2\right)\Big|_0^{40}=2\,400$（元）

平均收入是 $\frac{R(40)}{40}=\frac{2\,400}{40}=60$（元）

在生产 40 单位后再生产 10 单位所增加的总收入

$$\begin{aligned}\Delta R&=R(50)-R(40)\\&=\int_{40}^{50}R'(q)\mathrm{d}q=\int_{40}^{50}(100-2q)\,\mathrm{d}q\\&=\left(100q-q^2\right)\Big|_{40}^{50}=100\text{（元）}.\end{aligned}$$

本章小结

本章内容是微分运算的逆运算的一个补充．如果说不定积分是微分运算的一个侧面的话，定积分则是它的另一个侧面．定积分是一种具有特定结构的和式的极限．这样一个问题是人们在解决实际问题时总结、提炼出来的．著名的牛顿—莱布尼茨公式把计算一个函数的定积分归结为寻求该函数的原函数问题，这样就使微分和积分建立了联系．

1．定积分的概念

教材中从求曲边梯形的面积出发，按照分割、近似求和、取极限的步骤，把它归结为求和式的极限．这种思想方法代表了一类问题的解决方法，抛开具体含义，将这种和式的极限称为定积分，即 $\int_a^b f(x)\,\mathrm{d}x=\lim\limits_{\lambda\to 0}\sum\limits_{i=1}^{n} f(\xi_i)\Delta x_i$．

若定积分存在，则与区间 (a,b) 的分割方法和 ξ_i 的选取无关，只与积分区间和被积函数有关．从定积分的定义看，它与不定积分是没有联系的，但后面的微积分基本定理揭示了二者之间的关系．

2．变上限定积分

设函数 $f(x)$ 在区间 $[a,b]$ 内连续，对于 $x\in[a,b]$，显然 $\int_a^x f(x)\mathrm{d}x$ 存在．为了方便起见，将 $\int_a^x f(x)\mathrm{d}x$ 表示为 $\int_a^x f(t)\mathrm{d}t$．

对于 x 在 $[a,b]$ 的每一个值，都有一个定积分值与之相对应，这样定积分值 $\int_a^x f(t)\mathrm{d}t$ 与自变量 x 构成了一种函数关系，称为变上限定积分函数，

记作 $\Phi(x)=\int_a^x f(t)\,\mathrm{d}t \qquad (x\in[a,b])$

由于 $\Phi'(x)=\left[\int_a^x f(t)\mathrm{d}t\right]'=f(x)$，所以 $\Phi(x)$ 是被积函数的一个原函数，这也解决了原函数存在的问题．

3．微积分基本定理

设 $f(x)$ 在 $[a,b]$ 上连续，$F(x)$ 是 $f(x)$ 在 $[a,b]$ 上的一个原函数，则

$$\int_a^b f(x)\mathrm{d}x=F(b)-F(a)$$

这就是微积分基本公式，也就是说定积分等于被积函数的一个原函数在积分上下限处函数值的差，这样解决定积分的核心问题就归结为求被积函数的一个原函数问题．

4．定积分的计算

微积分基本公式把定积分问题和不定积分问题密切联系起来，大大加快了定积分的推

广与应用. 求不定积分的方法同样在定积分的计算中适用. 对应的有定积分的换元积分法和分部积分法. 需要注意的是在使用换元法时，积分限要变为新变量的积分限.

5. 广义积分

无穷区间上的广义积分原则上是把它转化为一个变限定积分，再通过求极限的方法确定该广义积分是否收敛. 在广义积分收敛时就求出了它的值.

6. 定积分的应用

定积分在几何、物理学、工程技术及经济方面有着广泛的作用. 在求平面图形的面积和旋转体的体积时，要注意找出交点，合理选取积分变量和积分区间是关键.

阅读材料

著名数学家——莱布尼茨

莱布尼茨

戈特弗里德·威廉·莱布尼茨（Gottfried Wilhelm Leibniz, 1646—1716 年），德国哲学家、数学家。涉及的领域有法学、力学、光学、语言学等 40 多个范畴，被誉为 17 世纪的亚里士多德。莱布尼茨是 17 世纪、18 世纪之交德国最重要的数学家、物理学家和哲学家，一个举世罕见的科学天才，和牛顿同为微积分的创建人。他博览群书、涉猎百科，对丰富人类的科学知识宝库做出了不可磨灭的贡献。

1646 年 7 月 1 日，莱布尼茨出生于德国东部莱比锡的一个书香之家，父亲弗里德希·莱布尼茨是莱比锡大学的道德哲学教授，母亲凯瑟琳娜·施马克出身于教授家庭，虔信路德新教。1661 年，15 岁的莱布尼茨进入莱比锡大学学习法律，一进校便跟上了大学二年级标准的人文学科的课程，他还抓紧时间学习哲学和科学。1663 年 5 月，他以《论个体原则方面的形而上学争论》一文获学士学位。这期间莱布尼茨还广泛阅读了培根、开普勒、伽利略等人的著作，并对他们的著述进行深入的思考和评价。在听了欧几里得的《几何原本》的课程后，莱布尼茨对数学产生了浓厚的兴趣。

17 世纪下半叶，欧洲科学技术迅猛发展，由于生产力的提高和社会各方面的迫切需要，经各国科学家的努力与历史的积累，建立在函数与极限概念基础上的微积分理论应运而生了。

微积分思想，最早可以追溯到希腊由阿基米德等人提出的计算面积和体积的方法。1665 年牛顿创始了微积分，莱布尼茨在 1673—1676 年也发表了微积分思想的论著。

只有莱布尼茨和牛顿将积分和微分真正沟通起来，明确地找到了两者内在的直接联系：微分和积分是互逆的两种运算，而这是微积分建立的关键所在。只有确立了这一基本关系，才能在此基础上构建系统的微积分学，并从对各种函数的微分和求积公式中，总结出共同的算法程序，使微积分方法普遍化，发展成用符号表示的微积分运算法则。因此，微积分“是牛顿和莱布尼茨大体上完成的，但不是由他们发明的”。

然而关于微积分创立的优先权，在数学史上曾掀起了一场激烈的争论。实际上，牛顿在微积分方面的研究虽早于莱布尼茨，但莱布尼茨成果的发表却早于牛顿。

莱布尼茨 1684 年 10 月在《教师学报》上发表的论文《一种求极大极小的奇妙类型的计算》，是最早的微积分文献。这篇仅有六页的论文，内容并不丰富，说理也颇含糊，但却有着划时代的意义。

牛顿在三年后，即 1687 年出版的《自然哲学的数学原理》的第一版和第二版也写道：“十年前在我和最杰出的几何学家莱布尼茨的通信中，我表明我已经知道确定极大值和极小值的方法、做切线的方法以及类似的方法，但我在交换的信件中隐瞒了这方法，……这位最卓越的科学家在回信中写道，他也发现了一种同样的方法。他叙述了他的方法，它与我的方法几乎没有什么不同，除了他的措辞和符号以外”。

因此，后来人们公认牛顿和莱布尼茨是各自独立地创建微积分的。莱布尼茨在数学方面的成就是巨大的，他的研究及成果渗透到高等数学的许多领域。他的一系列重要数学理论的提出，为后来的数学理论奠定了基础。

莱布尼茨一生没有结婚，没有在大学当教授。他平时从不进教堂，因此他有一个绰号——Lovenix，即什么也不信的人。他去世时教士以此为借口，不予理睬，曾雇用过他的宫廷也不过问，无人前来吊唁。弥留之际，陪伴他的只有他信任的大夫和他的秘书艾克哈特。艾克哈特发出讣告后，法国科学院秘书封登纳尔在科学院例会时向莱布尼茨这位外国会员致了悼词。1793 年，汉诺威人为他建立了纪念碑；1883 年，在莱比锡的一座教堂附近竖起了他的一座立式雕像；1983 年，汉诺威市政府照原样重修了被毁于第二次世界大战中的“莱布尼茨故居”，供人们瞻仰。

习题 5

1．利用定积分的几何意义，计算下列定积分．

（1）$\int_{-2}^{1} 3\mathrm{d}x$；（2）$\int_{0}^{2}\sqrt{4-x^2}\mathrm{d}x$；（3）$\int_{0}^{4}(x+3)\mathrm{d}x$；（4）$\int_{-1}^{5}(2-x)\mathrm{d}x$．

2．利用定积分的性质，比较下列定积分的大小

（1）$\int_0^1 x\mathrm{d}x$ 和 $\int_0^1 \sin x\mathrm{d}x$；（2）$\int_0^1 x^2\mathrm{d}x$ 和 $\int_0^1 x^3\mathrm{d}x$．

3．求下列函数的导数

（1）$\Phi(x)=\int_0^x \frac{\sin t^2}{\sqrt{1+t^2}}\mathrm{d}t$；（2）$\Phi(x)=\int_0^x t\mathrm{e}^{-t^2}\mathrm{d}t$；

（3）$\Phi(x)=\int_{x^2}^{-1} \frac{\mathrm{e}^{t^2}+1}{t}\mathrm{d}t$；（4）$\Phi(x)=\int_1^x \frac{\mathrm{e}^{\frac{1}{t}}}{t}\mathrm{d}t$．

4．求由 $\int_0^y \mathrm{e}^t\mathrm{d}t+\int_0^x \cos t\mathrm{d}t=0$ 所决定的隐函数 y 对 x 的导数 $\frac{\mathrm{d}y}{\mathrm{d}x}$．

5．判定下列各广义积分的收敛性，如果收敛，计算其值．

（1）$\int_0^{+\infty} \mathrm{e}^x\mathrm{d}x$；（2）$\int_{-\infty}^{+\infty} \frac{1}{1+x^2}\mathrm{d}x$；

（3）$\int_0^{+\infty} \frac{1}{\sqrt{\mathrm{e}^x}}\mathrm{d}x$；（4）$\int_0^{+\infty} x\mathrm{e}^{-x^2}\mathrm{d}x$．

6．计算下列定积分．

（1）$\int_0^1 \frac{x^2}{x^2+1}\mathrm{d}x$；（2）$\int_0^3 |2-x|\,\mathrm{d}x$；

（3）$\int_{\frac{\pi}{3}}^{\pi} \sin\left(x+\frac{\pi}{3}\right)\mathrm{d}x$；（4）$\int_0^2 (x-\sqrt{3})(x+\sqrt{3})\,\mathrm{d}x$；

（5）$\int_0^{\pi} \cos^2\frac{x}{2}\,\mathrm{d}x$；（6）$\int_1^{\mathrm{e}} \frac{2+\ln x}{x}\,\mathrm{d}x$；

（7）$\int_0^1 x\mathrm{e}^{-\frac{x^2}{2}}\mathrm{d}x$；（8）$\int_0^1 \frac{x^2}{1+x^6}\mathrm{d}x$；

（9）$\int_1^{\mathrm{e}^2} \frac{1}{x\sqrt{1+\ln x}}\mathrm{d}x$；（10）$\int_0^{\ln 2} \mathrm{e}^x\left(1+\mathrm{e}^x\right)^2\mathrm{d}x$；

（11）$\int_0^1 x\mathrm{e}^x\mathrm{d}x$；（12）$\int_0^{\frac{\pi}{2}} x\cos x\mathrm{d}x$；

（13）$\int_1^2 \ln x\mathrm{d}x$；（14）$\int_0^1 \arctan x\mathrm{d}x$；

（15）$\int_0^4 \frac{1}{1+\sqrt{x}} dx$.

7．设 $f(x)$ 是连续函数，且 $f(x)=x+2\int_0^1 f(t)dt$ ，求 $f(x)$.

8．求函数 $F(x)=\int_0^x t(t-4)dt$ 在 $[-1,5]$ 上的最大值与最小值.

9．求下列平面图形的面积.

（1）求由曲线 $xy=1$ 及直线 $y=x$ ，$y=3$ 所围成的平面图形的面积 A .

（2）求抛物线 $y^2=2x$ 与直线 $y=4-x$ 围成的平面图形的面积 A .

（3）求抛物线 $y=3-x^2$ 与直线 $y=2x$ 围成的平面图形的面积 A .

（4）求由曲线 $y=e^x$ ，$y=e^{-x}$ 以及直线 $x=1$ 围成的平面图形的面积 A .

10．已知某产品的边际成本函数 $C'(q)=6+\frac{1}{2}q$ （单位：万元/百台），固定成本 $C_0=5$ （单位：万元），边际收入函数为 $R'(q)=12-q$ （万元），求

（1）总成本函数 $C(x)$ 、总收入函数 $R(x)$ ，总利润函数 $L(x)$ ？

（2）当生产量由 2 百台，增加到 4 百台时，总成本的改变量是多少？

（3）当销售量为何值时，利润最大，最大利润是多少？

（4）在最大利润的基础上，再增加 3 百台，利润如何变化？

自测题 5

一、单项选择题（每小题 3 分，共 21 分）

1．下列结论错误的是（ ）.

A. $\int_a^a f(x)dx=0$ B. $\int_a^b f(x)dx=\int_b^a f(x)dx$

C. $\int_a^b dx=b-a$ D. $(\int_1^4 e^x \sin x dx)'=0$

2．设函数 $f(x)$ 在区间 $[a,b]$ 上连续，则 $\int_a^b f(x)dx-\int_a^b f(t)dt$ （ ）.

A.小于零 B.等于零 C.大于零 D.不确定

3．在定积分的区间可加性 $\int_a^b f(x)dx=\int_a^c f(x)dx+\int_c^b f(x)dx$ 中，c 的取值（ ）.

A.必有 $a<c<b$ B.必有 $b<c<a$ C.只能为零 D.可为任意一个实数

4．已知 $\int_0^x f(t)dt=1+\sin^2 x$ ，则 $f(x)=$（ ）.

A. $\cos^2 x$ B. $2\cos x$ C. $\sin 2x$ D. $\cos 2x$

5．如果 $\int_0^x f(t)dt=x\sin x$ ，则 $f(x)=$（ ）.

A. $\sin x + x\cos x$　　B. $\sin x - x\cos x$

C. $-\sin x + x\cos x$　　D. $-\sin x - x\cos x$

二、填空题（每小题 3 分，共 15 分）

1．定积分 $\int_{-1}^{1}(3x^2+4\sin x)\,dx$ 的值为__________.

2．已知函数 $f(x)$ 在闭区间 $[0,1]$ 上有连续的二阶导数，且 $f(0)=1, f(1)=2, f'(1)=3$, 则定积分 $\int_0^1 f''(x)dx$ 的值为__________.

3．设函数 $f(x)=x-\int_0^1 e^x f(x)dx$，则 $\int_0^1 e^x f(x)dx$ 的值为__________.

4．若 $\int_{-\infty}^{0} e^{\alpha x}dx=\frac{1}{3}$，则 $\alpha=$__________.

5．由 $\int_0^y e^t dt+\int_0^x \cos t dt=0$ 所确定的隐函数对 x 的导数 $\frac{dy}{dx}$ __________.

三、计算题（每小题 6 分，共 48 分）

1．$\int_0^{\frac{\pi}{2}}\frac{1-\sin x}{x+\cos x}dx$；　2. $\int_0^{\ln 2}\frac{e^x}{1+e^{2x}}dx$；　3. $\int_1^{\sqrt{3}}\frac{1}{\sqrt{4-x^2}}dx$；

4．$\int_1^2\frac{\sqrt{x-1}}{x}dx$；　5. $\int_0^1 \ln(1+x^2)dx$；　6. $\int_{\frac{1}{2}}^1 e^{\sqrt{2x-1}}dx$；

7．$\int_0^{\frac{\pi}{2}}\sin 2x dx$；　8. $\int_0^{\frac{\pi}{3}}\tan^2 x dx$.

四、解答题（每小题 6 分，共 12 分）

1．求由曲线 $xy+1=0$ 与直线 $y+x=0$ 及 $y=2$ 围成的有界区域的面积.

2．由曲线 $y=\frac{4}{x}$ 和直线 $y=x$ 及 $y=4x$ 在第一象限中围成的平面图形的面积是多少？

综合提高题 5

一、单项选择题

1．函数 $f(x)$ 在区间 $[a,b]$ 上连续是 $f(x)$ 在区间 $[a,b]$ 上可积的（　）.

A.既非充分也非必要条件　　B.充分必要条件

C.充分条件　　D.必要条件

2．如果 $\int_0^1 e^x dx$ 与 $\int_0^1 e^{x^2}dx$ 相比，有关系式（　）成立.

A. $\int_0^1 e^x dx \leqslant \int_0^1 e^{x^2}dx$　B. $\int_0^1 e^x dx \geqslant \int_0^1 e^{x^2}dx$　C. $\int_0^1 e^x dx = \int_0^1 e^{x^2}dx$　D.以上都不成立

第 6 章　多元函数微积分

本章将在一元函数微积分的基础上，讨论多元函数的微积分及应用. 讨论中我们以二元函数为主. 多元函数微积分是一元函数的微积分的推广，所以多元函数微积分与一元函数微积分有许多相似的地方，但也有许多不同的地方，所以在学习这部分内容时，应特别注意它们的不同之处.

6.1　多元函数

6.1.1　区域

1．邻域的概念

设 $P_0(x_0, y_0)$ 是 xoy 平面上的一个点，δ 是某一正数，则点集 $\{P \| PP_0| < \delta\}$ 称为点 P_0 的 δ 邻域，记为 $U(P_0, \delta)$.

在几何上，$U(P_0, \delta)$ 就是 xoy 平面上以点 $P_0(x_0, y_0)$ 为中心，δ 为半径的圆的内部的点 $P(x, y)$ 的全体.

2．内点、开集

设 E 是平面上的一个点集，P 是平面上的一个点，如果存在点 P 的某一邻域 $U(P)$ 使 $U(P) \subset E$，则称 P 为 E 的内点（图 6-1）.

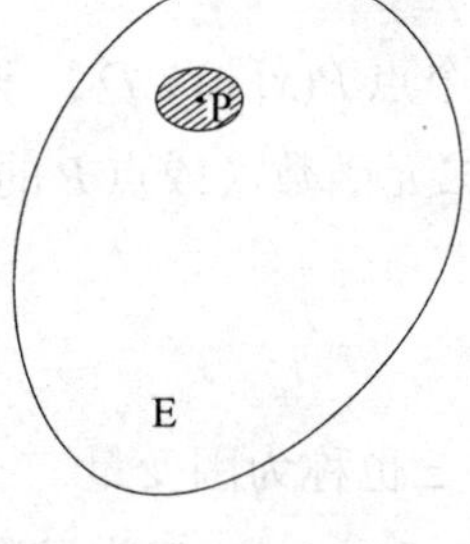

图 6-1

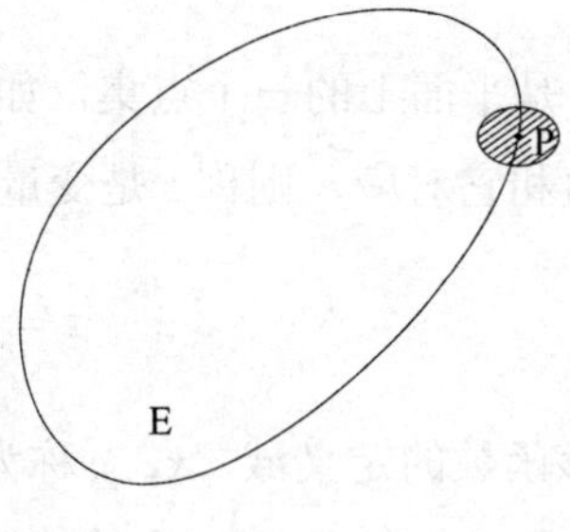

图 6-2

如果点集E的点都是内点，则称E为开集，如点集$\{(x, y)|1<x^2+y^2<4\}$就是一个开集.

3．边界点、边界

如果点P在任一邻域内既有属于E的点，也有不属于E的点（点P本身可以属于E，也可以不属于E），则称P为E的边界点（图 6-2）．E的边界点的全体称为E的边界，如点集$\{(x, y)|1<x^2+y^2<4\}$的边界为圆$x^2+y^2=1$与$x^2+y^2=4$.

4．开区域、闭区域

如果对于开集D内任何两点，都可用折线连接起来，且该折线上的点都属于D，则称D是连通的开集．连通的开集称为开区域（简称区域）．开区域连同它的边界一起，称为闭区域．如果区域延伸到无穷远处，则称为无界区域，否则称为有界区域.

6.1.2 二元函数概念

先看下例：

例 1 圆锥的体积V和它的底半径r，高h之间具有以下关系：

$$V=\frac{1}{3}\pi r^2 h$$

这里，当r，h在集合$\{(r, h)|r>0, h>0\}$内取一对值(r, h)时，V的对应值就随之确定了.

例 2 某厂一月份销售甲产品x件，乙产品y件，售价分别为每件 100 元和每件 80 元，则该厂一月份销售甲、乙两产品的销售收入为

$$R=100x+80y$$

这里，当x，y在集合$\{(x, y)|x>0, y>0, x\in Z, y\in Z\}$内取一对值$(x, y)$时，$R$的对应值就随之确定.

以上两个例子，虽然意义不同，但共性是相同的．一般地，我们可以得到如下的二元函数的定义.

定义 1 设D是平面上的一个点集，如果对于每个点$P(x, y)\in D$，变量z按照对应法则f总有确定的值和它对应，则称z是变量x，y的二元函数（或点P的函数），记作

$$z=f(x, y)$$

点集D称为该函数的定义域，x，y称为自变量，z也称为因变量.

二元函数$z=f(x, y)$在点(x_0, y_0)处的函数值记作$f(x_0, y_0)$．D为函数$z=f(x, y)$的定义域.

数集$\{z|z=f(x, y),(x, y)\in D\}$称为该函数的值域.

z 是 x，y 的函数，也可记为 $z=g(x,y)$，$z=\varphi(x,y)$ 等.

类似可定义三元函数 $u=f(x,y,z)$ 以及三元以上的函数．二元及二元以上的函数统称为多元函数.

例 3　设 $f(x,y)=x+2y$，求 $f(1,1)$，$f(1,0)$，$f(a,b)$，$f(2x,2y)$.

解　$f(1,1)=1+2\times1=3$

$f(1,0)=1+2\times0=1$

$f(a,b)=a+2b$

$f(2x,2y)=2x+2\cdot2y=2x+4y$

关于二元函数的定义域的求法与一元函数的定义域的求法是类似的．用算式表达的二元函数的定义域应使其算式有意义；在实际问题中应由实际问题决定．二元函数的定义域通常是平面上的一个区域.

例 4　求 $z=\sqrt{1-x^2-y^2}$ 的定义域.

解　根据函数本身存在的意义，x，y 必须满足 $1-x^2-y^2\geqslant0$，即 $x^2+y^2\leqslant1$；所以 $z=\sqrt{1-x^2-y^2}$ 的定义域为平面点集（图 6-3）.

$$D=\{(x,y)|x^2+y^2\leqslant1\}$$

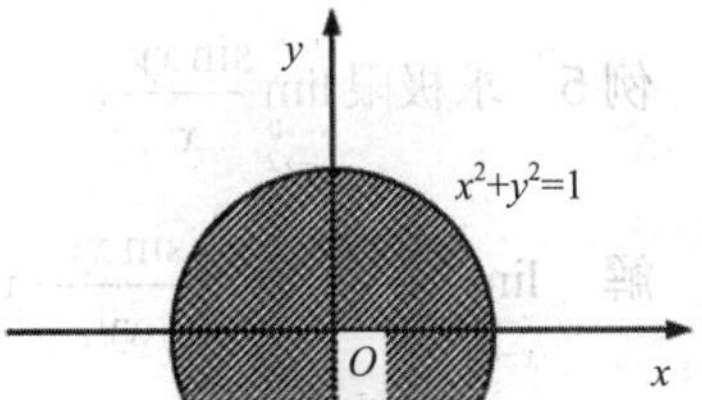

图 6-3

6.1.3　二元函数的图像

二元函数 $z=f(x,y)$ 的定义域通常是平面 xy 上的一个区域 D，对于 D 内的任一点 $P(x,y)$，按照 $z=f(x,y)$ 都可以找到一点 $M[x,y,f(x,y)]$ 与之对应，当 $P(x,y)$ 在 D 中变动时，点 $M[x,y,f(x,y)]$ 就在空间相应的变动，它的轨迹就是一个曲面，这个曲面就是二元函数 $z=f(x,y)$ 的图形．如 $z=\sqrt{4-x^2-y^2}$ 的图形就是以点 $(0,0,0)$ 为球心，2 为半径的上半球面，如图 6-4 所示.

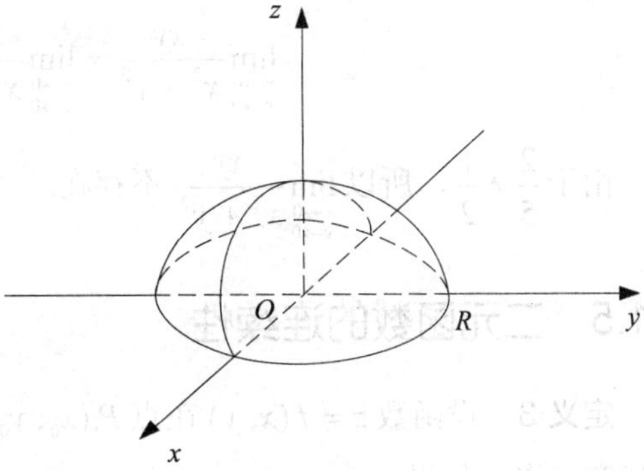

图 6-4

6.1.4　二元函数的极限

现在把一元函数的极限推广到二元函数.

定义 2 设函数 $z=f(x,y)$ 在点 $P_0(x_0,y_0)$ 的某一邻域内有定义（点 P_0 可除外），A 是一个常数，如果点 $P(x,y)$ 沿任意路径趋近于点 $P_0(x_0,y_0)$ 时，相应地 $f(x,y)$ 就无限趋近于常数 A，则称当 $P(x,y)$ 趋近于 $P_0(x_0,y_0)$ 时函数 $z=f(x,y)$ 以 A 为极限，记作

$$\lim_{\substack{x\to x_0\\ y\to y_0}} f(x,y)=A$$

由于点 $P(x,y)$ 可沿任意路径趋近于点 $P_0(x_0,y_0)$，故比一元函数极限 x 趋于 x_0 要复杂得多，有关一元函数极限的运算法则和定理，都可以推广到二元函数的极限. 但必须注意，如果 $P(x,y)$ 以某一特殊方式，例如，沿着一条定直线或定曲线趋于 $P_0(x_0,y_0)$ 时，即使函数无限地接近于某一确定值，我们也不能由此断定函数的极限存在. 但是反过来，如果当 $P(x,y)$ 以不同方式趋于 $P_0(x_0,y_0)$ 时，函数趋于不同值，那么就可以断定这函数的极限不存在.

例 5 求极限 $\lim\limits_{\substack{x\to 0\\ y\to 2}}\dfrac{\sin xy}{x}$.

解 $\lim\limits_{\substack{x\to 0\\ y\to 2}}\dfrac{\sin xy}{x}=\lim\limits_{\substack{x\to 0\\ y\to 2}}\dfrac{\sin xy}{xy}\cdot y=1\times 2=2$.

例 6 证明 $\lim\limits_{\substack{x\to 0\\ y\to 0}}\dfrac{xy}{x^2+y^2}$ 不存在.

证 当点 $P(x,y)$ 沿直线 $y=x$ 趋近于点 $(0,0)$ 时，有

$$\lim_{\substack{x\to 0\\ y\to 0}}\frac{xy}{x^2+y^2}=\lim_{\substack{x\to 0\\ y\to 0}}\frac{x^2}{x^2+x^2}=\lim_{\substack{x\to 0\\ y\to 0}}\frac{1}{2}=\frac{1}{2}$$

当点 $P(x,y)$ 沿直线 $y=2x$ 趋近于点 $(0,0)$ 时，有

$$\lim_{\substack{x\to 0\\ y\to 0}}\frac{xy}{x^2+y^2}=\lim_{\substack{x\to 0\\ y\to 0}}\frac{x\cdot 2x}{x^2+(2x)^2}=\lim_{\substack{x\to 0\\ y\to 0}}\frac{2}{5}=\frac{2}{5}$$

由于 $\dfrac{2}{5}\neq\dfrac{1}{2}$，所以 $\lim\limits_{\substack{x\to 0\\ y\to 0}}\dfrac{xy}{x^2+y^2}$ 不存在.

6.1.5 二元函数的连续性

定义 3 设函数 $z=f(x,y)$ 在点 $P_0(x_0,y_0)$ 的某个邻域内有定义，点 $P(x,y)$ 是该邻域内的任意一点，如果

$$\lim_{\substack{x\to x_0\\ y\to y_0}} f(x,y)=f(x_0,y_0)$$

则称函数 $z=f(x,y)$ 在点 $P_0(x_0,y_0)$ 处连续，否则称点 $P_0(x_0,y_0)$ 是函数的间断点.

设 D 为开区域或闭区域. 如果函数 $z=f(x,y)$ 在 D 上各点处都连续，就称函数

$z=f(x,y)$ 在 D 上连续，或称 $z=f(x,y)$ 是 D 上的连续函数.

如果函数 $z=f(x,y)$ 在点 $P_0(x_0,y_0)$ 不满足连续的定义，则称函数 $z=f(x,y)$ 在点 $P_0(x_0,y_0)$ 不连续或间断. 点 $P_0(x_0,y_0)$ 叫作函数 $z=f(x,y)$ 的间断点.

根据函数 $f(x,y)$ 在点 (x_0,y_0) 连续的定义及初等函数的连续性，我们可以得到一个求函数极限的重要结论：

如果函数 $f(x,y)$ 是初等函数，且 (x_0,y_0) 是 $f(x,y)$ 定义区域内的点，则

$$\lim_{\substack{x\to x_0\\ y\to y_0}} f(x,y)=f(x_0,y_0)$$

即求当 $x\to x_0$，$y\to y_0$，函数 $z=f(x,y)$ 的极限值时，只要求函数 $z=f(x,y)$ 在点 (x_0,y_0) 的函数值即可.

例 7　求 $\lim\limits_{\substack{x\to 1\\ y\to 2}}(x^2+y^2)$.

解　函数 x^2+y^2 是初等函数，它的定义域为

$$D=\{(x,y)|x\in R,y\in R\}$$

且 $(1,2)$ 在函数 x^2+y^2 的定义区域内，所以由二元初等函数的连续性，得

$$\lim_{\substack{x\to 1\\ y\to 2}}(x^2+y^2)=1^2+1^2=2$$

例 8　求函数 $z=\sin\dfrac{1}{x^2+y^2-1}$ 的间断点.

解　由分母不能为零的要求可知：单位圆周 $x^2+y^2=1$ 上的所有点都是函数 $z=\sin\dfrac{1}{x^2+y^2-1}$ 的间断点.

6.2　偏导数

6.2.1　偏导数的概念

下面以二元函数为例来介绍多元函数的偏导数. 设函数 $z=f(x,y)$ 在点 (x_0,y_0) 的某一邻域内有定义，则当自变量 x 在 x_0 处有改变量 Δx，而自变量 y 保持 y_0 不变时，函数相应的改变量

$$\Delta z_x=f(x_0+\Delta x,y_0)-f(x_0,y_0)$$

称为函数 $z=f(x,y)$ 在点 (x_0,y_0) 关于 x 的偏增量；

类似地

$$\Delta z_y = f(x_0, y_0+\Delta y) - f(x_0, y_0)$$

称为函数 $z=f(x,y)$ 在点 (x_0,y_0) 关于 y 的偏增量.

当 x，y 在 x_0，y_0 分别有改变量 Δx，Δy 时，函数相应的改变量

$$\Delta z = f(x_0+\Delta x, y_0+\Delta y) - f(x_0, y_0)$$

称为函数 $z=f(x,y)$ 在点 (x_0,y_0) 的全增量.

定义 设函数 $z=f(x,y)$ 在点 (x_0,y_0) 的某一邻域内有定义，如果极限

$$\lim_{\Delta x\to 0}\frac{\Delta z_x}{\Delta x} = \lim_{\Delta x\to 0}\frac{f(x_0+\Delta x, y_0) - f(x_0, y_0)}{\Delta x}$$

存在，则称此极限为函数 $z=f(x,y)$ 在点 (x_0,y_0) 关于 x 的偏导数，记作

$$\left.\frac{\partial z}{\partial x}\right|_{\substack{x=x_0\\y=y_0}},\quad \left.\frac{\partial f}{\partial x}\right|_{\substack{x=x_0\\y=y_0}},\quad z'_x(x_0,y_0) \text{ 或 } f'_x(x_0,y_0)$$

类似地，如果极限

$$\lim_{\Delta y\to 0}\frac{\Delta z_y}{\Delta y} = \lim_{\Delta y\to 0}\frac{f(x_0, y_0+\Delta y) - f(x_0, y_0)}{\Delta y}$$

存在，则称此极限为函数 $z=f(x,y)$ 在点 (x_0,y_0) 关于 y 的偏导数，记作

$$\left.\frac{\partial z}{\partial y}\right|_{\substack{x=x_0\\y=y_0}},\quad \left.\frac{\partial f}{\partial y}\right|_{\substack{x=x_0\\y=y_0}},\quad z'_y(x_0,y_0) \text{ 或 } f'_y(x_0,y_0)$$

二元函数偏导数的定义可以推广到三元及三元以上函数.

如果函数 $z=f(x,y)$ 在区域 D 内每一点处对 x 的偏导数都存在，那么这个偏导数是 x，y 的函数，称为函数 $z=f(x,y)$ 对 x 的偏导函数，记作

$$\frac{\partial z}{\partial x},\quad \frac{\partial f}{\partial x},\quad z'_x(x,y) \text{ 或 } f'_x(x,y)$$

类似地，函数 $z=f(x,y)$ 对 y 的偏导函数，记作

$$\frac{\partial z}{\partial y},\quad \frac{\partial f}{\partial y},\quad z'_y(x,y) \text{ 或 } f'_y(x,y)$$

偏导函数简称偏导数．求函数 $z=f(x,y)$ 的偏导数，并不需要用新的方法，因为这里只有一个自变量在变化，另一个自变量是看作固定的，所以仍旧是一元函数微分法问题. 求

$\frac{\partial z}{\partial x}$时，只要把 x 以外的自变量看作常数对 x 求导数即可；求$\frac{\partial z}{\partial y}$时，只要把 y 以外的自变量看作常数对 y 求导数即可.

上述方法可以类推到三元及三元以上函数.

例 1　已知 $z=x^2y+y^2$，求$\frac{\partial z}{\partial x}$，$\frac{\partial z}{\partial y}$.

解　把 y 看作常数，对 x 求导数，得

$$\frac{\partial z}{\partial x}=2xy$$

把 x 看作常数，对 y 求导数，得

$$\frac{\partial z}{\partial y}=x^2+2y$$

例 2　已知 $u=x^2y^2z^2$，求$\frac{\partial u}{\partial x}$，$\frac{\partial u}{\partial y}$及$\left.\frac{\partial u}{\partial z}\right|_{\substack{x=1\\y=1\\z=2}}$.

解　把 y，z 看作常数，对 x 求导数，得

$$\frac{\partial u}{\partial x}=2xy^2z^2$$

把 x，z 看作常数，对 y 求导数，得

$$\frac{\partial u}{\partial y}=2x^2yz^2$$

把 x，y 看作常数，对 z 求导数，得

$$\frac{\partial u}{\partial z}=2x^2y^2z$$

所以

$$\left.\frac{\partial u}{\partial z}\right|_{\substack{x=1\\y=1\\z=2}}=2\times1^2\times1^2\times2=4$$

6.2.2　高阶偏导数

设函数 $z=f(x,y)$ 在区域 D 内具有偏导数$\frac{\partial z}{\partial x}$，$\frac{\partial z}{\partial y}$.一般来说$\frac{\partial z}{\partial x}$，$\frac{\partial z}{\partial y}$仍然是 x，y 的

函数，如果$\frac{\partial z}{\partial x}$，$\frac{\partial z}{\partial y}$对自变量$x$，$y$的偏导数也存在，则它们的偏导数称为函数$z=f(x,y)$的二阶偏导数．按照变量不同的求导顺序，记为

$$\frac{\partial}{\partial x}\left(\frac{\partial z}{\partial x}\right)=\frac{\partial^2 z}{\partial x^2}=f''_{xx}(x,y)=z''_{xx}(x,y)\text{；}$$

$$\frac{\partial}{\partial y}\left(\frac{\partial z}{\partial x}\right)=\frac{\partial^2 z}{\partial x\partial y}=f''_{xy}(x,y)=z''_{xy}(x,y)\text{；}$$

$$\frac{\partial}{\partial x}\left(\frac{\partial z}{\partial y}\right)=\frac{\partial^2 z}{\partial y\partial x}=f''_{yx}(x,y)=z''_{yx}(x,y)\text{；}$$

$$\frac{\partial}{\partial y}\left(\frac{\partial z}{\partial y}\right)=\frac{\partial^2 z}{\partial y^2}=f''_{yy}(x,y)=z''_{yy}(x,y).$$

其中第二、第三两个偏导数称为混合偏导数．同样可得三阶、四阶偏导数及n阶偏导数．二阶及二阶以上的偏导数称为高阶偏导数．

例 3 已知$z=x^2y-xy^2-2$，求$\frac{\partial^2 z}{\partial x^2}$，$\frac{\partial^2 z}{\partial x\partial y}$，$\frac{\partial^2 z}{\partial y\partial x}$，$\frac{\partial^2 z}{\partial y^2}$．

解 因为$\frac{\partial z}{\partial x}=2xy-y^2$，$\frac{\partial z}{\partial y}=x^2-2xy$；

所以$\frac{\partial^2 z}{\partial x^2}=\frac{\partial}{\partial x}\left(\frac{\partial z}{\partial x}\right)=2y$　　$\frac{\partial^2 z}{\partial x\partial y}=\frac{\partial}{\partial y}\left(\frac{\partial z}{\partial x}\right)=2x-2y$

$\frac{\partial^2 z}{\partial y\partial x}=\frac{\partial}{\partial x}\left(\frac{\partial z}{\partial y}\right)=2x-2y$　　$\frac{\partial^2 z}{\partial y^2}=\frac{\partial}{\partial y}\left(\frac{\partial z}{\partial y}\right)=-2x$

由上例可发现$\frac{\partial^2 z}{\partial x\partial y}=\frac{\partial^2 z}{\partial y\partial x}$，这不是偶然的．我们有如下定理：

定理 如果函数$z=f(x,y)$的两个二阶混合偏导数$\frac{\partial^2 z}{\partial x\partial y}$及$\frac{\partial^2 z}{\partial y\partial x}$在区域$D$内连续，那么在该区域内这两个二阶混合偏导数必相等．

换句话说，二阶混合偏导数在连续的条件下与求导的顺序无关．

6.3 全微分

设函数$z=f(x,y)$在点(x,y)的某一邻域内有定义，由上节知函数$z=f(x,y)$在点(x,y)的全增量为

$$\Delta z = f(x+\Delta x, y+\Delta y) - f(x, y)$$

一般来说，计算全增量 Δz 比较复杂. 与一元函数类似，若想用 Δx ，Δy 的线性式来表示全增量 Δz ，则应引入全微分的定义：

定义 1　若函数 $z = f(x, y)$ 在点 (x, y) 的全增量

$$\Delta z = f(x+\Delta x, y+\Delta y) - f(x, y)$$

可表示为

$$\Delta z = A\Delta x + B\Delta y + o(\rho)\ (\ \rho = \sqrt{(\Delta x)^2 + (\Delta y)^2}\ )$$

其中 A 、B 不依赖于 Δx ，Δy 而仅与 x ，y 有关，$o(\rho)$ 是比 ρ 高阶的无穷小，则称函数 $z = f(x, y)$ 在点 (x, y) 可微分，而 $A\Delta x + B\Delta y$ 称为函数 $z = f(x, y)$ 在点 (x, y) 的微分，记作 $\mathrm{d}z$ ，即

$$\mathrm{d}z = A\Delta x + B\Delta y$$

如果函数 $z = f(x, y)$ 在区域 D 内每一点都可微分，那么称这函数在 D 内可微.

对于函数 $z = f(x, y)$ 来说，当它在点 (x, y) 满足什么条件时才可微呢？下面两个定理回答了这个问题.

定理 1（必要条件）　如果函数 $z = f(x, y)$ 在点 (x, y) 可微分，则该函数在点 (x, y) 的偏导数 $\dfrac{\partial z}{\partial x}$，$\dfrac{\partial z}{\partial y}$ 必定存在，且函数 $z = f(x, y)$ 在点 (x, y) 的全微分为

$$\mathrm{d}z = \frac{\partial z}{\partial x}\Delta x + \frac{\partial z}{\partial y}\Delta y$$

定理 2（充分条件）　如果函数 $z = f(x, y)$ 的偏导数 $\dfrac{\partial z}{\partial x}$，$\dfrac{\partial z}{\partial y}$ 在点 (x, y) 连续，则该函数在点 (x, y) 可微分.

由上述定理可知，如果函数 $z = f(x, y)$ 在点 (x, y) 可微分，则该函数在点 (x, y) 的偏导数 $\dfrac{\partial z}{\partial x}$，$\dfrac{\partial z}{\partial y}$ 必定存在；反之不一定成立.

习惯上，我们将自变量的增量 Δx ，Δy 分别记为 $\mathrm{d}x$ ，$\mathrm{d}y$ ，并分别称为自变量 x ，y 的微分. 于是函数 $z = f(x, y)$ 在点 (x, y) 的全微分可写为

$$\mathrm{d}z = \frac{\partial z}{\partial x}\mathrm{d}x + \frac{\partial z}{\partial y}\mathrm{d}y$$

上式说明二元函数 $z=f(x,y)$ 的全微分等于它的两个偏微分之和.

类似地，上述结论可推广到三元及三元以上的函数. 例如，如果三元函数 $u=f(x,y,z)$ 可微分，那么它的全微分等于它的 3 个偏微分之和，即

$$\mathrm{d}u=\frac{\partial u}{\partial x}\mathrm{d}x+\frac{\partial u}{\partial y}\mathrm{d}y+\frac{\partial u}{\partial z}\mathrm{d}z$$

例 1 已知 $z=x^2y^2$，求全微分 $\mathrm{d}z$.

解 因为 $\frac{\partial z}{\partial x}=2xy^2$，$\frac{\partial z}{\partial y}=2x^2y$，所以

$$\mathrm{d}z=\frac{\partial z}{\partial x}\mathrm{d}x+\frac{\partial z}{\partial y}\mathrm{d}y=2xy^2\mathrm{d}x+2x^2y\mathrm{d}y$$

例 2 求 $u=x^2-y^2-z^2$ 在点 $(1,1,2)$ 处的全微分.

解 因为 $\frac{\partial u}{\partial x}=2x$，$\frac{\partial u}{\partial y}=-2y$，$\frac{\partial u}{\partial z}=-2z$，所以

$$\mathrm{d}u=\frac{\partial u}{\partial x}\mathrm{d}x+\frac{\partial u}{\partial y}\mathrm{d}y+\frac{\partial u}{\partial z}\mathrm{d}z=2x\mathrm{d}x-2y\mathrm{d}y-2z\mathrm{d}z$$

所以 $\mathrm{d}u\big|_{(1,1,2)}=2\mathrm{d}x-2\mathrm{d}y-4\mathrm{d}z$

6.4 复合函数、隐函数的求导法则

本节我们将一元微分学中复合函数的求导法则推广到多元复合函数的情形.

6.4.1 复合函数的中间变量均为一元函数的情形

定理 1 如果函数 $u=\varphi(t)$ 及 $v=\psi(t)$ 都在点 t 可导，函数 $z=f(u,v)$ 在对应点 (u,v) 也具有连续偏导数，则复合函数 $z=f[\varphi(t),\psi(t)]$ 在点 t 可导，且其导数为

$$\frac{\mathrm{d}z}{\mathrm{d}t}=\frac{\partial z}{\partial u}\frac{\mathrm{d}u}{\mathrm{d}t}+\frac{\partial z}{\partial v}\frac{\mathrm{d}v}{\mathrm{d}t} \tag{6-1}$$

其中 $\frac{\mathrm{d}z}{\mathrm{d}t}$ 称为全导数.

定理 1 中的函数 $z=f(u,v)$ 是 u,v 的二元函数，$u=\varphi(t)$，$v=\psi(t)$ 又都是 t 的一元函数，由这三个函数得到了复合函数 $z=f[\varphi(t),\psi(t)]$，其复合函数结构如图 6-5 所示.

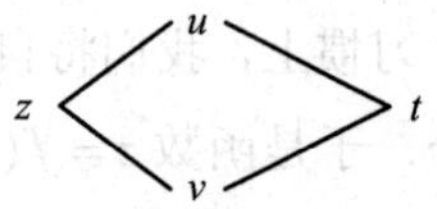

图 6-5

从复合函数结构图可发现，由 z 到 t 的路径有两条，路径

的条数与式（6-1）中的项数相同；每条路径的段数与每项的因子的个数相同；每条路径的每段前一个字母对后一字母求偏导（前一变量是后一变量的二元函数）或求导数（前一变量是后一变量的一元函数），然后相乘便得出式（6-1）的项．因此通过复合函数结构图可以直接写出式（6-1），这种方法具有一般性．

例如，设 $u=\varphi(t)$、$v=\psi(t)$，$w=w(t)$ 均在 t 可导，$z=f(u,v,w)$ 在对应点也可导，其复合函数结构图如图 6-6 所示．

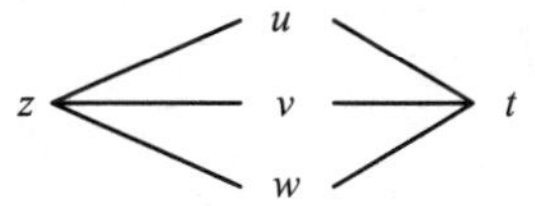

图 6-6

由图 6-6 可知，由 z 到 t 的路径有三条，故和式中含三项，每条有两段，故每项中含有两个因子，所以 $z=f\left[\varphi(t),\psi(t),w(t)\right]$ 的全导数为

$$\frac{\mathrm{d}z}{\mathrm{d}t}=\frac{\partial z}{\partial u}\frac{\mathrm{d}u}{\mathrm{d}t}+\frac{\partial z}{\partial v}\frac{\mathrm{d}v}{\mathrm{d}t}+\frac{\partial z}{\partial w}\frac{\mathrm{d}w}{\mathrm{d}t}$$

例 1　已知 $z=2uv$，$u=\sin t$，$v=\mathrm{e}^t+1$，求 $\dfrac{\mathrm{d}z}{\mathrm{d}t}$．

解　$$\frac{\mathrm{d}z}{\mathrm{d}t}=\frac{\partial z}{\partial u}\frac{\mathrm{d}u}{\mathrm{d}t}+\frac{\partial z}{\partial v}\frac{\mathrm{d}v}{\mathrm{d}t}$$

$$=2v\cos t+2u\mathrm{e}^t=2(\mathrm{e}^t+1)\cos t+2\mathrm{e}^t\sin t$$

6.4.2　复合函数的中间变量均为二元函数的情形

定理 2　如果函数 $u=\varphi(x,y)$ 及 $v=\psi(x,y)$ 都在点 (x,y) 具有偏导数 $\dfrac{\partial u}{\partial x}$，$\dfrac{\partial u}{\partial y}$ 及 $\dfrac{\partial v}{\partial x}$，$\dfrac{\partial v}{\partial y}$，函数 $z=f(u,v)$ 在对应点 (u,v) 处具有连续偏导数 $\dfrac{\partial z}{\partial u}$ 和 $\dfrac{\partial z}{\partial v}$，则复合函数 $z=f\left[\varphi(x,y),\psi(x,y)\right]$ 在点 (x,y) 处的两个偏导数存在，并有求导公式

$$\frac{\partial z}{\partial x}=\frac{\partial z}{\partial u}\frac{\partial u}{\partial x}+\frac{\partial z}{\partial v}\frac{\partial v}{\partial x} \tag{6-2}$$

$$\frac{\partial z}{\partial y}=\frac{\partial z}{\partial u}\frac{\partial u}{\partial y}+\frac{\partial z}{\partial v}\frac{\partial v}{\partial y} \tag{6-3}$$

与定理 1 类似，也可用复合函数结构图写出公式．定理 2 的复合函数结构图如图 6-7 所示．

上述由复合函数结构写出多元复合函数的偏导数计算公式的方法称为多元复合函数的链式求导法则．该法则可以推广到自变量多于两个的情形．举例如下：

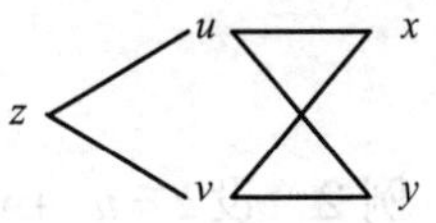

图 6-7

（1）设函数 $u=\varphi(x,y)$，$v=\psi(x,y)$，$w=w(x,y)$ 在点 (x,y) 的偏导数都存在，而 $z=f(u,v,w)$ 在对应点的偏导数也存在，

求函数$z=f\left[\varphi(x,y),\psi(x,y),w(x,y)\right]$的偏导数．复合函数结构图如图 6-8 所示．

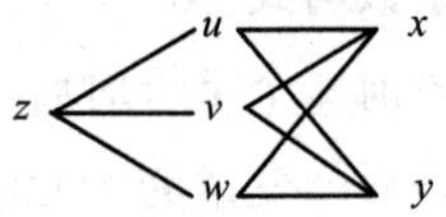

图 6-8

由图 6-8 可知，由z经中间变量u，v，w到x的路径有三条，每条上有两段，故结果应是三项相加，每项有两个因子，所以

$$\frac{\partial z}{\partial x}=\frac{\partial z}{\partial u}\frac{\partial u}{\partial x}+\frac{\partial z}{\partial v}\frac{\partial v}{\partial x}+\frac{\partial z}{\partial w}\frac{\partial w}{\partial x}$$

同理可得

$$\frac{\partial z}{\partial y}=\frac{\partial z}{\partial u}\frac{\partial u}{\partial y}+\frac{\partial z}{\partial v}\frac{\partial v}{\partial y}+\frac{\partial z}{\partial w}\frac{\partial w}{\partial y}$$

（2）设函数$u=\varphi(x,y)$在点(x,y)的偏导数存在，而函数$z=f(u)$在对应点有连续的导数，求复合函数$z=f\left[\varphi(x,y)\right]$的偏导数．

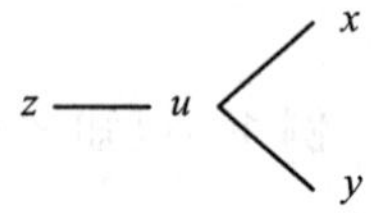

图 6-9

复合函数结构图如图 6-9 所示．

由图 6-9 可知，由z经由中间变量u到x的路径有一条，每条上有两段，故结果只有一项，有两个因子，所以

$$\frac{\partial z}{\partial x}=\frac{\mathrm{d}z}{\mathrm{d}u}\frac{\partial u}{\partial x}$$

同理可得

$$\frac{\partial z}{\partial y}=\frac{\mathrm{d}z}{\mathrm{d}u}\frac{\partial u}{\partial y}$$

（3）设函数$u=\varphi(x)$在点x可导，$v=\psi(x,y)$在点(x,y)有偏导数，而$z=f(u,v)$在对应的点的偏导数也存在，求复合函数$z=f\left[\varphi(x),\psi(x,y)\right]$的偏导数．复合函数结构图如图 6-10 所示．

图 6-10

由图 6-10 可知，由z经由中间变量u，v，到x的路径有两条，每条上有两段，故结果应是两项相加，每项有两个因子，所以

$$\frac{\partial z}{\partial x}=\frac{\partial z}{\partial u}\frac{\mathrm{d}u}{\mathrm{d}x}+\frac{\partial z}{\partial v}\frac{\partial v}{\partial x}$$

由z到y的路径只有一条，有两段，故结果只有一项，有两个因子，所以

$$\frac{\partial z}{\partial y}=\frac{\partial z}{\partial v}\frac{\partial v}{\partial y}$$

例 2 设$z=u^2+v^2$，$u=x^2y$，$v=x^2-2y+1$，求$\frac{\partial z}{\partial x}$，$\frac{\partial z}{\partial y}$．

解 $\frac{\partial z}{\partial x}=\frac{\partial z}{\partial u}\frac{\partial u}{\partial x}+\frac{\partial z}{\partial v}\frac{\partial v}{\partial x}=2u\cdot 2xy+2v\cdot 2x=4x^3y^2+4x^3-8xy+4x$

$$\frac{\partial z}{\partial y}=\frac{\partial z}{\partial u}\frac{\partial u}{\partial y}+\frac{\partial z}{\partial v}\frac{\partial v}{\partial y}=2u\cdot x^2+2v\cdot(-2)=2x^4y-4x^2+8y-4$$

例3 设$z=uvw$，$u=xy$，$v=x+y$，$w=x^2y^2$，求$\frac{\partial z}{\partial x}$，$\frac{\partial z}{\partial y}$.

解 $\frac{\partial z}{\partial x}=\frac{\partial z}{\partial u}\frac{\partial u}{\partial x}+\frac{\partial z}{\partial v}\frac{\partial v}{\partial x}+\frac{\partial z}{\partial w}\frac{\partial w}{\partial x}$

$$=vwy+uw+uv\cdot 2xy^2$$

$$=(x+y)x^2y^2\cdot y+xy\cdot x^2y^2+xy(x+y)\cdot 2xy^2$$

$$=4x^3y^3+3x^2y^4$$

同理可得

$$\frac{\partial z}{\partial y}=\frac{\partial z}{\partial u}\frac{\partial u}{\partial y}+\frac{\partial z}{\partial v}\frac{\partial v}{\partial y}+\frac{\partial z}{\partial w}\frac{\partial w}{\partial y}$$

$$=vwx^2+uw+uv\cdot 2x^2y$$

$$=(x+y)x^2y^2\cdot x+xy\cdot x^2y^2+xy(x+y)\cdot 2x^2y$$

$$=3x^4y^2+4x^3y^3$$

例4 设$z=f(x-y,2xy)$，求$\frac{\partial z}{\partial x}$，$\frac{\partial z}{\partial y}$.

解 设$u=x-y$，$v=2xy$，则$z=f(u,v)$

所以$\frac{\partial z}{\partial x}=\frac{\partial z}{\partial u}\frac{\partial u}{\partial x}+\frac{\partial z}{\partial v}\frac{\partial v}{\partial x}=f'_u+2yf'_v$

$$\frac{\partial z}{\partial y}=\frac{\partial z}{\partial u}\frac{\partial u}{\partial y}+\frac{\partial z}{\partial v}\frac{\partial v}{\partial y}=-f'_u+2xf'_v$$

6.4.3 隐函数的求导法

1．由方程$F(x,y)=0$所确定的隐函数$y=f(x)$的求导公式

把函数$y=f(x)$代入方程$F(x,y)=0$中，得恒等式

$$F[x,f(x)]\equiv 0$$

此式左边的函数$F[x,f(x)]$是一个复合函数，方程$F(x,y)=0$的两边同时对x求全导数得

$$\frac{\partial F}{\partial x}+\frac{\partial F}{\partial y}\frac{\mathrm{d}y}{\mathrm{d}x}=0$$

假设 $\frac{\partial F}{\partial y} \neq 0$，由上式解出 $\frac{dy}{dx}$，便得方程 $F(x, y)=0$ 所确定的隐函数 $y=f(x)$ 的导数公式

$$\frac{\mathrm{d}y}{\mathrm{d}x}=-\frac{\frac{\partial F}{\partial x}}{\frac{\partial F}{\partial y}}=-\frac{F_x'}{F_y'}$$

例 5 设方程 $y-\frac{1}{2}\sin y=x$ 确定隐函数 $y=f(x)$，求 $\frac{\mathrm{d}y}{\mathrm{d}x}$.

解 由题意知 $F(x, y)=y-\frac{1}{2}\sin y-x$

因为
$$F_x'=-1，\quad F_y'=1-\frac{1}{2}\cos y$$

所以
$$\frac{\mathrm{d}y}{\mathrm{d}x}=-\frac{F_x'}{F_y'}=\frac{1}{1-\frac{1}{2}\cos y}=\frac{2}{2-\cos y}$$

2. 由方程 $F(x, y, z)=0$ 所确定的隐函数 $z=f(x, y)$ 的求导公式

把函数 $z=f(x, y)$ 代入方程 $F(x, y, z)=0$ 中，得恒等式

$$F[x, y, f(x, y)] \equiv 0$$

此式左边的函数 $F[x, y, f(x, y)]$ 是一个复合函数，方程 $F[x, y, f(x, y)] \equiv 0$ 的两边分别对 x，y 求偏导数得

$$\frac{\partial F}{\partial x}+\frac{\partial F}{\partial z}\frac{\partial z}{\partial x}=0$$

$$\frac{\partial F}{\partial y}+\frac{\partial F}{\partial z}\frac{\partial z}{\partial y}=0$$

当 $\frac{\partial F}{\partial z} \neq 0$ 时，由上式解出 $\frac{\partial z}{\partial x}$ 和 $\frac{\partial z}{\partial y}$，便得到了方程 $F(x, y, z)=0$ 所确定的隐函数 $z=f(x, y)$ 的求导公式

$$\frac{\partial z}{\partial x}=-\frac{\frac{\partial F}{\partial x}}{\frac{\partial F}{\partial z}}=-\frac{F_x'}{F_z'}$$

$$\frac{\partial z}{\partial y}=-\frac{\dfrac{\partial F}{\partial y}}{\dfrac{\partial F}{\partial z}}=-\frac{F_y'}{F_z'}$$

例 6　设方程 $z^2y-xz^3=1$ 确定隐函数 $z=f(x,y)$，求 $\dfrac{\partial z}{\partial x}$ 和 $\dfrac{\partial z}{\partial y}$.

解　由题意知 $F(x,y,z)=z^2y-xz^3-1$，所以

$$\frac{\partial z}{\partial x}=-\frac{F_x'}{F_z'}=-\frac{-z^3}{2zy-3xz^2}=\frac{z^2}{2y-3xz}$$

$$\frac{\partial z}{\partial y}=-\frac{F_y'}{F_z'}=-\frac{z^2}{2zy-3xz^2}=\frac{-z}{2y-3xz}$$

6.5 二重积分

二重积分也是由实际问题的需要而产生的．在一元函数积分学中我们已经知道，定积分是某种特定形式的和的极限，把这种和的极限的概念推广到定义在某个区域上的二元函数的形式，便可得到二重积分的概念．

6.5.1 二重积分的概念

1．实例分析

设有一立体，它的底是 xoy 平面上的有界闭区域 D，它的侧面是以 D 的边界曲线为准线而母线平行于 z 轴的柱面，它的顶是曲面 $z=f(x,y)$，这里 $f(x,y)\geqslant 0$，且在 D 上连续．这种立体称为曲顶柱体．现在我们来讨论它的体积．

关于曲顶柱体，当点 (x,y) 在区域 D 上变动时，高 $f(x,y)$ 是个变量，因此它的体积不能直接用体积公式来计算．不难想到，可以用求曲边梯形面积的方法来解这个问题．

（1）分割：我们用一曲线网把区域 D 任意分成 n 个小区域

$$\Delta\sigma_1,\ \Delta\sigma_2,\ \cdots,\ \Delta\sigma_n$$

小区域 $\Delta\sigma_i$ 的面积也记作 $\Delta\sigma_i$.以这些小区域的边界曲线为准线作母线平行于 z 轴的柱面，这些柱面把原来的曲顶柱体分为 n 个细条的小曲顶柱体．它们的体积分别记作

$$\Delta V_1,\ \Delta V_2,\ \cdots,\ \Delta V_n$$

（2）近似代替：对于一个小区域 $\Delta\sigma_i$，当直径（$\Delta\sigma_i$ 最长两点的距离）很小时，由于

$f(x,y)$ 连续，$f(x,y)$ 在 $\Delta\sigma_i$ 中的变化很小，可以近似地看作常数．即若任意取点 $(\xi_i,\eta_i)\in\Delta\sigma_i$，则当 $(x,y)\in\Delta\sigma_i$ 时，有 $f(x,y)\approx f(\xi_i,\eta_i)$，从而以 $\Delta\sigma_i$ 为底的细条曲顶柱体可近似地看作以 $f(\xi_i,\eta_i)$ 为高的平顶柱体（图 6-11），于是

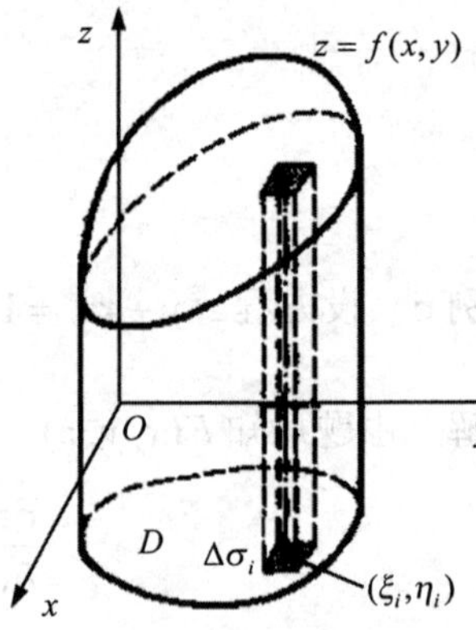

图 6-11

$$\Delta V_i \approx f(\xi_i,\eta_i)\ \Delta\sigma_i \quad (i=1,2,3,\cdots,n)$$

（3）求和：把这些细条曲顶柱体体积的近似值 $f(\xi_i,\eta_i)\Delta\sigma_i$ 加起来，就得到所求的曲顶柱体体积 V 的近似值，即

$$V=\sum_{i=1}^{n}\Delta V_i\approx\sum_{i=1}^{n}f(\xi_i,\eta_i)\Delta\sigma_i$$

（4）取极限：一般地，如果区域 D 分得越细，则上述和式就越接近于曲顶柱体体积 V，当把区域 D 无限细分时，即当所有小区域的最大直径 $\lambda\to 0$ 时，则和式的极限就是所求的曲顶柱体的体积 V，即

$$V=\lim_{\lambda\to 0}\sum_{i=1}^{n}f(\xi_i,\eta_i)\Delta\sigma_i$$

上面问题把所求变量归结为和式的极限．由于在物理、力学、几何和工程技术中许多物理量与几何量都可归结为这种和式的极限，所以有必要研究这种和式的极限，并抽象出下列二重积分的定义．

2．二重积分的定义

定义　设 $z=f(x,y)$ 是定义在有界闭区域 D 上的有界函数，将 D 任意分割为 n 个小区域 $\Delta\sigma_1,\Delta\sigma_2,\cdots,\Delta\sigma_n$，对小区域 $\Delta\sigma_i$（$i=1,2,\cdots n$）上任意取一点 (ξ_i,η_i) 都有

$$\lim_{\lambda\to 0}\sum_{i=1}^{n}f(\xi_i,\eta_i)\Delta\sigma_i$$

存在（其中 $\Delta\sigma_i$ 又表示为小区域 $\Delta\sigma_i$ 的面积，λ_i 为小区域 $\Delta\sigma_i$ 的直径，而 $\lambda=\max\limits_{1\leqslant i\leqslant n}\lambda_i$），则称这个极限值为 $f(x,y)$ 在区域 D 上的二重积分，记为

$$\iint\limits_D f(x,y)\mathrm{d}\sigma$$

这时就称 $f(x,y)$ 在 D 上可积，如果 $f(x,y)$ 在 D 上是有限区域上的连续函数，则 $f(x,y)$ 在 D 上是可积的．

说明：①二重积分是个极限值，因此是个数值，这个数值的大小仅与被积函数 $f(x,y)$ 及积分区域 D 有关，而与积分变量的记号无关，即有

$$\iint_D f(x,y)\mathrm{d}\sigma = \iint_D f(u,v)\mathrm{d}\sigma$$

②只有当和式极限 $\lim\limits_{\lambda\to 0}\sum\limits_{i=1}^{n} f(\xi_i,\eta_i)\Delta\sigma_i$ 存在时，$f(x,y)$ 在 D 上的二重积分才存在，称 $f(x,y)$ 在 D 上可积．

③二重积分 $\iint\limits_D f(x,y)\mathrm{d}\sigma$ 与区域 D 的分法无关，也与每个小区域 $\Delta\sigma_i$ 中的点 (ξ_i,η_i) 的取法无关．

6.5.2　二重积分的性质

比较一元函数的定积分与二重积分的定义可知，二重积分与定积分有完全类似的性质．假设二元函数 $f(x,y)$，$g(x,y)$ 在积分区域 D 上都连续，因而它们在 D 上的二重积分是存在的．

性质 1　被积函数的常数因子可以提到二重积分号的外面，即

$$\iint_D kf(x,y)\mathrm{d}\sigma = k\iint_D f(x,y)\mathrm{d}\sigma$$

性质 2　函数代数和的二重积分等于各个函数二重积分的代数和，即

$$\iint_D [f(x,y)\pm g(x,y)]\mathrm{d}\sigma = \iint_D f(x,y)\mathrm{d}\sigma \pm \iint_D g(x,y)\mathrm{d}\sigma$$

性质 3　如果闭区域 D 被有限条曲线分为有限个部分闭区域，则在 D 上的二重积分等于在各部分闭区域上的二重积分和．例如 D 分为两个闭区域 D_1 与 D_2，则

$$\iint_D f(x,y)\mathrm{d}\sigma = \iint_{D_1} f(x,y)\mathrm{d}\sigma + \iint_{D_2} f(x,y)\mathrm{d}\sigma$$

这一性质表示二重积分对于积分区域具有可加性．

性质 4　如果在 D 上，$f(x,y)=1$，D 的面积为 σ，则

$$\iint_D f(x,y)\mathrm{d}\sigma = \iint_D 1\mathrm{d}\sigma = \sigma$$

这一性质的几何意义是明显的，因为高为 1 的平顶柱体的体积在数值上就等于柱体的底面积．

性质 5　若在区域 D 上有 $f(x,y)\leqslant g(x,y)$，则

$$\iint_D f(x,y)\mathrm{d}\sigma \leqslant \iint_D g(x,y)\mathrm{d}\sigma$$

特别有

$$\left|\iint_D f(x,y)\mathrm{d}\sigma\right| \leqslant \iint_D |f(x,y)|\mathrm{d}\sigma$$

性质 6（估值定理） 设M、m分别是$f(x,y)$在闭区域D上的最大值和最小值，σ是D的面积，则

$$m\sigma\leqslant\iint_D f(x,y)\mathrm{d}\sigma\leqslant M\sigma$$

性质 7（中值定理） 设函数$f(x,y)$在闭区域D上连续，σ是D的面积，则在D上至少存在一点(ξ,η)，使得下式成立：

$$\iint_D f(x,y)\mathrm{d}\sigma=f(\xi,\eta)\sigma$$

例 1 根据二重积分的性质，比较$\iint_D (x+y)^2\mathrm{d}\sigma$与$\iint_D (x+y)^3\mathrm{d}\sigma$的大小. 其中$D$是由$x$轴，$y$轴和直线$x+y=1$所围成的区域.

解 对于D上的任意一点(x,y)，有$0\leqslant x+y\leqslant 1$，因此在$D$上有

$$(x+y)^3\leqslant(x+y)^2$$

由性质 5 可知

$$\iint_D (x+y)^2\mathrm{d}\sigma\geqslant\iint_D (x+y)^3\mathrm{d}\sigma$$

例 2 利用二重积分的性质，估计积分值 $I=\iint_D (x+y+1)\mathrm{d}\sigma$, 其中$D$是矩形区域：$0\leqslant x\leqslant 1$，$0\leqslant y\leqslant 2$.

解 因为在D上有：$1\leqslant x+y+1\leqslant 4$，而$D$的面积为 2，由性质 6，可得

$$2\leqslant\iint_D (x+y+1)\mathrm{d}\sigma\leqslant 8$$

6.6 二重积分的计算

按照二重积分的定义来计算二重积分，对少数特别简单的被积函数和积分区域来说是可行的，但对于一般函数和区域来说，这不是一种可行的方法. 本节介绍一种计算二重积分的方法，这种方法是把二重积分化为二次积分来计算.

设函数$z=f(x,y)$在有界闭区域D上连续且$f(x,y)\geqslant 0$，并设积分区域D可用不等式$\varphi_1(x)\leqslant y\leqslant\varphi_2(x)$（$a\leqslant x\leqslant b$）来表示（图 6-12)，其中函数$\varphi_1(x)$和$\varphi_2(x)$在区间$[a,b]$上连续，这样的区域称为$X$型区域，其特点是：穿过$D$内部且平行于$y$轴的直线与$D$的边界相交不多于两点.

第 7 章　微分方程

在研究自然现象和工程技术问题时，函数是刻画客观事物之间内部联系在数量方面的反映．然而在许多实际问题中，函数关系往往不能直接给出，但是根据已知信息却能给出含有未知函数的导数或微分的等式，这样的等式称为微分方程，通过求解微分方程，可以得到未知函数的显式或隐式表达式，称为求解微分方程．本章介绍微分方程的基本概念和常见的微分方程的解法．

7.1　微分方程的基本概念

7.1.1　引例

例 1　一曲线通过点 $(1, 2)$，且在该曲线上任一点 $M(x, y)$ 处的切线的斜率为 $2x$，求这个曲线的方程．

解　设所求曲线的方程为 $y = y(x)$．根据导数的几何意义，可知未知函数 $y = y(x)$ 应满足关系式（称为微分方程）

$$\frac{\mathrm{d}y}{\mathrm{d}x} = 2x \tag{7-1}$$

此外，未知函数 $y = y(x)$ 还应满足下列条件：

$$x = 1 \text{时}，\quad y = 2，\text{简记为} \left. y \right|_{x=1} = 2 \tag{7-2}$$

把式（7-1）两端积分，得（称为微分方程的通解）

$$y = \int 2x\mathrm{d}x，\text{即} y = x^2 + C \tag{7-3}$$

其中 C 是任意常数．

把条件“ $x = 1$ 时， $y = 2$ “代入式（7-3），得

$$2 = 1^2 + C$$

由此确定出 $C = 1$．

此时，二重积分

$$\iint_D f(x,y)\mathrm{d}\sigma = \int_a^b\left[\int_{\varphi_1(x)}^{\varphi_2(x)} f(x,y)\mathrm{d}y\right]\mathrm{d}x$$

或写成

$$\iint_D f(x,y)\mathrm{d}\sigma = \int_a^b \mathrm{d}x\int_{\varphi_1(x)}^{\varphi_2(x)} f(x,y)\mathrm{d}y$$

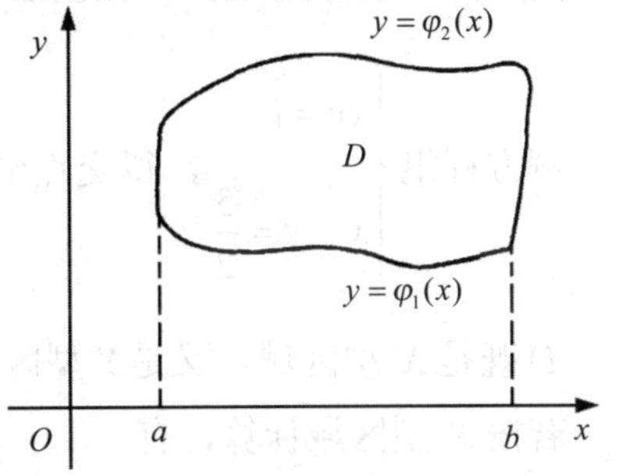

图 6-12

这个公式表明，二重积分可以化为先对 y 后对 x 的二次积分来计算．先对 y 积分时，应把 $f(x, y)$ 中的 x 看作常数，只看作 y 的函数．计算从 $\varphi_1(x)$ 到 $\varphi_2(x)$ 的定积分，然后把算得的结果（不含 y，只是 x 的函数）再对 x 计算从 a 到 b 的定积分．

如果积分区域 D 可用不等式

$$\varphi_1(y)\leqslant x\leqslant\varphi_2(y)\quad(c\leqslant y\leqslant d)$$

来表示（图 6-13），其中函数 $\varphi_1(y)$ 和 $\varphi_2(y)$ 在区间 $[c, d]$ 上连续，这样的区域称为 Y 型区域，其特点是：穿过 D 内部且平行于 x 轴的直线与 D 的边界相交不多于两点，则有

$$\iint_D f(x,y)\mathrm{d}\sigma = \int_c^d\left[\int_{\varphi_1(y)}^{\varphi_2(y)} f(x,y)\mathrm{d}x\right]\mathrm{d}y = \int_c^d \mathrm{d}y\int_{\varphi_1(y)}^{\varphi_2(y)} f(x,y)\mathrm{d}x$$

上式是把二重积分化为先对 x 后对 y 的二次积分来计算．

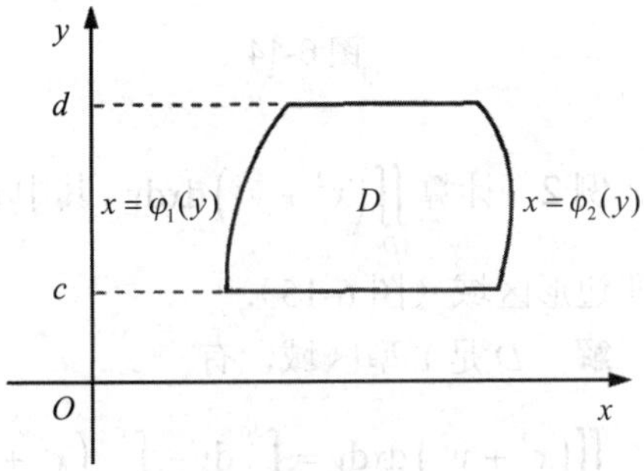

图 6-13

如果所给区域 D 既是 X 型区域，可用不等式 $\varphi_1(x)\leqslant y\leqslant\varphi_2(x)$，$a\leqslant x\leqslant b$ 来表示，又是 Y 型区域，可用不等式 $\varphi_1(y)\leqslant x\leqslant\varphi_2(y)$，$c\leqslant y\leqslant d$ 表示，则有

$$\int_a^b \mathrm{d}x\int_{\varphi_1(x)}^{\varphi_2(x)} f(x,y)\mathrm{d}y = \int_c^d \mathrm{d}y\int_{\varphi_1(y)}^{\varphi_2(y)} f(x,y)\mathrm{d}x$$

上式常用来交换二重积分的积分次序．

注：以上说 X 型（Y 型）区域都要求平行于 y 轴（x 轴）的直线与 D 的边界相交不多于两个点，如果不满足这个条件，总可先把 D 分成若干个部分区域，使每个部分区域成为 X 型（Y 型）区域．根据二重积分的性质，在 D 上的重积分等于在各个部分区域上的积分之和．

例 1 计算 $\iint_D xy\mathrm{d}x\mathrm{d}y$，其中 D 是由曲线 $xy=1$，$x+y=\dfrac{5}{2}$ 所围区域．

解 画出积分区域 D，如图 6-14 所示．先求出交点，

解方程组 $\begin{cases} xy=1 \\ x+y=\dfrac{5}{2} \end{cases}$，得交点坐标 $\left(\dfrac{1}{2},2\right)$，$\left(2,\dfrac{1}{2}\right)$．

D 既是 X 型区域，又是 Y 型区域．

若按 X 型区域计算，有

$$\iint_D xy\mathrm{d}x\mathrm{d}y = \int_{\frac{1}{2}}^{2}\mathrm{d}x\int_{\frac{1}{x}}^{\frac{5}{2}-x} xy\mathrm{d}y$$

$$= \frac{1}{2}\int_{\frac{1}{2}}^{2}\left[x\left(\frac{5}{2}-x\right)-\frac{1}{x}\right]dx = \frac{1}{2}\left[\left[\frac{25}{8}x^2-\frac{5}{3}x^3+\frac{1}{4}x^4-\ln x\right]\right|_{\frac{1}{2}}^{2} = \frac{165}{128}-\ln 2$$

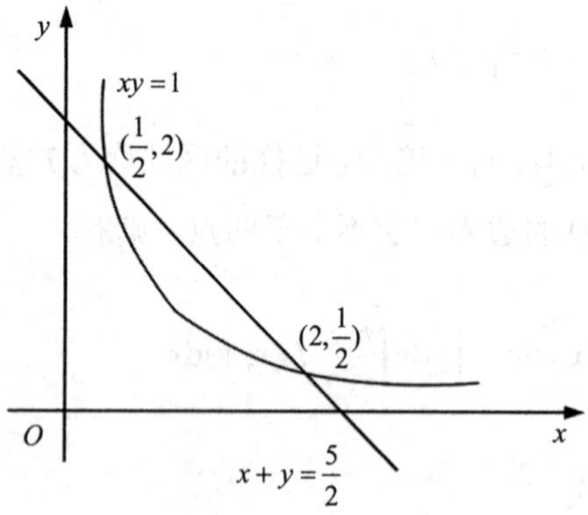

图 6-14

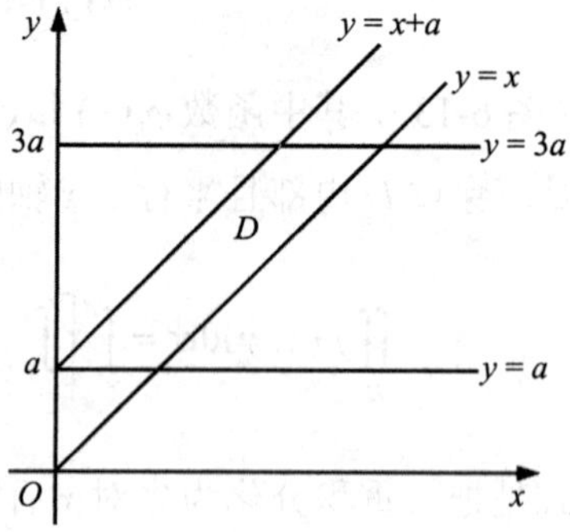

图 6-15

例 2 计算 $\iint_D\left(x^2+y^2\right)\mathrm{d}x\mathrm{d}y$，其中 D 是以 $y=x, y=x+a, y=a$ 和 $y=3a\left(a>0\right)$ 为边的平行四边形区域（图 6-15）．

解 D 是 Y 型区域，有

$$\iint_D\left(x^2+y^2\right)\mathrm{d}x\mathrm{d}y = \int_a^{3a}\mathrm{d}y - \int_{y-a}^{y}\left(x^2+y^2\right)\mathrm{d}x$$

$$= \int_a^{3a}\left[\frac{x^3}{3}+xy^2\right]\Bigg|_{y-a}^{y}\mathrm{d}y = \int_a^{3a}\left[ay^2-a^2y+\frac{a^3}{3}+ay^2\right]\mathrm{d}y$$

$$= \left[\frac{2ay^3}{3}-\frac{a^2y^2}{2}+\frac{a^3y}{3}\right]\Bigg|_a^{3a} = 14a^4$$

例 3 计算 $\iint_D \mathrm{e}^{-y^2}\mathrm{d}x\mathrm{d}y$，其中 D 由 $y=x, y=1$ 和 y 轴所围区域．

解　如果 $\iint\limits_D e^{-y^2}dxdy=\int_0^1dx\int_x^1 e^{-y^2}dy$

那么先对 e^{-y^2} 求原函数就不行，故考虑另一种顺序的累次积分

$$\iint\limits_D e^{-y^2}dxdy=\int_0^1dy\int_0^y e^{-y^2}dx$$

这时先对 x 积分，e^{-y^2} 当作常数处理就可以了.

$$原式=\int_0^1 ye^{-y^2}dy=-\frac{1}{2}\left(e^{-y^2}\right)\Big|_0^1=\frac{1}{2}\left(1-\frac{1}{e}\right)$$

例 4　交换二次积分 $\int_0^2dx\int_x^{2x}f(x,y)dy$ 的积分次序.

解　如图 6-16 示，D 是由 $y=x, y=2x$ 和 $x=2$ 所围的区域，现将原式化为先对 x 后对 y 的二次积分：

$$原式=\int_0^2dy\int_{\frac{y}{2}}^{y}f(x,y)dx+\int_2^4dy\int_{\frac{y}{2}}^{2}f(x,y)dx$$

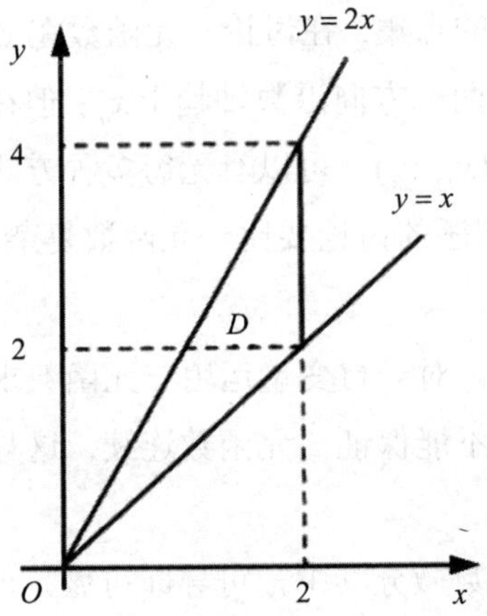

图 6-16

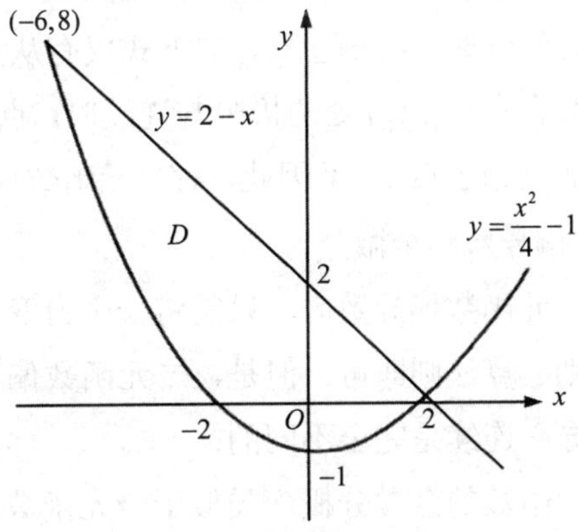

图 6-17

例 5　交换二次积分 $\int_{-6}^2dx\int_{\frac{x^2}{4}-1}^{2-x}f(x,y)dy$ 的积分次序.

解　如图 6-17 所示，D 是由 $y=\dfrac{x^2}{4}-1$ 和 $y=2-x$ 所围的区域，现将原式化为先对 x 后对 y 的二次积分：

$$原式=\int_{-1}^0dy\int_{-2\sqrt{1+y}}^{2\sqrt{1+y}}f(x,y)dx+\int_0^8dy\int_{-2\sqrt{1+y}}^{2-y}f(x,y)dx$$

例 6 交换二次积分 $\int_1^2 dx\int_{2-x}^{\sqrt{2x-x^2}} f(x,y)dy$ 的积分次序.

解 如图 6-18 示，D 是由 $y=2-x$ 和 $y=\sqrt{2x-x^2}$ 所围的区域，现将原式化为先对 x 后对 y 的二次积分：

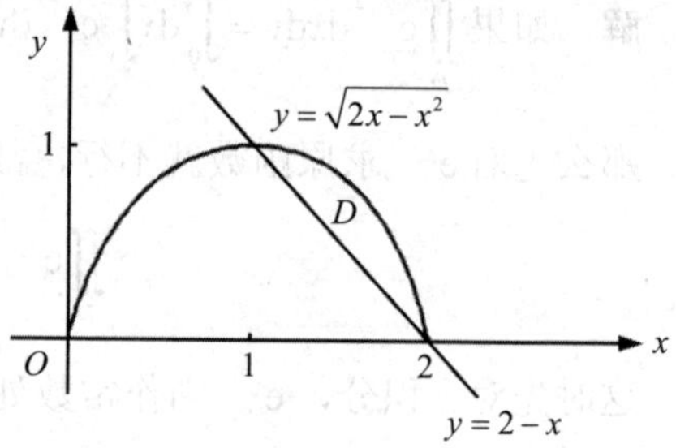

图 6-18

$$原式=\int_0^1 dy\int_{2-y}^{1+\sqrt{1-y^2}} f(x,y)\,dx$$

本章小结

1．二元函数的极限与连续

二元函数的定义与一元函数的定义类似，但更应注意它们之间的差异．一元函数的定义域是数轴上的点集；二元函数的定义域一般是平面上的点集．在讨论一元函数在 x_0 处的极限和连续性时，点 x 趋于 x_0 的方式仅有从点 x_0 的左右两个方向沿数轴趋于 x_0；但在讨论二元函数在点 (x_0,y_0) 处的极限与连续时，点 (x,y) 趋于 (x_0,y_0)，可以有无穷多种方式和路径在平面上趋于 (x_0,y_0).因此，对二元函数极限与连续问题的讨论要比一元函数复杂得多.

2．偏导数和全微分

求二元函数偏导数时，只需将一个自变量看作常数，对一自变量运用一元函数求导公式和四则运算法则即可．但是，二元函数偏导数的存在不能保证二元函数连续．这与一元函数可导必连续是完全不同的.

二元函数的全微分概念类似于一元函数．在一元函数微分学中，可导即可微．但是，在二元函数中，两个偏导数 $f'_x(x,y)$，$f'_y(x,y)$ 存在，也不能保证二元函数 $f(x,y)$ 在点 (x,y) 处可微．而 $f(x,y)$ 在点 (x,y) 处可微时，则偏导数 $f'_x(x,y)$，$f'_y(x,y)$ 存在，并且全微分

$$df(x,y)=f'_x(x,y)dx+f'_y(x,y)dy$$

二元函数的高阶偏导数是相应的低一阶偏导数的偏导数，由此定义可求 $\frac{\partial^2 z}{\partial x^2}$，$\frac{\partial^2 z}{\partial x\partial y}$，$\frac{\partial^2 z}{\partial y\partial x}$，$\frac{\partial^2 z}{\partial y^2}$.但应注意：二阶混合偏导数不一定相等，只有在某些条件下它们才是相等的.

3．复合函数的微分法

在利用复合函数微分法时，应先分清变量间的关系：哪些是中间变量，哪些是自变

量．一般可画出变量关系图，明确复合关系，然后运用公式得到正确结果．

4．二重积分

理解二重积分的概念与性质，了解二重积分的几何意义以及二重积分与定积分之间的联系，会用性质比较二重积分的大小，估计二重积分的取值范围．

领会将二重积分化为二次积分时如何确定积分次序和积分限，如何改换二次积分的积分次序．熟练掌握直角坐标系下二重积分的计算方法．

阅读材料

拉格朗日

欧洲最伟大的数学家——拉格朗日

约瑟夫·拉格朗日（Joseph Lagrange，1736 年 1 月 25 日—1813 年 4 月 11 日），法国籍意大利裔数学家和天文学家。拉格朗日曾为普鲁士腓特烈大帝在柏林工作了 20 年，被腓特烈大帝称作“欧洲最伟大的数学家”，后受法国国王路易十六的邀请定居巴黎直至去世。拉格朗日一生才华横溢，在数学、物理和天文等领域做出了很多重大的贡献，其中尤以数学方面的成就最为突出。他的成就包括著名的拉格朗日中值定理、创立了拉格朗日力学等。1813 年 4 月 3 日，拿破仑授予他帝国大十字勋章，但此时的拉格朗日已卧床不起，4 月 11 日早晨，拉格朗日逝世。

拉格朗日是 18 世纪伟大的科学家，在数学、力学和天文学三个学科中都有历史性的重大贡献，但他主要是数学家。拿破仑曾称赞他是“一座高耸在数学界的金字塔”，他最突出的贡献是在把数学分析的基础脱离几何与力学方面起了决定性的作用，使数学的独立性更为清楚，而不仅是其他学科的工具。同时在使天文学力学化、力学分析化上也起了历史性作用，促使力学和天文学（天体力学）更深入发展。由于历史的局限，严密性不够妨碍着他取得更多的成果。

拉格朗日科学研究所涉及的领域极其广泛。他在数学上最突出的贡献是使数学分析与几何、力学脱离开来，使数学的独立性更为清楚，从此数学不再仅仅是其他学科的工具。

拉格朗日总结了 18 世纪的数学成果，同时又为 19 世纪的数学研究开辟了道路，堪称法国最杰出的数学大师。同时，他的关于月球运动（三体问题）、行星运动、轨道计算、两个不动中心问题、流体力学等方面的成果，在使天文学力学化、力学分析化上，也起到了历史性的作用，促进了力学和天体力学的进一步发展，成为这些领域的开创性或奠基性研究。

在柏林工作的前十年，拉格朗日把大量时间花在代数方程和超越方程的解法上，在此领域做出了有价值的贡献，推动了代数学的发展。他提交给柏林科学院两篇著名的论文：《关于解数值方程》和《关于方程的代数解法的研究》，把前人解三次、四次代数方程的各种解法，总结为一套标准方法，即把方程化为低一次的方程（称辅助方程或预解式）以求解。

他试图寻找五次方程的预解函数，希望这个函数是低于五次的方程的解，但未获得成功。然而，他的思想已蕴含着置换群概念，对后来阿贝尔和伽罗华起到启发性作用，最终解决了高于四次的一般方程为何不能用代数方法求解的问题。因而也可以说拉格朗日是群论的先驱。

在数论方面，拉格朗日也显示出非凡的才能。他对费马提出的许多问题做出了解答，例如，一个正整数是不多于 4 个平方数的和的问题等。他还证明了圆周率的无理性。这些研究成果丰富了数论的内容。在《解析函数论》以及他早在 1772 年的一篇论文中，在为微积分奠定理论基础方面做了独特的尝试，他企图把微分运算归结为代数运算，从而抛弃自牛顿以来一直困惑大家的无穷小量，并想由此出发建立全部分析学。但是由于他没有考虑到无穷级数的收敛性问题，他自以为摆脱了极限概念，其实只是回避了极限概念，并没有能达到他想使微积分代数化、严密化的目的。不过，他用幂级数表示函数的处理方法对分析学的发展产生了影响，成为实变函数论的起点。

近百余年来，数学领域的许多新成就都可以直接或间接地溯源于拉格朗日的工作。所以他在数学史上被认为是对分析数学的发展产生全面影响的数学家之一，被誉为“欧洲最伟大的数学家”。

习题 6

1．求下列函数的定义域.

（1）$z=\sqrt{x-\sqrt{y}}$；（2）$z=\ln(y-x)+\dfrac{\sqrt{x}}{\sqrt{1-x^2-y^2}}$；

（3）$u=\sqrt{R^2-x^2-y^2-z^2}+\dfrac{1}{\sqrt{x^2+y^2+z^2-r^2}}\quad(R>r>0)$.

2．求下列极限.

（1）$\lim\limits_{\substack{x\to1\\y\to0}}\dfrac{\ln(x+e^y)}{\sqrt{x^2+y^2}}$；（2）$\lim\limits_{\substack{x\to0\\y\to0}}\dfrac{2-\sqrt{xy+4}}{xy}$；（3）$\lim\limits_{\substack{x\to5\\y\to0}}\dfrac{\sin xy}{y}$；（4）$\lim\limits_{\substack{x\to0\\y\to1}}(1+xy)^{\frac{1}{y}}$.

3．求下列函数的一阶偏导数．

（1）$z=x^3+3xy+y^2$；（2）$z=x^y\cdot y^x$；（3）$z=y\sin(x+y)$．

4．设 $f(u,v)=uv$，求 $f(xy,x+y)$．

5．设 $f(x,y)=x^2+y^2$，求 $f\left[\sin(x+y),\mathrm{e}^{xy}\right]$．

6．求下列函数在指定点处的偏导数．

（1）$f(x,y)=x+y-\sqrt{x^2+y^2}$，求 $f_x'(3,4)$．

（2）$f(x,y)=\arctan\dfrac{y}{x}$，求 $f_x'(1,1)$，$f_y'(1,1)$．

7．求下列函数的二阶偏导数．

（1）$z=x^3+3x^2y+y^4+2$；（2）$z=x\ln(x+y)$．

8．求下列函数的全微分．

（1）$z=\ln(3x-2y)$；（2）$u=\sin(x^2+y^2+z^2)$；（3）$z=\dfrac{x+y}{x-y}$；（4）$z=\arctan\dfrac{y}{x}$．

9．设 $z=x^2y$，而 $x=\cos t$，$y=\sin t$，求 $\dfrac{\mathrm{d}z}{\mathrm{d}t}$．

10．设 $z=\mathrm{e}^{2x-y}$，而 $x=3t^2$，$y=2t^3$，求 $\dfrac{\mathrm{d}z}{\mathrm{d}t}$．

11．设 $z=\arctan(xy)$，而 $y=\mathrm{e}^x$，求 $\dfrac{\mathrm{d}z}{\mathrm{d}x}$．

12．设 $z=\ln(\mathrm{e}^u+v)$，而 $u=xy$，$v=x^2-y^2$，求 $\dfrac{\partial z}{\partial x}$，$\dfrac{\partial z}{\partial y}$．

13．设 $z=\mathrm{e}^u\sin v$，而 $u=x^2$，$v=\dfrac{y}{x}$，求 $\dfrac{\partial z}{\partial x}$，$\dfrac{\partial z}{\partial y}$．

14．设 $\mathrm{e}^{xy}-xy^2=\sin y$，求 $\dfrac{\mathrm{d}y}{\mathrm{d}x}$．

15．试用二重积分表示半球 $x^2+y^2+z^2\leqslant a^2$，$z\geqslant 0$ 的体积 V．

16．利用二重积分的性质估计积分 $I=\iint\limits_D xy(x+y)\mathrm{d}\sigma$ 的值，其中

$D=\left\{(x,y)\middle|0\leqslant x\leqslant 1,0\leqslant y\leqslant 1\right\}$．

17．计算下列二重积分．

（1）$\iint\limits_D (3x+2y)\mathrm{d}x\mathrm{d}y$，其中 D 是由直线 $x=0, y=0$ 及 $x+y=2$ 所围成的闭区域.

（2）$\iint\limits_D \frac{x^2}{y^2}\mathrm{d}x\mathrm{d}y$，其中 D 是由 $xy=1, y=x$ 及 $x=2$ 所围成的闭区域.

（3）$\iint\limits_D \sin(x+y)\mathrm{d}\sigma$，其中 D 是由 $x=0, y=\pi$ 及 $y=x$ 所围成的闭区域.

（4）$\iint\limits_D xy\,\mathrm{d}\sigma$，其中 D 是由 $y=x^2+1$，$y=2x$ 及 $x=0$ 所围成的闭区域.

18．交换下列二次积分的积分次序.

（1）$\int_0^2 \mathrm{d}y\int_{y^2}^{2y} f(x,y)\,\mathrm{d}x$；（2）$\int_1^2 \mathrm{d}y\int_1^y f(x,y)\,\mathrm{d}x+\int_2^4 \mathrm{d}y\int_{\frac{y}{2}}^2 f(x,y)\,\mathrm{d}x$.

自测题 6

一、选择题（每小题 3 分，共 21 分）

1．函数 $f(x,y)$ 在点 (x_0,y_0) 处连续是函数在该点可微分的（　）.

A.充分而不必要条件　　　　B.必要而不充分条件

C.必要而且充分条件　　　　D.既不必要也不充分条件

2．设函数 $f(x,y)$ 在点 (x_0,y_0) 处连续是函数在该点可偏导的（　）.

A.充分而不必要条件　　　　B.必要而不充分条件

C.必要而且充分条件　　　　D.既不必要也不充分条件

3．函数 $f(x,y)$ 在点 (x_0,y_0) 处偏导数存在是函数在该点可微分的（　）.

A. 充分而不必要条件　　　　B.必要而不充分条件

C. 必要而且充分条件　　　　D.既不必要也不充分条件

4．对于二元函数 $z=f(x,y)$，下列结论正确的是（　）.

A.若 $\lim\limits_{\substack{x\to x_0\\y\to y_0}} =A$，则必有 $\lim\limits_{x\to x_0} f(x,y)=A$ 且有 $\lim\limits_{y\to y_0} f(x,y)=A$

B.若在 (x_0,y_0) 处 $\frac{\partial z}{\partial x}$ 和 $\frac{\partial z}{\partial y}$ 都存在，则在点 (x_0,y_0) 处 $z=f(x,y)$ 可微

C.若在 (x_0,y_0) 处 $\frac{\partial z}{\partial x}$ 和 $\frac{\partial z}{\partial y}$ 存在且连续，则在点 (x_0,y_0) 处 $z=f(x,y)$ 可微

D.若 $\frac{\partial^2 z}{\partial x^2}$ 和 $\frac{\partial^2 z}{\partial y^2}$ 都存在，则 $\frac{\partial^2 z}{\partial x^2}=\frac{\partial^2 z}{\partial y^2}$

5．二元函数 $z=f(x,y)$ 在点 (x_0,y_0) 处满足关系（　）.

A.可微（指全微分存在）$\Leftrightarrow$ 可导（指偏导数存在）$\Rightarrow$ 连续

B.可微 $\Rightarrow$ 可导 $\Rightarrow$ 连续

C.可微 $\Rightarrow$ 可导，或可微 $\Rightarrow$ 连续，但可导不一定连续

D.可导 $\Rightarrow$ 连续，但可导不一定可微

6．设 $I=\int_1^3 \mathrm{d}x\int_0^{\ln x} f(x,y)\mathrm{d}y$，改变积分次序，则（　）.

A. $\int_0^{\ln 3}\mathrm{d}y\int_0^{\mathrm{e}^y} f(x,y)\mathrm{d}x$　　B. $\int_0^{\ln 3}\mathrm{d}y\int_{\mathrm{e}^y}^3 f(x,y)\mathrm{d}x$

C. $\int_0^{\ln 3}\mathrm{d}y\int_0^3 f(x,y)\mathrm{d}x$　　D. $\int_1^3\mathrm{d}y\int_0^{\ln x} f(x,y)\mathrm{d}x$

7．$z=f(x,y)$ 在 (x_0,y_0) 点偏导数存在，则在该点（　）.

A.全微存在　　B.偏导数连续　　C.函数连续　　D.A，B，C 均不对

二、填空题（每小题 3 分，共 21 分）

1．设 $f(x,y)=2x+y$，则 $f(1,2)=$________.

2．$z=\ln(x-y)$ 的定义域为________.

3．设 $f(x,y)=\sin x+(y-1)\ln(x^2+y^2)$，则 $f'_x(0,1)=$ ________.

4．设积分区域 $D: x^2+y^2\leqslant a^2$，且 $\iint\limits_D \mathrm{d}x\mathrm{d}y=9\pi$，则 $a=$ ________.

5．设 $f(x,y)$ 在[0,1]上连续，如果 $\int_0^1 f(x)\mathrm{d}x=3$，则 $\int_0^1\mathrm{d}x\int_0^1 f(x)f(y)\mathrm{d}y=$ ______.

6．$\lim\limits_{(x,y)\to(1,0)}\dfrac{\ln(x+\mathrm{e}^y)}{\sqrt{x^2+y^2}}=$ ________.

7．函数 $z=x^2-y^2+2x-4y$ 的驻点为________.

三、计算题（每小题 6 分，共 36 分）

1．$\lim\limits_{(x,y)\to(0,0)}\dfrac{\sin 2(x^2+y^2)}{x^2+y^2}$.

2．$\lim\limits_{(x,y)\to(2,1)}\dfrac{2xy+x^2y^2}{x^2+y^2}$.

3．设 $\dfrac{x}{z}=\ln\dfrac{z}{y}$，求 $\dfrac{\partial z}{\partial x}$.

4．已知 $z=xy^2$，求全微分 $\mathrm{d}z$.

5．设 $z=f\left(ax,by\right)$，其中 f 具有连续的二阶偏导数，求 $\dfrac{\partial^2 z}{\partial x\partial y}$.

6．设 $\sin y+e^x-xy^2=0$,求 $\dfrac{\mathrm{d}y}{\mathrm{d}x}$.

四、解答题（每小题 11 分，共 22 分）

1．计算二重积分 $\iint\limits_D\left(3x+2y\right)\mathrm{d}x\mathrm{d}y$，其中 D 是由直线 $x=0,y=0$ 及 $x+y=2$ 所围成的闭区域.

2．计算二重积分 $\iint\limits_D\left(3x+2y\right)\mathrm{d}x\mathrm{d}y$，其中 D 是由直线 $x=0,y=0$ 及 $y=x-1$ 所围成的闭区域.

综合提高题 6

1．设 $z=\sqrt{y}+f(\sqrt{x}-1)$，且当 $y=1$ 时，$z=x$，则 $f(y)=$________.

2．设 $z=(xy+1)^x$，则 $\dfrac{\partial z}{\partial x}=$________.

3．设 $z=(x+\mathrm{e}^y)^x$，则 $\dfrac{\partial z}{\partial x}\Big|_{(1,0)}=$________.

4．设二元函数 $z=x\mathrm{e}^{x+y}+(x+1)\ln(1+y)$，则 $\mathrm{d}z\,|_{(1,0)}=$________.

5．交换二次积分的积分次序：$\int_0^1\mathrm{d}y\int_2^{1-y}f(x,y)\mathrm{d}x=$________.

6．设 $f(x)$ 为连续函数，$F(t)=\int_1^t\mathrm{d}y\int_y^t f(x)\mathrm{d}x$，则 $F'(2)=$________.

7．积分 $\int_0^2\mathrm{d}x\int_x^2\mathrm{e}^{-y^2}\mathrm{d}y$ 的值等于________.

8．求极限 $\lim\limits_{(x,y)\to(0,0)}\dfrac{\sin xy}{x}$.

9．求极限 $\lim\limits_{(x,y)\to(0,0)}\dfrac{xy}{\sqrt{xy+4}-2}$.

10．求函数 $z=\arcsin(2x)+\dfrac{\sqrt{4x-y^2}}{\ln(1-x^2-y^2)}$ 的定义域.

11．设 $f(x,y)=\dfrac{xy}{x^2+y}$，求 $f(xy,\dfrac{x}{y})$.

12．设 $f(x,y)=\mathrm{e}^{\arctan\frac{y}{x}}\cdot\ln(x^2+y^2)$，求 $f_x'(1,0)$.

13．验证函数 $z=\sin(x-ay)$ 满足波动方程 $\dfrac{\partial^2 z}{\partial y^2}=a^2\dfrac{\partial^2 z}{\partial x^2}$.

14．设 $z=f(x,y)$ 是由方程 $z-y-x+x\mathrm{e}^{z-y-x}=0$ 所确定的二元函数，求 $\mathrm{d}z$.

15．计算由曲线 $y=\ln x$ 与两直线 $y=(\mathrm{e}+1)-x$ 及 $y=0$ 所围成的平面图形的面积.

16．计算二重积分 $\iint\limits_D\sqrt{y^2-xy}\,\mathrm{d}x\mathrm{d}y$，其中 D 是由直线 $y=x,y=1$ 及 $x=0$ 所围成的平面区域.

17．计算二重积分 $\iint\limits_D xy\mathrm{d}\sigma$，其中 D 是由直线 $y=1,x=1$ 及 $y=x$ 所围成的区域.

18．计算 $\iint\limits_D xy\mathrm{d}\sigma$，其中 D 是由曲线 $y^2=x$ 与直线 $y=x-2$ 所围成的区域.

19．设平面区域 D 由直线 $x=3y,y=3x,x+y=8$ 围成，计算 $\iint\limits_D x^2\mathrm{d}x\mathrm{d}y$.

20．计算积分 $\iint\limits_D\sqrt{x^2+y^2}\,\mathrm{d}x\mathrm{d}y$，其中 $D=\left\{(x,y)\,|\,0\leqslant y\leqslant x,x^2+y^2\leqslant 2x\right\}$.

把 $C=1$ 代入式（7-3），得所求曲线方程（称为微分方程满足条件 $y|_{x=1}=2$ 的解）：$y=x^2+1$.

例2 列车在平直线路上以 20 m/s（相当于 72 km/h）的速度行驶；当制动时列车获得加速度–0.4 m/s^2. 问开始制动后多少时间列车才能停住，以及列车在这段时间里行驶了多少路程？

解 设列车在开始制动后 t 秒时行驶了 s 米. 根据题意，反映制动阶段列车运动规律的函数 $s=s(t)$ 应满足关系式

$$\frac{d^2s}{dt^2}=-0.4 \tag{7-4}$$

此外，未知函数 $s=s(t)$ 还应满足下列条件：

$$t=0\text{时，}\ s=0\text{，}\ v=\frac{ds}{dt}=20\text{. 简记为 } s|_{t=0}=0\text{，}\ s'|_{t=0}=20 \tag{7-5}$$

把式（7-4）两端积分一次，得

$$v=\frac{ds}{dt}=-0.4t+C_1 \tag{7-6}$$

再积分一次，得

$$s=-0.2t^2+C_1t+C_2 \tag{7-7}$$

这里 C_1，C_2 都是任意常数.

把条件 $v|_{t=0}=20$ 代入式（7-6）得 $C_1=20$；

把条件 $s|_{t=0}=0$ 代入式（7-7）得 $C_2=0$.

把 C_1，C_2 的值代入式（7-6）及式（7-7）式得

$$v=-0.4t+20 \tag{7-8}$$

$$s=-0.2t^2+20t \tag{7-9}$$

在式（7-8）中令 $v=0$，得到列车从开始制动到完全停住所需的时间

$$t=\frac{20}{0.4}=50\text{（s）}$$

再把 $t=50$ 代入式（7-9），得到列车在制动阶段行驶的路程

$$s=-0.2\times50^2+20\times50=500\text{（m）}$$

7.1.2 微分方程的基本概念

微分方程：含有未知函数的导数或微分的方程叫微分方程.

常微分方程：未知函数是一元函数的微分方程，叫常微分方程.

偏微分方程：未知函数是多元函数的微分方程，叫偏微分方程.

微分方程的阶：微分方程中所出现的未知函数的导数或微分的最高阶数，叫微分方程的阶. 如

$x^3y''' + x^2y'' - 4xy' = 3x^2$ 是三阶微分方程；

$y^{(4)} - 4y''' + 10y'' - 12y' + 5y = \sin 2x$ 是四阶微分方程；

$y^{(n)} + 1 = 0$ 是 n 阶微分方程；

一般地 n 阶微分方程：$F[x, y, \cdots, y^{(n)}] = 0$.

微分方程的解：满足微分方程的函数（把函数代入微分方程能使该方程成为恒等式）叫作该微分方程的解.

通解：如果微分方程的解中含有任意常数，且任意常数的个数与微分方程的阶数相同，这样的解叫作微分方程的通解.

初始条件：用于确定通解中任意常数的条件，称为初始条件. 如

$x = x_0$ 时，$y = y_0$，$y' = y_0'$.

一般写成 $y\big|_{x=x_0} = y_0$，$y'\big|_{x=x_0} = y_0'$.

特解：确定了通解中的任意常数以后，就得到微分方程的特解，即不含任意常数的解.

初值问题：求微分方程满足初始条件的解的问题称为初值问题.

如求微分方程 $y' = f(x, y)$ 满足初始条件 $y\big|_{x=x_0} = y_0$ 的解的问题，记作 $\begin{cases} y' = f(x, y) \\ y\big|_{x=x_0} = y_0 \end{cases}$.

积分曲线：微分方程的解的图形是一条曲线，叫作微分方程的积分曲线.

例 3 验证函数 $x = C_1\cos kt + C_2\sin kt$ 是微分方程 $\dfrac{\mathrm{d}^2x}{\mathrm{d}t^2} + k^2x = 0$ 的解.

解 求所给函数的导数：

$$\frac{\mathrm{d}x}{\mathrm{d}t} = -kC_1\sin kt + kC_2\cos kt ,$$

$$\frac{\mathrm{d}^2x}{\mathrm{d}t^2} = -k^2C_1\cos kt - k^2C_2\sin kt = -k^2(C_1\cos kt + C_2\sin kt) .$$

将 $\dfrac{d^2x}{dt^2}$ 及 x 的表达式代入所给方程，得

$$-k^2(C_1\cos kt+C_2\sin kt)+k^2(C_1\cos kt+C_2\sin kt)\equiv 0$$

这表明函数 $x=C_1\cos kt+C_2\sin kt$ 满足方程 $\dfrac{d^2x}{dt^2}+k^2x=0$，因此所给函数是微分方程 $\dfrac{d^2x}{dt^2}+k^2x=0$ 的解.

例 4 已知函数 $x=C_1\cos kt+C_2\sin kt$（$k\neq 0$）是微分方程 $\dfrac{d^2x}{dt^2}+k^2x=0$ 的通解，求满足初始条件 $x|_{t=0}=A$，$x'|_{t=0}=0$ 的特解.

解 由条件 $x|_{t=0}=A$ 及 $x=C_1\cos kt+C_2\sin kt$，得 $C_1=A$.

再由条件 $x'|_{t=0}=0$ 及 $x'=-kC_1\sin kt+kC_2\cos kt$，得 $C_2=0$.

把 C_1，C_2 的值代入 $x=C_1\cos kt+C_2\sin kt$ 中，

得满足初始条件的特解为：$x=A\cos kt$.

7.2 一阶微分方程

本节我们介绍两种最基本类型的一阶微分方程：可分离变量的微分方程和一阶线性微分方程的求解方法. 其中可分离变量的微分方程是基础.

7.2.1 可分离变量的微分方程

定义 1 形如

$$\frac{dy}{dx}=f(x)g(y) \tag{7-10}$$

的微分方程，称为可分离变量的微分方程.

其中 $f(x)$，$g(y)$ 都是连续函数. 根据这种方程的特点，可以通过积分来求解.

设 $g(y)\neq 0$，则式（7-10）可变换为 $\dfrac{1}{g(y)}dy=f(x)dx$

两边积分得

$$\int\frac{1}{g(y)}dy=\int f(x)dx$$

求出不定积分，即为方程（7-10）的通解.

例 1 求微分方程 $\dfrac{dy}{dx}=\dfrac{y}{x}$ 的通解.

解 分离变量得 $$\frac{dy}{y}=\frac{dx}{x}$$

两边积分，得 $$\ln|y|=\ln|x|+C_1$$

所以，所求方程的通解为 $$y=Cx$$

例 2 求微分方程 $e^y(1+x^2)dy=2x(1+e^y)dx$ 的通解.

解 分离变量得 $$\frac{e^y}{1+e^y}dy=\frac{2x}{1+x^2}dx$$

两边积分 $$\int\frac{e^y}{1+e^y}dy=\int\frac{2x}{1+x^2}dx$$

得 $$\ln(1+e^y)=\ln(1+x^2)+\ln C$$

即 $$1+e^y=C(1+x^2)$$

所以方程的通解为 $$y=\ln\left[C(1+x^2)-1\right]$$

在求微分方程的通解时，为使通解的形式简单，往往需要根据问题的特点把任意常数写成某种特定的形式．如在例 2 中，任意常数改写成了 $\ln C$．

7.2.2 一阶线性微分方程

定义 2 形如

$$y'+p(x)y=q(x) \tag{7-11}$$

的方程，叫作一阶线性微分方程．其中 $p(x)$ 和 $q(x)$ 都是关于 x 的已知函数．

当 $q(x)=0$ 时，则 $$y'+p(x)y=0 \tag{7-12}$$

叫作一阶线性齐次微分方程.

当 $q(x)\neq 0$ 时，方程（7-11）称为一阶线性非齐次微分方程.

在讨论一阶线性微分方程之前，我们先讨论一阶线性齐次微分方程.

由于 $y'+p(x)y=0$ 是可分离变量的微分方程，于是可化为

$$\int\frac{dy}{y}=-\int p(x)dx$$

即

$$\ln|y|=-\int p(x)dx+C_1$$

所以一阶线性齐次方程的通解为 $y=Ce^{-\int p(x)dx}$.

将一阶线性齐次方程通解中的常数 C 换为未知函数 $C(x)$，这里 $C(x)$ 是一个待定的函

数，即设非齐次方程有如下形式的解

$$y = C(x)\mathrm{e}^{-\int p(x)\mathrm{d}x}$$

将上式及其导数代入非齐次方程可得

$$C'(x)\mathrm{e}^{-\int p(x)\mathrm{d}x} - C(x)\mathrm{e}^{-\int p(x)\mathrm{d}x}p(x) + p(x)C(x)\mathrm{e}^{-\int p(x)\mathrm{d}x} = q(x)$$

化简得 $$C'(x) = q(x)\mathrm{e}^{\int p(x)\mathrm{d}x}$$

两边积分得 $$C(x) = \int q(x)\mathrm{e}^{\int p(x)\mathrm{d}x}\mathrm{d}x + C$$

于是一阶线性非齐次微分方程的通解为

$$y = \mathrm{e}^{-\int p(x)\mathrm{d}x}\left(\int q(x)\mathrm{e}^{\int p(x)\mathrm{d}x}\mathrm{d}x + C\right)$$

上述求通解的过程称为“常数变易法”，其实质是未知函数的变量代换，用新未知函数 $C(x)$ 代换齐次方程通解中的常数 C，经过整理后得到了关于 $C(x)$ 的可求解的方程.

在求解具体方程时，不必记忆公式，可以按照常数变易法的步骤来求.

例 3　求微分方程 $\dfrac{\mathrm{d}y}{\mathrm{d}x} = \dfrac{2}{x}y + \dfrac{1}{2}x$ 的通解.

解　先解对应的齐次方程 $$\frac{\mathrm{d}y}{\mathrm{d}x} = \frac{2}{x}y$$

通解为 $$y = Cx^2$$

采用常数变易法，令非齐次方程的通解为 $y = C(x)x^2$

代入原方程，化简后得 $$C'(x) = \frac{1}{2x}$$

积分得 $$C(x) = \frac{1}{2}\ln|x| + C_0$$

代回后即得原方程的通解 $$y = x^2\left(\frac{1}{2}\ln|x| + C_0\right)$$

例 4　求微分方程 $y' + 2xy = 2x\mathrm{e}^{-x^2}$ 的通解.

解　先解对应的齐次方程 $$y' + 2xy = 0$$

通解为 $$y = C\mathrm{e}^{-x^2}$$

利用常数变易法，令原方程的通解为 $$y = C(x)\mathrm{e}^{-x^2}$$

代入原方程得 $$C'(x)\mathrm{e}^{-x^2} - 2xC(x)\mathrm{e}^{-x^2} + 2xC(x)\mathrm{e}^{-x^2} = 2x\mathrm{e}^{-x^2}$$

即 $$C'(x) = 2x$$

所以 $$C(x)=x^2+C_0$$

于是，原方程的通解为 $$y=(x^2+C_0)\mathrm{e}^{-x^2}$$

例 5 已知某产品的总利润 L 与广告支出 x 的函数关系为 $\dfrac{\mathrm{d}L}{\mathrm{d}x}=1-L-x$，当 $x=0$ 时，$L(0)=3$，求总利润函数.

解 将方程化为 $\dfrac{\mathrm{d}L}{\mathrm{d}x}+L=1-x$

这是一阶线性非齐次方程，其中 $p(x)=1$，$q(x)=1-x$

由公式得所求通解为

$$\begin{aligned}L&=\mathrm{e}^{-\int\mathrm{d}x}\left[\int(1-x)\mathrm{e}^{\int\mathrm{d}x}\mathrm{d}x+C\right]\\&=\mathrm{e}^{-x}\left[\int(1-x)\mathrm{e}^{x}\mathrm{d}x+C\right]\\&=\mathrm{e}^{-x}\left[(2-x)\mathrm{e}^{x}+C\right]\\&=C\mathrm{e}^{-x}-x+2\end{aligned}$$

将 $x=0$ 时，$L(0)=3$ 代入上式得 $C=1$，

所以总利润函数为：$L=\mathrm{e}^{-x}-x+2$

7.3 二阶常系数线性齐次微分方程

形如

$$y''+py'+qy=0$$

的方程称为二阶常系数线性齐次微分方程，其中 p、q 均为常数.

如果 y_1、y_2 是二阶常系数线性齐次微分方程的两个线性无关解，那么 $y=C_1y_1+C_2y_2$ 就是它的通解.

我们看看，能否适当选取 r，使 $y=\mathrm{e}^{rx}$ 满足二阶常系数线性齐次微分方程，为此将 $y=\mathrm{e}^{rx}$ 代入方程 $y''+py'+qy=0$ 得

$$(r^2+pr+q)\mathrm{e}^{rx}=0$$

由此可见，只要 r 满足代数方程 $r^2+pr+q=0$，函数 $y=\mathrm{e}^{rx}$ 就是微分方程的解.

代数方程 $r^2+pr+q=0$ 叫作微分方程 $y''+py'+qy=0$ 的特征方程，特征方程的两个根 r_1、r_2 称为特征根.

可用公式 $r_{1,2}=\dfrac{-p\pm\sqrt{p^2-4q}}{2}$ 求出.

特征根与微分方程通解的关系：

（1）特征方程有两个不相等的实根 r_1、r_2 时，函数 $y_1=e^{r_1x}$ 与 $y_2=e^{r_2x}$ 是微分方程的两个线性无关的解.

这是因为，函数 $y_1=e^{r_1x}$ 与 $y_2=e^{r_2x}$ 是方程的解，又 $\dfrac{y_1}{y_2}=\dfrac{e^{r_1x}}{e^{r_2x}}=e^{(r_1-r_2)x}$ 不是常数，因此微分方程的通解为 $y=C_1e^{r_1x}+C_2e^{r_2x}$.

（2）特征方程有两个相等的实根 $r_1=r_2=r$ 时，函数 $y_1=e^{r_1x}$ 与 $y_2=xe^{r_2x}$ 是二阶常系数线性齐次微分方程的两个线性无关的解.

这是因为，$y_1=e^{r_1x}$ 是方程的解，又

$$(xe^{r_1x})''+p(xe^{r_1x})'+q(xe^{r_1x})=(2r_1+xr_1^2)e^{r_1x}+p(1+xr_1)e^{r_1x}+qxe^{r_1x}$$

$$=e^{r_1x}(2r_1+p)+xe^{r_1x}(r_1^2+pr_1+q)=0$$

所以 $y_2=xe^{r_2x}$ 也是方程的解，且 $\dfrac{y_2}{y_1}=\dfrac{xe^{r_2x}}{e^{r_1x}}=x$ 不是常数，

因此微分方程的通解为 $y=C_1e^{r_1x}+C_2xe^{r_2x}$

即

$$y=(C_1+C_2x)e^{rx}.$$

（3）特征方程有一对共轭复根 $r_{1,2}=\alpha\pm i\beta$ 时，函数 $y=e^{(\alpha+i\beta)x}$ 与 $y=e^{(\alpha-i\beta)x}$ 是微分方程的两个线性无关的复数形式的解. 我们可利用欧拉公式和叠加原理求出实数形式解. 即由欧拉公式，有

$$y_1=e^{(\alpha+i\beta)x}=e^{\alpha x}(\cos\beta x+i\sin\beta x)$$

$$y_2=e^{(\alpha-i\beta)x}=e^{\alpha x}(\cos\beta x-i\sin\beta x)$$

利用叠加原理，得微分方程的线性无关解

$$\overline{y_1}=\frac{1}{2}(y_1+y_2)=e^{\alpha x}\cos\beta x$$

$$\overline{y_2}=\frac{1}{2i}(y_1-y_2)=e^{\alpha x}\sin\beta x$$

因此微分方程的通解为 $y=e^{\alpha x}(C_1\cos\beta x+C_2\sin\beta x)$.

根据如上讨论，求二阶常系数线性齐次微分方程 $y''+py'+qy=0$ 的通解的步骤为：

第一步 写出微分方程的特征方程 $r^2+pr+q=0$；

第二步 求出特征方程的两个根 r_1 与 r_2；

第三步 根据特征方程两个根的不同情况，按照下列表格写出微分方程的通解.

特征方程 $r^2+pr+q=0$ 的两个根 r_1，r_2	微分方程 $y''+py'+qy=0$ 的通解 y
两个不等实根 $r_1\neq r_2$	$y=C_1\mathrm{e}^{r_1x}+C_2\mathrm{e}^{r_2x}$
两个相等实根 $r_1=r_2=r$	$y=(C_1+C_2x)\mathrm{e}^{rx}$
一对共轭复根 $r_{1,2}=\alpha\pm i\beta$	$y=\mathrm{e}^{\alpha x}(C_1\cos\beta x+C_2\sin\beta x)$

例 1 求微分方程 $y''-2y'-3y=0$ 的通解.

解 所给微分方程的特征方程为 $r^2-2r-3=0$

特征根为 $r_1=-1$，$r_2=3$

因此所求通解为 $y=C_1\mathrm{e}^{-x}+C_2\mathrm{e}^{3x}$

例 2 求方程 $y''+2y'+y=0$ 满足初始条件 $y|_{x=0}=4$，$y'|_{x=0}=-2$ 的特解.

解 所给方程的特征方程为 $r^2+2r+1=0$

特征根为 $r_1=r_2=-1$

因此所给微分方程的通解为 $y=(C_1+C_2x)\mathrm{e}^{-x}$

将条件 $y|_{x=0}=4$ 代入通解，得 $C_1=4$，从而 $y=(4+C_2x)\mathrm{e}^{-x}$

将上式对 x 求导，得 $y'=(C_2-4-C_2x)\mathrm{e}^{-x}$

再把条件 $y'|_{x=0}=-2$ 代入上式，得 $C_2=2$

于是所求特解为 $y=(4+2x)\mathrm{e}^{-x}$

例 3 求微分方程 $y''-2y'+5y=0$ 的通解.

解 所给方程的特征方程为 $r^2-2r+5=0$

特征根为 $r_{1,2}=1\pm 2i$

因此所求通解为 $y=\mathrm{e}^{x}(C_1\cos 2x+C_2\sin 2x)$

7.4 二阶常系数线性非齐次微分方程

二阶常系数线性非齐次微分方程的一般形式是

$$y''+py'+qy=f(x)$$

其中 p、q 是常数.

二阶常系数线性非齐次微分方程的通解是对应的齐次方程的通解 $y=Y(x)$ 与非齐次方程本身的一个特解 $y=y^*(x)$ 之和：

$$y=Y(x)+y^*(x)$$

下面介绍当自由项 $f(x)$ 为两种特殊形式时，方程的特解的求法.

7.4.1 $f(x)=P_m(x)\mathrm{e}^{\lambda x}$ 型

当 $f(x)=P_m(x)\mathrm{e}^{\lambda x}$ 时，可以猜想，方程的特解也应具有这种形式. 因此，设特解形式为 $y^*=Q(x)\mathrm{e}^{\lambda x}$，将其代入方程，得等式

$$Q''(x)+(2\lambda+p)Q'(x)+(\lambda^2+p\lambda+q)Q(x)=P_m(x)$$

（1）如果 λ 不是特征方程 $r^2+pr+q=0$ 的根，则 $\lambda^2+p\lambda+q\neq 0$. 要使上式成立，$Q(x)$ 应设为 m 次多项式：

$$Q_m(x)=b_0x^m+b_1x^{m-1}+b_2x^{m-2}+\cdots+b_{m-1}x+b_m$$

通过比较等式两边同次项系数，可以确定 b_0，b_1，$b_2,\cdots$，b_{m-1}，b_m 的值，并得所求特解为

$$y^*=Q_m(x)\mathrm{e}^{\lambda x}$$

（2）如果 λ 是特征方程 $r^2+pr+q=0$ 的单根，则 $\lambda^2+p\lambda+q=0$，但 $2\lambda+p\neq 0$，要使等式 $Q''(x)+(2\lambda+p)Q'(x)+(\lambda^2+p\lambda+q)Q(x)=P_m(x)$ 成立，$Q(x)$ 应设为 $m+1$ 次多项式：

$$Q(x)=xQ_m(x)$$

$$Q_m(x)=b_0x^m+b_1x^{m-1}+b_2x^{m-2}+\cdots+b_{m-1}x+b_m$$

通过比较等式两边同次项系数，可确定 b_0，b_1，$b_2,\cdots$，b_{m-1}，b_m 的值，并得所求特解为

$$y^*=xQ_m(x)\mathrm{e}^{\lambda x}$$

（3）如果 λ 是特征方程 $r^2+pr+q=0$ 的二重根，则 $\lambda^2+p\lambda+q=0$，且 $2\lambda+p=0$，要使等式 $Q''(x)+(2\lambda+p)Q'(x)+(\lambda^2+p\lambda+q)Q(x)=P_m(x)$ 成立，$Q(x)$ 应设为 $m+2$ 次多项式：

$$Q(x)=x^2Q_m(x)$$

$$Q_m(x)=b_0x^m+b_1x^{m-1}+b_2x^{m-2}+\cdots+b_{m-1}x+b_m$$

通过比较等式两边同次项系数，可确定 b_0，b_1，$b_2,\cdots$，b_{m-1}，b_m 的值，并得所求特解为

$$y^* = x^2 Q_m(x)e^{\lambda x}$$

综上所述，我们有如下结论：二阶常系数线性非齐次微分方程 $y'' + py' + qy = P_m(x)e^{\lambda x}$ 有形如

$$y^* = x^k Q_m(x)e^{\lambda x}$$

的特解，其中 $Q_m(x)$ 是与 $P_m(x)$ 同次的多项式，而 k 按 λ 不是特征方程的根、是特征方程的单根或是特征方程的重根依次取为 0、1 或 2.

例 1 求微分方程 $y'' - 2y' - 3y = 3x + 1$ 的一个特解.

解 这是二阶常系数线性非齐次微分方程，且函数 $f(x)$ 是 $P_m(x)e^{\lambda x}$ 型，其中

$$P_m(x) = 3x + 1,\quad \lambda = 0$$

所给方程对应的齐次方程为 $y'' - 2y' - 3y = 0$

它的特征方程为 $r^2 - 2r - 3 = 0$

由于这里 $\lambda = 0$ 不是特征方程的根，所以应设特解为

$$y^* = b_0 x + b_1$$

把它代入所给方程，得 $-3b_0 x - 2b_0 - 3b_1 = 3x + 1$

比较两端 x 同次幂的系数，得 $\begin{cases} -3b_0 = 3 \\ -2b_0 - 3b_1 = 1 \end{cases}$

由此求得 $b_0 = -1$，$b_1 = \dfrac{1}{3}$.

于是所给方程的一个特解为 $y^* = -x + \dfrac{1}{3}$.

例 2 求微分方程 $y'' - 5y' + 6y = xe^{2x}$ 的通解.

解 所给方程是二阶常系数线性非齐次微分方程，且 $f(x)$ 是 $P_m(x)e^{\lambda x}$ 型，其中

$$P_m(x) = x,\quad \lambda = 2$$

所给方程对应的齐次方程为 $y'' - 5y' + 6y = 0$

它的特征方程为 $r^2 - 5r + 6 = 0$

特征方程有两个实根 $r_1 = 2$，$r_2 = 3$

于是所给方程对应的齐次方程的通解为

$$Y = C_1 e^{2x} + C_2 e^{3x}$$

由于 $\lambda = 2$ 是特征方程的单根，

所以应设方程的特解为 $y^* = x(b_0x + b_1)e^{2x}$

把它代入所给方程，得

$$-2b_0x + 2b_0 - b_1 = x$$

比较两端 x 同次幂的系数，得

$$\begin{cases} -2b_0 = 1 \\ 2b_0 - b_1 = 0 \end{cases}$$

由此求得 $b_0 = -\dfrac{1}{2}$，$b_1 = -1$

于是求得所给方程的一个特解为

$$y^* = x\left(-\frac{1}{2}x - 1\right)e^{2x}$$

从而所给方程的通解为

$$y = C_1e^{2x} + C_2e^{3x} - \frac{1}{2}(x^2 + 2x)e^{2x}$$

7.4.2 $f(x) = e^{\lambda x}\left[P_l(x)\cos\omega x + P_n(x)\sin\omega x\right]$型

这里 λ，ω 为常数，$P_l(x)$，$P_n(x)$ 分别为 l 次，n 次多项式．我们仅给出如下结论：方程 $y'' + py' + qy = e^{\lambda x}\left[P_l(x)\cos\omega x + P_n(x)\sin\omega x\right]$ 具有形如

$$y^* = x^k e^{\lambda x}\left[R_m^{(1)}(x)\cos\omega x + R_m^{(2)}(x)\sin\omega x\right]$$

的特解，$R_m^{(1)}(x)$，$R_m^{(2)}(x)$ 均为 m 次待定多项式，$m = \max\{n, l\}$，k 按 $\lambda + i\omega$ 不是特征根、是特征根的单根依次取 0、1．

例 3 求微分方程 $y'' + y = x\cos 2x$ 的一个特解．

解 所给方程是二阶常系数线性非齐次微分方程，且 $f(x)$ 属于 $e^{\lambda x}\left[P_l(x)\cos\omega x + P_n(x)\sin\omega x\right]$ 型，其中 $\lambda = 0$，$\omega = 2$，$P_l(x) = x$，$P_n(x) = 0$．所给方程对应的齐次方程为 $y'' + y = 0$，它的特征方程为 $r^2 + 1 = 0$．由于这里 $\lambda + i\omega = 2i$ 不是特征方程的根，所以应设特解为

$$y^* = (ax + b)\cos 2x + (cx + d)\sin 2x$$

把它代入所给方程，得

$$(-3ax - 3b + 4c)\cos 2x - (3cx + 3d + 4a)\sin 2x = x\cos 2x$$

比较两端同类项的系数，得$\begin{cases}-3a=1\\-3b+4c=0\\-3c=0\\-4a-3d=0\end{cases}$

即$a=-\frac{1}{3}$，$b=0$，$c=0$，$d=\frac{4}{9}$．

于是求得一个特解为 $y^*=-\frac{1}{3}x\cos 2x+\frac{4}{9}\sin 2x$．

本章小结

本章主要学习了微分方程的有关概念，两种常见的一阶微分方程和二阶常系数线性微分方程的求解方法．

1．可分离变量的微分方程

形如$\frac{\mathrm{d}y}{\mathrm{d}x}=f(x)g(y)$的微分方程，称为可分离变量的微分方程．

求通解时先分离变量，然后两边积分．

2．一阶线性齐次微分方程$y'+p(x)y=0$就是可分离变量的方程．

3．一阶线性非齐次微分方程$y'+p(x)y=q(x)$

求通解时用“常数变易法”或套用通解公式．

4．二阶常系数线性齐次微分方程$y''+py'+qy=0$

求通解的步骤为：

（1）写出微分方程的特征方程$r^2+pr+q=0$；

（2）求出特征方程的两个根r_1与r_2；

（3）根据特征方程的两个根的不同情况，按照下列表格写出微分方程的通解．

特征方程$r^2+pr+q=0$的两个根r_1，r_2	微分方程$y''+py'+qy=0$的通解y
两个不等实根$r_1\neq r_2$	$y=C_1\mathrm{e}^{r_1x}+C_2\mathrm{e}^{r_2x}$
两个相等实根$r_1=r_2=r$	$y=(C_1+C_2x)\mathrm{e}^{rx}$
一对共轭复根$r_{1,2}=\alpha\pm i\beta$	$y=\mathrm{e}^{\alpha x}(C_1\cos\beta x+C_2\sin\beta x)$

5．二阶常系数线性非齐次微分方程$y''+py'+qy=f(x)$，其中p、q是常数．

（1）二阶常系数线性非齐次微分方程$y''+py'+qy=P_m(x)\mathrm{e}^{\lambda x}$有形如

$$y^* = x^k Q_m(x)\mathrm{e}^{\lambda x}$$

的特解，其中 $Q_m(x)$ 是与 $P_m(x)$ 同次的多项式，而 k 按 λ 不是特征方程的根、是特征方程的单根或是特征方程的重根依次取为 0、1 或 2.

（2）方程 $y'' + py' + qy = \mathrm{e}^{\lambda x}\left[P_l(x)\cos\omega x + P_n(x)\sin\omega x\right]$ 具有形如

$$y^* = x^k \mathrm{e}^{\lambda x}\left[R_m^{(1)}(x)\cos\omega x + R_m^{(2)}(x)\sin\omega x\right]$$

的特解，$R_m^{(1)}(x)$，$R_m^{(2)}(x)$ 均为 m 次待定多项式，$m = \max\{n, l\}$，k 按 $\lambda + i\omega$ 不是特征根、是特征根的单根依次取 0、1.

阅读材料

罗尔

罗尔（Rolle）是法国数学家，1652 年 4 月 21 日生于昂贝尔特，1719 年 11 月 8 日卒于巴黎。

罗尔出生于小店家庭，只受过初等教育，且结婚过早，年轻时贫困潦倒，靠充当公证人与律师抄录员的微薄收入养家糊口。他利用业余时间刻苦自学代数与丢番图的著作，并很有心得。1682 年，他解决了数学家奥扎南提出一个数论难题，受到了学术界的好评，从而声名鹊起，也使他的生活有了转机，此后担任初等数学教师和陆军部行征官员。1685 年进入法国科学院，担任低级职务，到 1690 年才获得科学院发给的固定薪水。此后他一直在科学院供职，1719 年因中风去世。

罗尔在数学上的成就主要是在代数方面，专长于丢番图方程的研究。罗尔所处的时代正当牛顿、莱布尼茨的微积分诞生不久，由于这一新生事物不存在逻辑上的缺陷，从而遭受多方面的非议，其中也包括罗尔，并且他是反对派中最直言不讳的一员。1700 年，在法国科学院发生了一场有关无穷小方法是否真实的论战。在这场论战中，罗尔认为无穷小方法由于缺乏理论基础将导致谬误，并说："微积分是巧妙的谬论的汇集"。他与瓦里格农、索弗尔等人之间展开了异常激烈的争论。约翰·伯努利还讽刺罗尔不懂微积分。由于罗尔对此问题表现得异常激动，致使科学院不得不屡次出面干预。直到 1706 年秋天，罗尔才向瓦里格农、索弗尔等人承认他已经放弃了自己的观点，并且充分认识到无穷小分析新方法的价值。

罗尔于 1691 年在题为《任意次方程的一个解法的证明》的论文中指出了：在多项式方程 $f(x)=0$ 的两个相邻的实根之间，方程 $f(x)=0$ 至少有一个根。100 多年后，即 1846 年，尤斯托·伯拉维提斯将这一定理推广到可微函数，并把此定理命名为罗尔定理。

习题 7

1．指出下列微分方程的阶数．

（1）$(y')^2+2y'=3$；（2）$\left(\dfrac{dy}{dx}\right)^2+x\dfrac{dy}{dx}+y^2=\sin x$；

（3）$y'y'''-(y'')^2=1$；（4）$\dfrac{d^2y}{dx^2}-\left(\dfrac{dy}{dx}\right)^2+xy=0$；

（5）$dy+xy^2dx=0$；（6）$y^{(4)}+y(y''')^2=x(y')^5$．

2．验证下列函数是否是所给微分方程的解．

（1）$y=x^2e^x$，$y''-2y'+y=0$；（2）$y=x^2$，$(y')^2+y=x^2+4$；

（3）$y=-\dfrac{1}{x^2+C}$，$y'=2xy^2$；（4）$y=x+\int_0^x e^{-t^2}dt$，$y''+2xy'=x$．

3．给定一阶微分方程 $y'=2x$

（1）求出它的通解；

（2）求出通过点 $(1,4)$ 的特解；

（3）求出与直线 $y=2x+3$ 相切的特解．

4．过 $(0,1)$ 点的曲线，其上任意一点 $M(x,y)$ 处的切线斜率等于弦 OM 斜率的倒数，求该曲线方程．

5．求下列微分方程的通解．

（1）$xdy+ydx=0$；（2）$xdx-ydy=0$；（3）$y'+8y=0$；

（4）$y'=\dfrac{y^2}{x^2}$；（5）$x\dfrac{dy}{dx}=y\ln y$；（6）$\dfrac{dy}{dx}+y=e^x$；

（7）$y'-\dfrac{2y}{x}=x^2\sin x$；（8）$y'\cos x-y\sin x=-1$．

6．求下列微分方程的特解．

（1）$\dfrac{dy}{dx}=\dfrac{y}{2\sqrt{x}}$，$y|_{x=4}=1$；（2）$\dfrac{dy}{dx}-e^xy=0$，$y|_{x=0}=e^2$．

7．已知某产品的利润 L 是广告支出的函数，且满足

$$\frac{dL}{dx}=b-a(L+x)\ （a>0，b>0，常数）$$

当 $x=0$ 时，$L(0)=L_0$，求利润函数 $L(x)$．

8．求下列微分方程的通解．

（1）$y''-5y'+6y=0$；　　（2）$y''-4y'+5y=0$；

（3）$y''-5y'=0$；　　（4）$y''-2y'+5y=0$．

9．求下列微分方程满足所给初始条件的特解．

（1）$y''+2y'+3y=0$，$y\big|_{x=0}=1$，$y'\big|_{x=0}=1$；

（2）$y''+y'=0$，$y\big|_{x=0}=2$，$y'\big|_{x=0}=5$．

10．求下列各微分方程的通解．

（1）$y''-2y'-3y=3x+1$；　　（2）$y''-2y'-3y=\mathrm{e}^{-x}$；

（3）$y''+y=x\cos 2x$；　　（4）$y''+y'-2y=8\sin 2x$．

自测题 7

一、单项选择题（每小题 3 分，共 21 分）

1．微分方程 $(y')^2+2y'-3=0$ 的阶数是（　）．

A.1　　B.2　　C.3　　D.4

2．下面属于二阶微分方程的是（　）．

A. $(y')^2-3x=0$　　B. $y'y'''+2y''-y=0$　　C. $\dfrac{\mathrm{d}y}{\mathrm{d}x}+xy^2=0$　　D. $(y'')^4-3y'=0$

3．微分方程 $y'=y$ 满足初始条件 $y\big|_{x=0}=2$ 的特解是（　）．

A. $y=\mathrm{e}^x+1$　　B. $y=2\mathrm{e}^x$　　C. $y=2\mathrm{e}^{2x}$　　D. $y=\mathrm{e}^{2x}$

4．微分方程 $\dfrac{\mathrm{d}y}{\mathrm{d}x}=\sin x$ 的通解是（　）．

A. $y=\cos x+C$　　B. $y=-\cos x+C$　　C. $y=\sin x+C$　　D. $y=-\sin x+C$

5．微分方程 $y''+y'-2y=0$ 的一个特解是（　）．

A. $y=\mathrm{e}^x$　　B. $y=\mathrm{e}^{2x}$　　C. $y=\mathrm{e}^{-x}$　　D. $y=\mathrm{e}^x+1$

6．下列方程中为常微分方程的是（　）．

A. $x^2-2x+1=0$　　B. $y'=xy^2$　　C. $\dfrac{\partial u}{\partial t}=\dfrac{\partial^2 u}{\partial x^2}+\dfrac{\partial^2 u}{\partial y^2}$　　D. $y=x^2+C$

7.方程 $y'-y\cot x-2x\sin x=0$ 为（　）．

A.可分离变量方程　　B.一阶线性齐次微分方程

C.二阶线性微分方程　　D.一阶线性非齐次微分方程

二、填空题（每小题 3 分，共 21 分）

1．方程 $\sin x\mathrm{d}y-y\mathrm{d}x=0$ 是________阶微分方程，方程 $(y')^3+x^3y^2=0$ 是________阶微

分方程.

2. 微分方程 $y''-5y'+6y=0$ 的特征方程是__________，该特征方程的特征根________，微分方程通解是__________.

3. 形如 $\frac{\mathrm{d}y}{\mathrm{d}x}+P(x)y=0$ 的微分方程通解是__________.

4. 微分方程 $y'-xy=0$ 满足初始条件 $y|_{x=0}=2$ 的特解是________.

5. 微分方程 $y'=2x$ 的通解是________，满足初始条件 $y|_{x=1}=4$ 的特解是________.

6. 已知一曲线过点 $(1,2)$，且曲线上任意一点 $P(x,y)$ 处的切线斜率为 $2x+1$，则该曲线方程为__________.

7. 以 $y=C_1\mathrm{e}^{2x}+C_2\mathrm{e}^{-3x}$ 为通解的二阶常系数线性齐次微分方程是__________.

三、计算题（每小题 6 分，共 36 分）

1. 验证函数 $y=x\mathrm{e}^x$ 是否是微分方程 $y''-2y'+y=0$ 的解.

2. 求微分方程 $\frac{\mathrm{d}y}{\mathrm{d}x}+y\cos x=\mathrm{e}^{-\sin x}$ 的通解.

3. 求微分方程 $y'-y\sin x=0$ 的通解.

4. 求微分方程 $y''-3y'+2y=0$ 的通解.

5. 求微分方程 $y''+4y'+4y=0$ 的通解.

6. 求方程 $\frac{\mathrm{d}y}{\mathrm{d}x}=\mathrm{e}^x y^2$ 满足初始条件 $y|_{x=0}=1$ 的特解.

四、解答题（每小题 11 分，共 22 分）

1. 已知曲线的切线在纵轴上的截距等于切点的横坐标，求这个曲线所满足的微分方程.

2. 若连续函数 $f(x)$ 满足关系式 $f(x)=\int_0^{2x} f\left(\frac{t}{2}\right)\mathrm{d}t+\ln 2$，求 $f(x)$.

综合提高题 7

1. 求方程 $y''=-\frac{1}{3x^2}$ 的通解.

2. 判断 $y=x(\int\frac{\mathrm{e}^x}{x}\mathrm{d}x+C)$ 是否为方程 $xy'-y=x\mathrm{e}^x$ 的通解.

3. 已知曲线 $y=f(x)$ 过点 $\left(0,-\frac{1}{2}\right)$，并且其上任意一点 (x,y) 处的切线斜率为

$x\ln(1+x^2)$，求 $f(x)$．

4．求微分方程 $y'=\dfrac{y(1-x)}{x}$ 的通解．

5．求微分方程 $(e^{x+y}-e^x)dx+(e^{x+y}+e^y)dy=0$ 的通解．

6．求微分方程 $y'=\dfrac{y-\sqrt{x^2+y^2}}{x}$ 的通解．

7．求微分方程 $x(\ln x-\ln y)dy-ydx=0$ 的通解．

8．求微分方程 $x^2y'+xy=y^2$ 满足初始条件 $y\big|_{x=1}=1$ 的特解．

9．已知连续函数 $f(x)$ 满足条件 $f(x)=\int_0^{3x}f\left(\dfrac{t}{3}\right)dt+e^{2x}$，求 $f(x)$．

10．求微分方程 $y\ln ydx+(x-\ln y)dy=0$ 的通解．

11．求微分方程 $(y+x^3)dx-2xdy=0$ 满足初始条件 $y\big|_{x=1}=\dfrac{6}{5}$ 的特解．

12．设 $F(x)=f(x)g(x)$，其中函数 $f(x)$，$g(x)$ 在 $(-\infty,+\infty)$ 内满足以下条件 $f'(x)=g(x)$，$g'(x)=f(x)$，且 $f(0)=0$，$f(x)+g(x)=2e^x$，

（1）求 $F(x)$ 所满足的一阶微分方程；

（2）求出 $F(x)$ 的表达式．

13．求微分方程 $xy'+y=e^x$ 满足初始条件 $y\big|_{x=1}=e$ 的特解．

14．求微分方程 $xdy+(x-2y)dx=0$ 的一个解 $y=y(x)$，使得曲线 $y=y(x)$ 与直线 $x=1$，$x=2$ 以及 x 轴所围成的平面图形绕 x 轴旋转一周的旋转体体积最小．

15．设函数 $y=f(x)$ 满足条件 $\begin{cases}y''+4y'+4y=0\\ y(0)=2,y'(0)=-4\end{cases}$，求广义积分 $\int_0^{+\infty}y(x)\,dx$．

16．求微分方程 $y''-4y=e^{2x}$ 的通解．

17．已知 $y=\dfrac{x}{\ln x}$ 是微分方程 $y'=\dfrac{y}{x}+\varphi\left(\dfrac{x}{y}\right)$ 的解，求 $\varphi\left(\dfrac{x}{y}\right)$ 的表达式．

18．已知 $f^2(x)=\int_0^x f(t)\dfrac{\sin t}{2+\cos t}dt+1$，且 $f(x)$ 为可导正值函数，求 $f(x)$．

19．函数 $f(x)$ 在 $[0,+\infty)$ 上可导，$f(0)=1$，且满足等式 $f'(x)+f(x)-\dfrac{1}{x+1}\int_0^x f(t)dt=0$

（1）求导数 $f'(x)$；

（2）证明当 $x\geqslant 0$ 时，不等式 $e^{-x}\leqslant f(x)\leqslant 1$ 成立．

20．若函数 $f(x)$ 满足方程 $f''(x)+f'(x)-2f(x)=0$ 及 $f''(x)+f'(x)=2e^x$，求 $f(x)$．

第 8 章　无穷级数

无穷级数是研究函数的性质、表示函数以及进行数值计算的有力工具，有很广泛的应用性. 本章主要讲述了无穷级数的一些基本的概念、性质和敛散性的判定方法，幂级数的基本性质及敛散域的求法.

8.1　无穷级数的概念与性质

本节要求了解无穷级数的基本概念，掌握级数的部分和数列的极限判别级数的敛散性，收敛级数的性质.

8.1.1　无穷级数的定义

定义 1　给定数列u_1，u_2，$u_3,\cdots u_n,\cdots$，把它们各项依次相加得到

$$u_1+u_2+\cdots+u_n+\cdots \tag{8-1}$$

称式（8-1）是由这个数列生成的无穷级数（以下简称级数），记作$\sum\limits_{n=1}^{\infty}u_n$

即
$$\sum_{n=1}^{\infty}u_n=u_1+u_2+\cdots+u_n+\cdots$$

u_1称为级数的第一项，u_2称为级数的第二项，……，u_n称为级数的一般项.

式（8-1）是由无穷多个数相加，也称为数项级数.

问题 1：这样的无数多个数相加是否有和呢？

问题 2：这样的无数多个数相加求和，能用有限项的加法法则运算吗？

问题 3：怎样求和呢？

为了回答上述问题，先给出级数的部分和的定义.

8.1.2 无穷级数的部分和与敛散性

定义 2 设 s_n 是级数 $\sum_{n=1}^{\infty} u_n$ 的前 n 项和，即

$$s_n = u_1 + u_2 + \cdots + u_n$$

称 s_n 为级数 $\sum_{n=1}^{\infty} U_n$ 部分和.

根据上述定义，级数 $\sum_{n=1}^{\infty} u_n$ 的部分和指的是级数 $\sum_{n=1}^{\infty} u_n$ 的前 n 个数相加，当 n 取值不同，如 $n = 1, 2, 3, \cdots$ 就可以得出

$$s_1 = u_1,\ s_2 = u_1 + u_2,\ s_3 = u_1 + u_2 + u_3, \cdots,\ s_{\text{n}} = u_1 + u_2 + \cdots + u_n$$

构成一个和数列 $\{S_n\}$，称为级数 $\sum_{n=1}^{\infty} u_n$ 的部分和数列.

级数的部分和与级数的和的内在的联系在于，当 n 越大时，s_n 就越接近于级数的和.

因此，$n \to +\infty$ 时，部分和 s_n 的值是级数 $\sum_{n=1}^{\infty} u_n$ 的和；当 $n \to +\infty$ 时，部分和 s_n 的值其实是 s_n 在 $n \to +\infty$ 时的极限，即 $\lim\limits_{n\to\infty} s_n = s$（$s$ 为常数）.因此可得出级数 $\sum_{n=1}^{\infty} u_n$ 求和的计算方法

$$\sum_{n=1}^{\infty} u_n = \lim_{n\to\infty} s_n = s$$

如果极限 $\lim\limits_{n\to\infty} s_n$ 存在，则称级数 $\sum_{n=1}^{\infty} u_n$ 收敛，且收敛于 s；若 $\lim\limits_{n\to\infty} s_n$ 不存在，则称级数 $\sum_{n=1}^{\infty} u_n$ 发散.

当级数 $\sum_{n=1}^{\infty} u_n$ 收敛于 s 时，其和 s 部分和 s_n 的差 $R_n = s - s_n = u_{n+1} + u_{n+2} + \cdots$ 称为该级数的余项.

用 s_n 作为 s 的近似值所产生的误差，就是余项的绝对值 $|R_n|$.

例如，$\frac{1}{3} = 0.\dot{3}$，等式的右端是一个以 3 为循环节的无限循环小数，写成级数就是

$$0.\dot{3} = 0.333\cdots = \frac{3}{10} + \frac{3}{10^2} + \frac{3}{10^3} + \cdots = \sum_{n=1}^{\infty} \frac{3}{10^n}$$

又如，等比级数（几何级数）$\sum_{n=0}^{\infty} aq^n = a + aq + aq^2 + \cdots + aq^n + \cdots (a \neq 0)$ 的敛散性．

若 $|q| \neq 1$，则部分和为 $s_n = a + aq + aq^2 + \cdots + aq^{n-1} = \dfrac{a(1-q^n)}{1-q}$．

（1）当 $|q| < 1$ 时，$\lim\limits_{n\to\infty} s_n = \dfrac{a}{1-q}$；

（2）当 $|q| > 1$ 时，$\lim\limits_{n\to\infty} s_n = \infty$；

（3）当 $q = 1$ 时，$s_n = na$，$\lim\limits_{n\to\infty} s_n = \infty$；

（4）当 $q = -1$ 时，$\sum\limits_{n=0} aq^n = a - a + a - a + \cdots$．

其部分和 $s_n = \begin{cases} 0, & n\text{为偶数时} \\ a, & n\text{为奇数时} \end{cases}$，此时，$\lim\limits_{n\to\infty} s_n$ 不存在．

对于等比数列 $\sum\limits_{n=0}^{\infty} aq^n (a \neq 0)$ 的收敛与发散有如下结论：

（1）当 $|q| < 1$ 时，等比级数 $\sum\limits_{n=0}^{\infty} aq^n$ 收敛于 $\dfrac{a}{1-a}$；

（2）当 $|q| \geqslant 1$ 时，等比级数 $\sum\limits_{n=0}^{\infty} aq^n$ 发散．

8.1.3 收敛级数的基本性质

由级数收敛的定义可知，级数的收敛问题，实质上就是其部分和数列有无极限的问题，因此可以用数列极限的相关结论来推证级数的一些重要性质．

性质 1 若级数 $\sum\limits_{n=1}^{\infty} u_n$ 收敛，c 为任一非零常数，则级数 $\sum\limits_{n=1}^{\infty} cu_n$ 也收敛，且有

$$\sum_{n=1}^{\infty} cu_n = c\sum_{n=1}^{\infty} u_n$$

性质 2 若级数 $\sum\limits_{n=1}^{\infty} u_n$ 和 $\sum\limits_{n=1}^{\infty} v_n$ 分别收敛于 q 和 p，则级数 $\sum\limits_{n=1}^{\infty} (u_n \pm v_n)$ 也收敛，且有

$$\sum_{n=1}^{\infty} (u_n \pm v_n) = \sum_{n=1}^{\infty} u_n \pm \sum_{n=1}^{\infty} v_n = q \pm p$$

推论 若级数 $\sum_{n=1}^{\infty} u_n$ 和 $\sum_{n=1}^{\infty} v_n$ 均收敛，则对任何非零常数 c_1、c_2，级数 $\sum_{n=1}^{\infty}(c_1u_n \pm c_2v_n)$ 也收敛，且有

$$\sum_{n=1}^{\infty}(c_1u_n \pm c_2v_n) = c_1\sum_{n=1}^{\infty}u_n \pm c_2\sum_{n=1}^{\infty}v_n$$

性质 3 在级数的前面添上或去掉有限项，级数的收敛性不变.

性质 4 若级数 $\sum_{n=1}^{\infty} u_n$ 收敛，则对级数的项任意加括号后，所得的级数仍收敛且其和不变.

性质 4 反过来未必成立，即若加括号后级数收敛，则原级数却不一定收敛. 例如，级数

$$1-1+1+\cdots+(-1)^{n-1}+\cdots$$

加括号后

$$(1-1)+(1-1)+(1-1)+\cdots+(1-1)+\cdots$$

收敛于零，但级数 $1-1+1+\cdots+(-1)^{n-1}+\cdots$ 发散.

性质 5（级数收敛的必要条件） 若级数 $\sum_{n=1}^{\infty} u_n$ 收敛，则 $\lim_{n\to+\infty} u_n = 0$.

证 设该级数部分和为 s_n，于是 $u_n = s_n - s_{n-1}$. 由于 $\sum_{n=1}^{\infty} u_n$ 收敛于 s，所以有

$$\lim_{n\to+\infty} u_n = \lim_{n\to+\infty}(s_n - s_{n-1}) = s - s = 0.$$

即，若 $\sum_{n=1}^{\infty} u_n$ 收敛，则 $\lim_{n\to+\infty} u_n = 0$.

若 $\lim_{n\to+\infty} u_n \neq 0$ 或不存在，则级数 $\sum_{n=1}^{\infty} u_n$ 一定发散.

例如，级数 $\frac{1}{2}-\frac{2}{3}+\frac{3}{4}+\cdots+(-1)^{n-1}\frac{n}{n+1}+\cdots$，当 $n\to+\infty$ 时，其一般项 $u_n=(-1)^{n-1}\frac{n}{n+1}$，不趋于零，所以级数是发散的.

如果 $\lim_{n\to+\infty} u_n = 0$，那么级数 $\sum_{n=1}^{\infty} u_n$ 收敛吗？

例如，调和级数 $\sum_{n=1}^{\infty}\frac{1}{n}$，虽然 $\lim_{n\to+\infty}\frac{1}{n}=0$，但它是发散级数.

若 $\lim\limits_{n\to+\infty} u_n = 0$，级数 $\sum\limits_{n=1}^{\infty} u_n$ 不一定收敛.

例 1 证明 $\sum\limits_{n=1}^{\infty}(-1)^{n-1}$ 是发散级数.

证 因为 $\lim\limits_{n\to+\infty} u_n = \lim\limits_{n\to+\infty}(-1)^{n-1}$ 不存在，所以级数 $\sum\limits_{n=1}^{\infty}(-1)^{n-1}$ 发散.

例 2 判别级数 $\sum\limits_{n=1}^{\infty}\dfrac{n-1}{n}$ 的敛散性.

证 因为 $\lim\limits_{n\to+\infty}\dfrac{n-1}{n} = 1$，所以原级数是发散的.

8.2 正项级数及其敛散判别法

本节要求掌握正项级数的概念、级数收敛的基本定理与级数敛散性的判定方法. 将正项级数的敛散性的问题转化成一般性的级数的敛散性的问题.

定义 若级数 $\sum\limits_{n=1}^{\infty} u_n$ 的各项 $u_n \geqslant 0$，则称级数 $\sum\limits_{n=1}^{\infty} u_n$ 为正项级数.

根据正项级数的定义可知，各项 $u_n \geqslant 0$，所以正项级数的部分和数列 $\{S_n\}$ 是单调递增的. 由部分和数列 $\{S_n\}$ 在 $n\to+\infty$ 时有极限时，级数 $\sum\limits_{n=1}^{\infty} u_n$ 收敛，则部分和数列 $\{S_n\}$ 有上界；若部分和数列 $\{S_n\}$ 没有上界，则级数 $\sum\limits_{n=1}^{\infty} u_n$ 发散. 因此，可得正项级数收敛的基本定理.

定理 1（基本定理） 正项级数 $\sum\limits_{n=1}^{\infty} u_n$ 收敛 $\Leftrightarrow$ 部分和数列 $\{S_n\}$ 有上界，且此时 $S_n \leqslant S$，其中 $S = \sum\limits_{n=1}^{\infty} u_n$.

证 因为 $u_n \geqslant 0$，所以 $S_n = S_{n-1} + u_n \geqslant S_{n-1}$，可见 $\{S_n\}$ 单调递增.

故 $\sum\limits_{n=1}^{\infty} u_n$ 收敛 $\Leftrightarrow$ $\{S_n\}$ 收敛 $\Leftrightarrow$ $\{S_n\}$ 有界，此时有 $S_n \leqslant S$.

结论：单调有界数列必收敛.

定理 2（比较判别法） 设 $\sum\limits_{n=1}^{\infty} u_n$ 和 $\sum\limits_{n=1}^{\infty} v_n$ 均为正项级数，且 $u_n \leqslant v_n$， $n = 1, 2, \cdots$，则

（1）$\sum_{n=1}^{\infty} v_n$ 收敛 $\Rightarrow \sum_{n=1}^{\infty} u_n$ 收敛；

（2）$\sum_{n=1}^{\infty} u_n$ 发散 $\Rightarrow \sum_{n=1}^{\infty} v_n$ 发散.

证　由条件知，$0 \leqslant S_n = \sum_{k=1}^{n} u_k \leqslant \sum_{k=1}^{n} v_k = T_n$，那么

（1）$\sum_{n=1}^{\infty} v_n$ 收敛 $\Rightarrow \{T_n\}$ 有界 $\Rightarrow \{S_n\}$ 有界 $\Rightarrow \sum_{n=1}^{\infty} u_n$ 收敛；

（2）$\sum_{n=1}^{\infty} u_n$ 发散 $\Rightarrow \{S_n\}$ 无界 $\Rightarrow \{T_n\}$ 无界 $\Rightarrow \sum_{n=1}^{\infty} v_n$ 发散.

另证，若 $\sum_{n=1}^{\infty} v_n$ 收敛，由（1）证明知 $\sum_{n=1}^{\infty} u_n$ 必收敛，此与题设 $\sum_{n=1}^{\infty} u_n$ 发散矛盾，所以假设不成立，即 $\sum_{n=1}^{\infty} v_n$ 发散.

两个推论：

（1）若级数 $\sum_{n=1}^{\infty} v_n$ 收敛且存在 $N>0$，当 $n>N$ 时，恒有 $u_n \leqslant c v_n$（$c>0$ 为常数），且级数 $\sum_{n=1}^{\infty} u_n$ 收敛；

（2）若级数 $\sum_{n=1}^{\infty} v_n$ 发散且存在 $N>0$，当 $n>N$ 时，恒有 $u_n \geqslant c v_n$（$c>0$ 为常数），且级数 $\sum_{n=1}^{\infty} u_n$ 发散.

例 1　讨论 p^- 级数 $1+\frac{1}{2^p}+\frac{1}{3^p}+\frac{1}{4^p}+\cdots+\frac{1}{n^p}+\cdots$ 的敛散性（$p>0$）.

解　（1）若 $p \leqslant 1$，由 $\frac{1}{n^p} \geqslant \frac{1}{n} \Rightarrow p^-$ 级数发散.

（2）若 $p>1$，由 $0 \leqslant n-1 \leqslant x \leqslant n \Rightarrow \frac{1}{n^p} \leqslant \frac{1}{x^p}$，

所以 $\frac{1}{x^p} = \int_{n-1}^{n} \frac{\mathrm{d}x}{n^p} \leqslant \int_{n-1}^{n} \frac{\mathrm{d}x}{x^p} (n=2,3,4,\cdots)$

那么 $S_n = 1+\frac{1}{2^p}+\frac{1}{3^p}+\frac{1}{4^p}+\cdots+\frac{1}{n^p} \leqslant 1+\int_1^2 \frac{\mathrm{d}x}{x^p}+\int_2^3 \frac{\mathrm{d}x}{x^p}+\cdots+\int_{n-1}^{n} \frac{\mathrm{d}x}{x^p}$

$$=1+\int_1^n \frac{dx}{x^p} \leqslant 1+\int_1^{+\infty} \frac{dx}{x^p}=1+\left[\frac{1}{1-p} \frac{1}{x^{p-1}}\right]_1^{+\infty}$$

$$=1+\frac{1}{p-1}=\frac{p}{p-1}$$

可见$\{S_n\}$有界$\Rightarrow p^-$级数收敛.

$$p^- \text{级数} \sum_{n=1}^{\infty} \frac{1}{n^p} \text{收敛} \Leftrightarrow p>1$$

（此结论当定理使用）

由p^-级数得结论：

设$\sum_{n=1}^{\infty} u_n$为正项级数，那么

（1）若$p>1$，且$u_n \leqslant \frac{1}{n^p}$，$n=1, 2, \cdots$，则$\sum_{n=1}^{\infty} u_n$收敛；

（2）若$u_n \geqslant \frac{1}{n}$，$n=1, 2, \cdots$，则$\sum_{n=1}^{\infty} u_n$发散.

例 2 证明级数$\sum_{n=1}^{\infty} \frac{1}{\sqrt{n(n+1)}}$是发散的.

证 因为$\frac{1}{\sqrt{n(n+1)}}>\frac{1}{\sqrt{(n+1)(n+1)}}=\frac{1}{n+1}$，而级数$\sum_{n=1}^{\infty} \frac{1}{n+1}=\sum_{n=2}^{\infty} \frac{1}{n}$发散，所以级数$\sum_{n=1}^{\infty} \frac{1}{\sqrt{n(n+1)}}$发散.

例 3 （1）讨论级数$\sum_{n=1}^{\infty} \frac{1}{\sqrt{n(n^2+1)}}$的敛散性.

解 因为$u_n=\frac{1}{\sqrt{n(n^2+1)}}<\frac{1}{\sqrt{n^3}}=\frac{1}{n^{\frac{3}{2}}}=v_n$，而级数$\sum_{n=1}^{\infty} v_n=\sum_{n=1}^{\infty} \frac{1}{n^{\frac{3}{2}}}$为收敛的$p^-$级数，所以级数$\sum_{n=1}^{\infty} \frac{1}{\sqrt{n(n^2+1)}}$收敛.

（2）讨论级数$\sum_{n=1}^{\infty}\left(\frac{n}{2n+1}\right)^n$的敛散性.

解 因为 $u_n=\left(\frac{n}{2n+1}\right)^n<\left(\frac{n}{2n}\right)^n=\left(\frac{1}{2}\right)^n=v_n$，而级数 $\sum_{n=1}^{\infty}v_n=\sum_{n=1}^{\infty}\left(\frac{1}{2}\right)^n$ 是收敛的几何级数，所以级数 $\sum_{n=1}^{\infty}\left(\frac{n}{2n+1}\right)^n$ 收敛.

（3）判断级数 $\sum_{n=1}^{\infty}\left(\sqrt[2]{n^3+1}-\sqrt[2]{n^3-1}\right)$ 的敛散性.

解 令 $u_n=\sqrt[2]{n^3+1}-\sqrt[2]{n^3-1}\geqslant 0\Rightarrow\sum_{n=1}^{\infty}u_n$ 为正项级数.

又 $u_n=\sqrt{n^3+1}-\sqrt{n^3-1}=\frac{2}{\sqrt{n^3+1}+\sqrt{n^3-1}}\leqslant\frac{2}{\sqrt{n^3+1}}\leqslant\frac{2}{n^{\frac{3}{2}}}=v_n$，级数 $\sum_{n=1}^{\infty}\frac{1}{n^{\frac{3}{2}}}$ 为收敛的 p^- 级数，所以 $\sum_{n=1}^{\infty}v_n$ 收敛.

由比较判别法知，级数 $\sum_{n=1}^{\infty}\left(\sqrt[2]{n^3+1}-\sqrt[2]{n^3-1}\right)$ 收敛.

（4）判别级数 $\sum_{n=1}^{\infty}\frac{n^2+1}{(n^2+2)(n^2+3)}$ 的敛散性.

解 $u_n=\frac{n^2+1}{(n^2+2)(n^2+3)}<\frac{n^2+1}{(n^2+1)n^2}=\frac{1}{n^2}=v_n$，

由 $\sum_{n=1}^{\infty}v_n=\sum_{n=1}^{\infty}\frac{1}{n^2}$ 收敛 $\Rightarrow\sum_{n=1}^{\infty}\frac{n^2+1}{(n^2+2)(n^2+3)}$ 收敛.

结论：当通项较容易通过不等式的放缩而找到已知敛散性的级数的通项时，可以选择比较判别法. 利用比较判别法需要对调和级数、几何级数、p^- 级数的敛散性非常熟悉.

定理 3（比较判别法的极限形式） 设 $\sum_{n=1}^{\infty}u_n$ 与 $\sum_{n=1}^{\infty}v_n$ 均为正项级数，且 $\lim_{n\to\infty}\frac{u_n}{v_n}=l$，则

（1）当 $0<l<+\infty$ 时，级数 $\sum_{n=1}^{\infty}u_n$ 与 $\sum_{n=1}^{\infty}v_n$ 有相同的敛散性；

（2）当 $l=0$，且级数 $\sum_{n=1}^{\infty}v_n$ 收敛时，级数 $\sum_{n=1}^{\infty}u_n$ 也收敛；

（3）当 $l=+\infty$，且级数 $\sum_{n=1}^{\infty}v_n$ 发散时，级数 $\sum_{n=1}^{\infty}u_n$ 也发散.

证 （1）当 $0<l<+\infty$ 时，由 $\lim_{n\to\infty}\frac{u_n}{v_n}=l$ 得 $\forall\varepsilon>0$，$\exists N>0$. 当 $n>N$ 时，$\left|\frac{u_n}{v_n}-l\right|<\varepsilon$，

取$\varepsilon=\frac{l}{2}$，则$\frac{l}{2}<\frac{u_n}{v_n}<\frac{3l}{2}$，即$\frac{l}{2}v_n<u_n<\frac{3l}{2}v_n$.

由正项级数的比较判别法得，若$\sum\limits_{n=1}^{\infty}v_n$收敛，且$u_n<\frac{3l}{2}v_n$，则$\sum\limits_{n=1}^{\infty}u_n$收敛；若$\sum\limits_{n=1}^{\infty}u_n$收敛，且$\frac{l}{2}v_n<u_n$，则$\sum\limits_{n=1}^{\infty}v_n$收敛，故原结论成立.

（2）当$l=0$时，$\frac{u_n}{v_n}<\varepsilon$，即$u_n<\varepsilon v_n$由比较判别法得结论成立.

（3）当$l=+\infty$时，由无穷大的概念知$\exists M>0$，当$\frac{u_n}{v_n}>M\Rightarrow u_n>Mv_n$，$\sum\limits_{n=1}^{\infty}v_n$发散. 由正项级数的比较判别法得$\sum\limits_{n=1}^{\infty}u_n$发散，故结论成立.

推论 设$\sum\limits_{n=1}^{\infty}u_n$为正项级数，且$\lim\limits_{n\to\infty}n^p u_n=l$，

（1）当$p>1$，$0\leqslant l<+\infty$时，级数$\sum\limits_{n=1}^{\infty}u_n$收敛；

（2）当$p\leqslant 1$，$0<l\leqslant+\infty$时，级数$\sum\limits_{n=1}^{\infty}u_n$发散.

（证法 设$\sum\limits_{n=1}^{\infty}v_n$为正项级数，其中$v_n=\frac{1}{n^p}$，利用比较判别法证明.）

注：利用比较的极限形式时常需用无穷小的等价代换.
当$x\to 0$时，常见的等价无穷小为

$$x\sim\sin x\sim\tan x\sim\arcsin x\sim\arctan x\sim\ln(x+1)\sim \mathrm{e}^x-1，\quad 1-\cos x\sim\frac{1}{2}x^2.$$

例 4 （1）判别级数$\sum\limits_{n=1}^{\infty}\sin\frac{1}{n}$的敛散性.

解 因为$\lim\limits_{n\to\infty}n\sin\frac{1}{n}=\lim\limits_{n\to\infty}\frac{\sin\frac{1}{n}}{\frac{1}{n}}=1$，所以级数$\sum\limits_{n=1}^{\infty}\sin\frac{1}{n}$发散（$p=1$）.

（2）判别级数$\sum\limits_{n=1}^{\infty}\ln\left(1+\frac{1}{n}\right)$的敛散性.

解 利用无穷小代换，当$n\to\infty$，$\ln\left(1+\frac{1}{n}\right)\sim\frac{1}{n}$，令$v_n=\frac{1}{n}$且$\sum\limits_{n=1}^{\infty}\frac{1}{n}$发散，所以级数

$\sum_{n=1}^{\infty}\ln\left(1+\frac{1}{n}\right)$发散.

结论：当$n\to\infty$时，级数的通项能与常用的等价无穷小代换，此时考虑用比较判别法的极限形式进行判定，但必须给出通项比值的极限（与无穷大比较）以及已知级数的敛散性.

定理 4 （**比值判别法，达朗贝尔判别法 D' Alembert**） 设$\sum_{n=1}^{\infty}u_n$为正项级数，若

$\lim_{n\to\infty}\frac{u_{n+1}}{u_n}=\rho$，则

（1）当$\rho<1$时，级数$\sum_{n=1}^{\infty}u_n$收敛；

（2）当$\rho>1$或$\rho=+\infty$时，级数$\sum_{n=1}^{\infty}u_n$发散；

（3）当$\rho=1$时，级数$\sum_{n=1}^{\infty}u_n$可能收敛也可能发散.

例如，级数$\sum_{n=1}^{\infty}\frac{1}{n}$发散，则级数$\sum_{n=1}^{\infty}\frac{1}{n^2}$收敛，这两个级数均有$\rho=1$.

例 5 （1）讨论级数$\sum_{n=1}^{\infty}\frac{(n+1)!}{n^{n+1}}$的敛散性.

解 由$\lim_{n\to\infty}\frac{u_{n+1}}{u_n}=\lim_{n\to\infty}\frac{(n+2)!}{(n+1)^{n+2}}\cdot\frac{n^{n+1}}{(n+1)!}=\lim_{n\to\infty}\left(\frac{n}{n+1}\right)^{n+1}\cdot\frac{n+2}{n+1}$

$$=\lim_{n\to\infty}\frac{1}{\left(1+\frac{1}{n}\right)^n}\cdot\left(\frac{n}{n+1}\right)=\frac{1}{\mathrm{e}}<1,$$

所以，原级数收敛.

（2）讨论级数$\sum_{n=1}^{\infty}\frac{n^n}{n!}$的敛散性.

解 令$u_n=\frac{n^n}{n!}$，$\rho=\lim_{n\to\infty}\frac{u_{n+1}}{u_n}=\lim_{n\to\infty}\left(1+\frac{1}{n}\right)^n=\mathrm{e}>1$，故$\sum_{n=1}^{\infty}\frac{n^n}{n!}$发散.

结论：对于不便用比较与比较的极限形式完成敛散性判别的级数，应考虑用比值判别法，它的特点是用相邻两项的后一项与前相邻一项的比值极限来判定级数的敛散性，但注意极限与 1 相比较的大小，同时要注意，比值判别法对p^-级数无效.

8.3 绝对收敛与条件收敛

本节要求掌握任意项级数中的交错级数的概念，莱布尼茨方法判别交错级数的敛散性，任意项级数的绝对收敛与条件收敛.

各项具有任意正负号的级数，称为任意级数，先学习其中的一种特殊形式的级数——交错级数.

8.3.1 交错级数及其敛散性

定义 1 形如

$$\sum_{n=1}^{\infty}(-1)^{n-1}u_n = u_1-u_2+u_3-u_4+\cdots+(-1)^{n-1}u_n+\cdots$$

$$\text{或}\sum_{n=1}^{\infty}(-1)^{n}u_n = -u_1+u_2-u_3+\cdots+(-1)^{n}u_n+\cdots$$

的级数称为交错级数，其中$u_n>0$，$n=1, 2, \cdots$.

要求交错级数的和，先给出交错级数收敛性的判定定理.

定理 1（莱布尼茨定理） 设$\sum\limits_{n=1}^{\infty}(-1)^{n-1}u_n$为交错级数，若满足

（1）$u_n \geqslant u_{n+1}$，$n=1, 2, \cdots$；

（2）$\lim\limits_{n\to\infty}u_n=0$.

则级数$\sum\limits_{n=1}^{\infty}(-1)^{n-1}u_n$收敛，且级数和$S \leqslant u_1$，其余项$R_n$的绝对值$|R_n| \leqslant u_{n+1}$.

证 （1）记S_n为级数$\sum\limits_{n=1}^{\infty}(-1)^{n-1}u_n$的部分和，考察级数$\sum\limits_{n=1}^{\infty}v_n=\sum\limits_{n=1}^{\infty}(u_{n-1}-u_n)$，由于$u_{n-1}-u_n \geqslant 0$，有

$$S_{2n}=(u_1-u_2)+(u_3-u_4)+\cdots+(u_{2n-1}-u_{2n}) \geqslant 0$$

$$S_{2n}=u_1-(u_2-u_3)-\cdots-(u_{2n-2}-u_{2n-1})-u_{2n} \leqslant u_1$$

可见$\{S_{2n}\}$单调上升且有上界，所以$\lim\limits_{n\to\infty}S_{2n}=S \leqslant u_1$.

（2）由$\lim\limits_{n\to\infty}u_{2n+1}=0$，所以$\lim\limits_{n\to\infty}S_{2n+1}=\lim\limits_{n\to\infty}(S_{2n}+u_{2n+1})=S$.

即不论n是奇数还是偶数，当$n\to\infty$时，总有$S_n\to S$，所以$\lim\limits_{n\to\infty}S_n=S \leqslant u_1$，故

$\sum_{n=1}^{\infty}(-1)^{n-1}u_n$ 收敛.

（3）级数 $|R_n| = u_{n+1} - u_{n+2} + \cdots$ 也满足本定理的两个条件，所以 $|R_n| \leqslant u_{n+1}$.

例 1 证明级数 $\sum_{n=1}^{\infty}(-1)^{n-1}\frac{1}{n}$ 是收敛的，并估计误差 R_n.

证 令 $u_n = \frac{1}{n}$，由于 $\lim_{n\to\infty}u_n = \lim_{n\to\infty}\frac{1}{n} = 0$ 且 $u_n \geqslant u_{n+1}$，$n = 1, 2, \cdots$，故级数 $\sum_{n=1}^{\infty}(-1)^{n-1}\frac{1}{n}$ 收敛，且其和 $S < u_1 = 1$，其误差为 $|R_n| \leqslant u_{n+1} = \frac{1}{n+1}$.

例 2 判断级数 $1 - \frac{2}{3} + \frac{3}{5} - \frac{4}{7} + \cdots$ 的敛散性.

解 令 $u_n = \frac{n}{2n-1}$，$u_{n+1} = \frac{n+1}{2n+1}$，

则 $u_n - u_{n+1} = \frac{n}{2n-1} - \frac{n+1}{2n+1} = \frac{n(2n+1)-(2n-1)(n+1)}{(2n-1)(2n+1)} = \frac{1}{4n^2-1} > 0$.

由于 $\lim_{n\to\infty}u_n = \lim_{n\to\infty}\frac{n}{2n-1} = \frac{1}{2} \neq 0$，由莱布尼茨定理知，原级数发散.

8.3.2 任意项级数的绝对收敛与条件收敛

定理 2 对于任意项级数 $\sum_{n=1}^{\infty}u_n$，若它的各项绝对值组成的级数 $\sum_{n=1}^{\infty}|u_n|$ 收敛，则级数 $\sum_{n=1}^{\infty}u_n$ 收敛（反之不然）.

证 因 $0 \leqslant v_n = \frac{1}{2}(u_n + |u_n|) \leqslant |u_n|$，又因为 $\sum_{n=1}^{\infty}|u_n|$ 收敛，所以由正项级数的比较判别法知 $\sum_{n=1}^{\infty}v_n$ 收敛.

由 $u_n = 2v_n - |u_n|$，且 $\sum_{n=1}^{\infty}v_n$，$\sum_{n=1}^{\infty}|u_n|$ 均收敛，故 $\sum_{n=1}^{\infty}u_n$ 收敛，反之不然.

例如，$\sum_{n=1}^{\infty}(-1)^{n-1}\frac{1}{n}$ 收敛，但 $\sum_{n=1}^{\infty}\frac{1}{n}$ 发散.

定义 2 若绝对值级数 $\sum_{n=1}^{\infty}|u_n|$ 收敛，称级数 $\sum_{n=1}^{\infty}u_n$ 收敛且绝对收敛；

若级数$\sum_{n=1}^{\infty}u_n$收敛，但绝对值级数$\sum_{n=1}^{\infty}|u_n|$发散，称级数$\sum_{n=1}^{\infty}u_n$收敛且条件收敛.

例如，级数$\sum_{n=1}^{\infty}(-1)^{n-1}\frac{1}{n}$条件收敛，级数$\sum_{n=1}^{\infty}(-1)^{n-1}\frac{1}{n^2}$绝对收敛，级数$\sum_{n=1}^{\infty}(-1)^{n-1}q^{n-1}$ $(0<q<1)$绝对收敛.

因为任意项级数各项的绝对值组成的级数是正项级数，因此，一切判别正项级数敛散性的方法，都可以用来判定任意项级数是否绝对收敛.

定理 3 如果任意项级数$\sum_{n=1}^{\infty}u_n=u_1+u_2+u_3+\cdots+u_n+\cdots$满足条件$\lim_{n\to\infty}\left|\frac{u_{n+1}}{u_n}\right|=l$或$\lim_{n\to\infty}\sqrt[n]{|u_n|}=l$，若$l<1$，级数$\sum_{n=1}^{\infty}u_n$收敛，且绝对收敛；若$l>1$，级数$\sum_{n=1}^{\infty}u_n$发散.

证 当$l<1$时，正项级数$\lim_{n\to\infty}|u_n|$收敛$\Rightarrow\lim_{n\to\infty}u_n$.

当$l>1$时，$l=\lim_{n\to\infty}\left|\frac{u_{n+1}}{u_n}\right|>1\Rightarrow|u_{n+1}|>|u_n|\Rightarrow\lim_{n\to\infty}|u_n|\neq 0\Rightarrow\lim_{n\to\infty}u_n\neq 0\Rightarrow l>1$时，$\sum_{n=1}^{\infty}u_n$发散.

例 3 判断下列级数的敛散性.

（1）$\sum_{n=0}^{\infty}(-1)^n\frac{n!}{n^n}=-1+\frac{2!}{2^2}-\frac{3!}{3^3}+\cdots+(-1)^n\frac{n!}{n^n}+\cdots$；

（2）$\sum_{n=0}^{\infty}\frac{x^n}{n!}=1+x+\frac{x^2}{2!}+\cdots+\frac{x^n}{n!}+\cdots$.

解 （1）$\lim_{n\to\infty}\left|\frac{u_{n+1}}{u_n}\right|=\lim_{n\to\infty}\frac{\frac{(n+1)!}{(n+1)^{n+1}}}{\frac{n!}{n^n}}=\lim_{n\to\infty}\left(\frac{n}{n+1}\right)^n=\frac{1}{e}<1$，故原级数收敛且绝对收敛.

（2）因为$\lim_{n\to\infty}\left|\frac{u_{n+1}}{u_n}\right|=\lim_{n\to\infty}\frac{|x|^{n+1}}{(n+1)!}\cdot\frac{n!}{|x|^n}=\lim_{n\to\infty}\frac{|x|}{n+1}=0$，所以对$\forall x\in R$，原级数收敛且绝对收敛.

由上两题得重要结论

$$\lim_{n\to\infty}\frac{n!}{n^n}=0，\quad\lim_{n\to\infty}\frac{x^n}{n!}=0$$

8.4　幂级数

本节要求掌握幂级数的相关概念及幂级数的收敛域的判定定理.

8.4.1　函数项级数概念

前面我们讲述了各项均是“数”的级数的敛散性，即数项级数的敛散性. 现在我们讲述各项都是“函数”的级数，即函数项级数.

定义 1　设函数数列$\{u_n(x)\}$

$$u_1(x),\ u_2(x),\cdots,\ u_n(x),\cdots$$

定义在同一数集 A 上，则和式

$$u_1(x)+u_2(x)+\cdots+u_n(x)+\cdots \tag{8-2}$$

称为定义在数集 A 上的函数项级数.

在函数项级数（8-2）中，x 每取一个值 $x_0\in A$，则（8-2）就成为一个数项级数

$$u_1(x_0)+u_2(x_0)+\cdots+u_n(x_0)+\cdots \tag{8-3}$$

如果级数（8-3）收敛，则称 x_0 为函数项级数（8-2）的收敛点，在数集 A 上的所有收敛点组成的集合称为级数（8-2）的收敛域；如果级数（8-3）发散，则称 x_0 为函数项级数（8-2）的发散点，在数集 A 上的所有发散点组成的集合称为级数（8-2）的发散域.

对于收敛域中的任意一个数 x，级数（8-2）收敛，其和为 S，它是 x 的一个函数，记作 $S(x)$，称 $S(x)$ 为级数（8-2）的和函数.

即 $S(x)=\sum\limits_{n=1}^{\infty}u_n(x)$

8.4.2　幂级数及其收敛半径和收敛域

在级数（8-2）的和函数中，有一个十分重要的级数——幂级数.

定义 2　（幂级数）

形如

$$a_0+a_1(x-x_0)+a_2(x-x_0)^2+\cdots+a_n(x-x_0)^n+\cdots \tag{8-4}$$

称为$(x-x_0)$的幂级数，记作$\sum_{n=0}^{\infty}a_n(x-x_0)^n$．

其中x_0及系数$a_i\ (i=1,2,3,\cdots)$均为常数．

特别地，当$x_0=0$时，级数（8-4）变为

$$a_0+a_1x+a_2x^2+\cdots+a_nx^n+\cdots \tag{8-5}$$

称级数（8-5）为x的幂级数，记作$\sum_{n=0}^{\infty}a_nx^n$．

级数（8-4）可以通过代换$t=x-x_0$变为级数（8-5）的形式，所以研究幂级数（8-4）的敛散性时，可以先研究级数（8-5）的敛散性．

显然，级数（8-5）在点$x=0$处收敛，即点$x=0$是幂级数（8-5）的各项取绝对值，得级数

$$\sum_{n=0}^{\infty}\left|a_nx^n\right|=|a_0|+|a_1x|+\left|a_2x^2\right|+\cdots+\left|a_nx^n\right|+\cdots \tag{8-6}$$

根据达朗贝尔比值判别法，极限$\lim\limits_{n\to\infty}\left|\dfrac{a_{n+1}x^{n+1}}{a_nx^n}\right|=l|x|$，其中，$\lim\limits_{n\to\infty}\left|\dfrac{a_{n+1}}{a_n}\right|=l$．

如果$l|x|<1(l\neq0)$，即$|x|<\dfrac{1}{l}=R\Rightarrow -R<x<R$，则级数（8-6）在区间$(-R,R)$内绝对收敛；

如果$l|x|>1$，即$|x|>\dfrac{1}{l}=R\Rightarrow x<-R$或$x>R$，则级数（8-6）在区间$(-\infty,-R)\cup(R,+\infty)$内发散；

如果$l|x|=1(l\neq0)$，即$|x|=\dfrac{1}{l}=R$，则级数（8-6）在$x=-R$和$x=R$的敛散性不确定；

如果$l=0$，即$l|x|=0$，则级数（8-6）对任何实数x都收敛，此时收敛域为$(-\infty,+\infty)$．

由上述分析可知：幂级数的收敛域是一个区间，R称为幂级数（8-5）的收敛半径，特别地：

（1）如果级数（8-5）只在$x=0$时收敛，则规定收敛半径$R=0$，此时幂级数（8-5）的收敛域只有一点$x=0$；

（2）如果级数（8-5）对于一切x都收敛，则规定收敛半径$R=+\infty$，收敛域为$(-\infty,+\infty)$；

（3）对于在收敛区间端点$x=\pm R$，级数（8-5）是否收敛，要另行讨论．

定理 如果幂级数$\sum_{n=0}^{\infty}a_nx^n=a_0+a_1x+a_2x^2+\cdots+a_nx^n+\cdots$的系数满足条件$\lim\limits_{n\to\infty}\left|\dfrac{a_{n+1}}{a_n}\right|=l$，

则当$0<l<+\infty$时，$R=\frac{1}{l}$；当$l=0$时，$R=+\infty$；当$l=+\infty$时，$R=0$.

例 1 求级数$\sum_{n=1}^{\infty}\frac{(-1)^{n-1}x^n}{n}$的收敛半径与收敛域.

解 由$\lim_{n\to\infty}\left|\frac{a_{n+1}}{a_n}\right|=\lim_{n\to\infty}\frac{\frac{1}{n+1}}{\frac{1}{n}}=\lim_{n\to\infty}\frac{n}{n+1}=1$，则收敛半径$R=1$.

讨论区间端点$x=\pm1$的敛散性：

当$x=-1$时，级数为$-\sum_{n=1}^{\infty}\frac{1}{n}$，该级数发散；

当$x=1$时，级数为$\sum_{n=1}^{\infty}\frac{(-1)^{n-1}}{n}$，该级数收敛.

所以，级数$\sum_{n=1}^{\infty}\frac{(-1)^{n-1}x^n}{n}$的收敛域为$(-1,1]$.

例 2 求幂级数$\sum_{n=1}^{\infty}\frac{x^n}{n^n}$的收敛半径与收敛域.

解 由$\lim_{n\to\infty}\left|\frac{a_{n+1}}{a_n}\right|=\lim_{n\to\infty}\frac{\frac{1}{(n+1)^{n+1}}}{\frac{1}{n^n}}=\lim_{n\to\infty}\frac{1}{n+1}\cdot\frac{1}{\left(1+\frac{1}{n}\right)^n}=0\cdot\mathrm{e}=0$，所以，收敛半径$R=+\infty$，收敛域为$(-\infty,+\infty)$.

8.5 函数展开成幂级数

上一节重点研究了幂级数的收敛域及在收敛域内和函数的求法. 然而，在许多的科学计算中，却常常需要将一个函数展开成幂级数的情形，本节重点讨论这个问题.

8.5.1 麦克劳林级数

定理 1 如果函数$f(x)$在$x=0$的某邻域内有直到$n+1$阶的导数，则对此邻域内任意点x，有n阶麦克劳林公式：

$$f(x)=f(0)+f'(0)x+\frac{f''(0)}{2!}x^2+\cdots+\frac{f^{(n)}(0)}{n!}x^n+R_n(x)$$

其中，$R_n(x)$称为余项，$R(x)=o(|x|)$，$R_n(x)=\dfrac{f^{(n+1)}(\xi)}{(n+1)!}x^{n+1}$ （ξ在0与x之间）.

设$p(x)=f(0)+f'(0)x+\dfrac{f''(0)}{2!}x^2+\cdots+\dfrac{f^{(n)}(0)}{n!}x^n$，则

$$f(x)=p(x)+R_n(x)$$

于是，$f(x)\approx p(x)$，误差为$|f(x)-p(x)|=|R_n(x)|$.

如果当n增大时，而$|R_n(x)|$减小，那么，随着$p(x)$项数的增加，$p(x)$与$f(x)$接近的程度就越高. 如果$n\to\infty$，则$p(x)$变成一个幂级数. 为此，将

$$f(0)+f'(0)x+\frac{f''(0)}{2!}x^2+\cdots+\frac{f^{(n)}(0)}{n!}x^n\cdots$$

称为麦克劳林级数. 麦克劳林级数有如下结论.

定理 2 如果函数$f(x)$在$x=0$的某邻域内具有任意阶的导数，则函数$f(x)$的麦克劳林级数收敛于函数$f(x)$的充分必要条件是$\lim\limits_{n\to\infty}R_n(x)=0$.

如果函数$f(x)$在$x=0$处的麦克劳林级数收敛于函数$f(x)$，则可称函数$f(x)$在$x=0$处能展开成麦克劳林级数.

可以证明，如果函数$f(x)$在$x=0$处能展开成x的幂级数，则此级数一定是麦克劳林级数，即函数$f(x)$展开成幂级数的形式是唯一的.

另外，如果函数$f(x)$在$x=0$处的某一阶导数不存在，则函数$f(x)$在$x=0$处就不能展开成麦克劳林级数. 如$f(x)=x^{\frac{3}{2}}$，它在$x=0$处的二阶导数不存在，因此，它不能展开成麦克劳林级数.

8.5.2 函数的幂级数展开

1. 直接展开法

将函数$f(x)$展开成幂级数（麦克劳林）级数的步骤为：

（1）求出$f(0)$，$f'(0)$，$f''(0),\cdots$，$f^{(n)}(0),\cdots$；

（2）写出幂级数

$$f(0)+f'(0)x+\frac{f''(0)}{2!}x^2+\cdots+\frac{f^{(n)}(0)}{n!}x^n\cdots$$

并求出级数的收敛半径 R；

（3）判别 $(-R,R)$ 内的余项 $R_n(x)$ 的极限

$$\lim_{n\to\infty} R_n(-R,R)=\lim_{n\to\infty}\frac{f^{(n+1)}(\xi)}{(n+1)!}x^{n+1}\text{（}\xi\text{ 在 0 与 }x\text{ 之间）}$$

是否为零. 如果为零，则幂级数收敛于函数 $f(x)$.

例 1 将函数 $f(x)=\mathrm{e}^x$ 展开成幂级数.

解 因为 $f(x)=\mathrm{e}^x\ (n=1,2,\cdots)$，于是，得到级数

$$1+x+\frac{x^2}{2!}+\cdots+\frac{x^n}{n!}+\cdots$$

且其收敛半径 $R=+\infty$.

对于任意的 x 与 ξ（ξ 在 0 与 x 之间），余项 $R_n(x)$ 的绝对值

$$\lim_{n\to\infty}|R_n(x)|=\lim_{n\to\infty}\frac{\mathrm{e}^{\xi}}{(n+1)!}x^{n+1}<\mathrm{e}^{|x|}\frac{|x^{n+1}|}{(n+1)!}\text{（}\xi\text{ 在 0 与 }x\text{ 之间）}$$

由于 $\mathrm{e}^{|x|}$ 有限，且 $\dfrac{|x^{n+1}|}{(n+1)!}$ 为收敛级数 $\displaystyle\sum_{n=0}^{\infty}\frac{|x^{n+1}|}{(n+1)!}$ 的一般项，故有

$$\lim_{n\to\infty}\frac{|x^{n+1}|}{(n+1)!}=0$$

于是

$$\lim_{n\to\infty}|R_n(x)|=0$$

从而有

$$\mathrm{e}^x=1+x+\frac{x^2}{2!}+\cdots+\frac{x^n}{n!}+\cdots,\quad x\in(-\infty,+\infty)$$

例 2 将函数 $f(x)=(1+x)^m$ 展开成幂级数.

解 $f'(x)=m(1+x)^{m-1}$，

$f''(x)=m(m-1)(1+x)^{m-2}$，

……

$f^{(n)}(x)=m(m-1)(m-2)\cdots(m-n+1)(1+x)^{m-n}$，

所以有

$f(0)=1$，

$f'(0)=m$，

$f''(0)=m(m-1)$，

……

$f^{(n)}(0)=m(m-1)(m-2)\cdots(m-n+1)$.

于是，得到麦克劳林级数

$$1+mx+\frac{1}{2!}m(m-1)x^2+\cdots+\frac{1}{n!}m(m-1)\cdots(m-n+1)x^n+\cdots$$

而 $\lim\limits_{n\to\infty}\left|\frac{a_{n+1}}{a_n}\right|=\lim\limits_{n\to\infty}\left|\frac{m-n}{n+1}\right|=1$，所以 $R=1$，此级数对任意常数 m 在 $(-1,1)$ 内收敛.

设 $F(x)=1+mx+\frac{1}{2!}m(m-1)x^2+\cdots+\frac{1}{n!}m(m-1)\cdots(m-n+1)x^n+\cdots$，$x\in(-1,1)$，下面证明 $F(x)=(1+x)^m$.

将 $F(x)$ 逐项求导，得

$$F'(x)=m\left[1+\frac{m-1}{1!}x+\cdots+\frac{(m-1)\cdots(m-n+1)}{(n-1)!}x^{n-1}+\cdots\right]$$

并在两边同乘以因式 $1+x$，并合并同类项，有

$$(1+x)F'(x)=m\left[1+mx+\frac{1}{2!}m(m-1)x^2+\cdots+\frac{1}{n!}m(m-1)\cdots(m-n+1)x^n+\cdots\right]$$

$$=mF(x),\quad x\in(-1,1)$$

即

$$(1+x)F'(x)=mF(x),\quad x\in(-1,1).$$

解此微分方程，得 $F(x)=C(1+x)^m$. 因为 $F(0)=1$，得 $C=1$，故 $F(x)=(1+x)^m$，于是 $(1+x)^m=1+mx+\frac{1}{2!}m(m-1)x^2+\cdots+\frac{1}{n!}m(m-1)\cdots(m-n+1)x^n+\cdots$，$x\in(-1,1)$.

在区间的端点处展开式是否收敛于函数 $(1+x)^m$，要视 m 的取值而定.

上述公式称为二项展开式，若 m 为正整数时，即为熟知的二项式定理.

当 $m=\frac{1}{2}$ 时，

$$\sqrt{1+x}=1+\frac{1}{2}x-\frac{1}{2\times4}x^2+\frac{1\times3}{2\times4\times6}x^3-\frac{1\times3\times5}{2\times4\times6\times8}x^4+\cdots$$

$$=1+\sum_{n=1}^{\infty}(-1)^{n+1}\frac{(2n)!}{2^{2n}(n!)^2(2n-1)}x^n，\quad x\in[-1,1)$$

当 $m=-\frac{1}{2}$ 时，

$$\sqrt{1+x}=1-\frac{1}{2}x+\frac{1\times3}{2\times4}x^2-\frac{1\times3\times5}{2\times4\times6}x^3+\frac{1\times3\times5\times7}{2\times4\times6\times8}x^4-\cdots$$

$$=\sum_{n=0}^{\infty}(-1)^n\frac{(2n)!}{2^{2n}(n!)^2}x^n，\quad x\in(-1,1]$$

2．间接求法

例 3　将 $\ln(1+x)$ 展开成幂级数．

解　$$\ln(1+x)=\int_0^x\frac{dx}{1+x}=\int_0^x\left(\sum_{n=0}^{\infty}(-1)^n x^n\right)dx=\sum_{n=0}^{\infty}\left(\int_0^x(-1)^n x^n dx\right)$$

$$=\sum_{n=0}^{\infty}(-1)^n\frac{x^{n+1}}{n+1}，\quad x\in(-1,1)$$

但当 $x=1$ 时，级数 $\sum_{n=0}^{\infty}(-1)^n\frac{1}{n+1}$ 收敛，故

$$\ln(1+x)=\sum_{n=0}^{\infty}(-1)^n\frac{x^{n+1}}{n+1}，\quad x\in(-1,1]$$

例 4　求 $\ln\frac{1+x}{1-x}$ 的幂级数展开式．

解　因为

$$\left(\ln\frac{1+x}{1-x}\right)'=\frac{1}{1+x}+\frac{1}{1-x}=2\cdot\frac{1}{1-x^2}=2\sum_{n=0}^{\infty}x^{2n}，\quad x\in(-1,1)$$

所以

$$\ln\frac{1+x}{1-x}=\int_0^x\left(2\sum_{n=0}^{\infty}x^{2n}\right)dx=2\sum_{n=0}^{\infty}\left(\int_0^x(x^{2n})\,dx\right)=\sum_{n=0}^{\infty}\frac{2}{2n+1}x^{2n+1}，\quad x\in(-1,1)$$

为今后使用方便，现将常用的五个初等函数的幂级数展开式汇集如下：

（1）$e^x=\sum_{n=0}^{\infty}\frac{x^n}{n!}，\quad x\in(-\infty,+\infty)$．

（2）$\sin x=\sum_{n=0}^{\infty}(-1)^n\frac{x^{2n+1}}{(2n+1)!}，\quad x\in(-\infty,+\infty)$．

（3）$\cos x=\sum_{n=0}^{\infty}(-1)^{n}\frac{x^{2n}}{(2n)!}$，$x\in(-\infty,+\infty)$.

（4）$\ln(1+x)=\sum_{n=0}^{\infty}(-1)^{n}\frac{x^{n+1}}{n+1}$，$x\in(-1,1]$.

（5）$(1+x)^{m}=1+\sum_{n=1}^{\infty}\frac{m(m-1)\cdots(m-n+1)}{n!}x^{n}$，$x\in(-1,1)$.

本章小结

无穷级数是表示函数进行数值计算的一个重要工具，在理论上及实际问题中都有广泛的应用．在这一章中，我们主要学习了无穷级数的基本性质及收敛的必要条件；正项级数收敛性的比较判别法、比值判别法；交错级数的莱布尼茨判别法；绝对收敛与条件收敛的概念；幂级数的收敛半径、收敛域；e^{x}，$\sin x$，$\cos x$，$\ln(1+x)$，$(1+x)^{m}$的麦克劳林展开式．

1．无穷级数的概念和性质

（1）无穷级数的定义

给定数列u_1，u_2，$u_3,\cdots u_n,\cdots$，把它们各项依次相加得到

$$u_1+u_2+\cdots+u_n+\cdots$$

是由这个数列生成的无穷级数（简称级数），记作$\sum_{n=1}^{\infty}u_n$．

即
$$\sum_{n=1}^{\infty}u_n=u_1+u_2+\cdots+u_n+\cdots$$

u_{n}称为级数的一般项．级数$\sum_{n=1}^{\infty}u_n$的前n项和，即$s_n=u_1+u_2+\cdots+u_n$，称s_n为级数$\sum_{n=1}^{\infty}u_n$部分和．

如果级数$\sum_{n=1}^{\infty}u_n$的部分和数列$\{s_n\}$有极限s，即极限$\lim\limits_{n\to+\infty}s_n=s$，则称级数$\sum_{n=1}^{\infty}u_n$收敛，且收敛于$s$；若$\lim\limits_{n\to+\infty}s_n$不存在，则称级数$\sum_{n=1}^{\infty}u_n$发散．

当级数 $\sum_{n=1}^{\infty} u_n$ 收敛于 s 时，其和 s 部分和 s_n 的差 $R_n = s - s_n = u_{n+1} + u_{n+2} + \cdots$ 称为该级数的余项.

（2）收敛级数的基本性质

性质 1　若级数 $\sum_{n=1}^{\infty} u_n$ 收敛，c 为任一非零常数，则级数 $\sum_{n=1}^{\infty} cu_n$ 也收敛，且有

$$\sum_{n=1}^{\infty} cu_n = c\sum_{n=1}^{\infty} u_n$$

性质 2　若级数 $\sum_{n=1}^{\infty} u_n$ 和 $\sum_{n=1}^{\infty} v_n$ 分别收敛于 q 和 p，则级数 $\sum_{n=1}^{\infty}(u_n \pm v_n)$ 也收敛，且有

$$\sum_{n=1}^{\infty}(u_n \pm v_n) = \sum_{n=1}^{\infty} u_n \pm \sum_{n=1}^{\infty} v_n = q \pm p$$

性质 3　在级数的前面添上或去掉有限项，级数的收敛性不变.

性质 4　若级数 $\sum_{n=1}^{\infty} u_n$ 收敛，则对级数的项任意加括号后，所得的级数仍收敛且其和不变.

性质 5（级数收敛的必要条件）　若级数 $\sum_{n=1}^{\infty} u_n$ 收敛，则 $\lim\limits_{n\to+\infty} u_n = 0$.

2．正项级数及其敛散判别法

若级数 $\sum_{n=1}^{\infty} u_n$ 的各项 $u_n \geqslant 0$，则称级数 $\sum_{n=1}^{\infty} u_n$ 为正项级数.

定理 1（基本定理）　正项级数 $\sum_{n=1}^{\infty} u_n$ 收敛 $\Leftrightarrow$ 部分和数列 $\{S_n\}$ 有上界，且此时 $S_n \leqslant S$，其中 $S = \sum_{n=1}^{\infty} u_n$.

定理 2（比较判别法）　设 $\sum_{n=1}^{\infty} u_n$ 和 $\sum_{n=1}^{\infty} v_n$ 均为正项级数，且 $u_n \leqslant v_n$，$n = 1, 2, \cdots$，则

（1）$\sum_{n=1}^{\infty} v_n$ 收敛 $\Rightarrow \sum_{n=1}^{\infty} u_n$ 收敛；

（2）$\sum_{n=1}^{\infty} u_n$ 发散 $\Rightarrow \sum_{n=1}^{\infty} v_n$ 发散.

两个推论：

（1）若级数 $\sum_{n=1}^{\infty} v_n$ 收敛且存在 $N > 0$，当 $n > N$ 时，恒有 $u_n \leqslant cv_n$（$c > 0$ 为常数），且级

数$\sum_{n=1}^{\infty}u_n$收敛.

（2）若级数$\sum_{n=1}^{\infty}v_n$发散且存在$N>0$，当$n>N$时，恒有$u_n \geqslant cv_n$（$c>0$为常数），且级数$\sum_{n=1}^{\infty}u_n$发散.

定理 3（比较判别法的极限形式） 设$\sum_{n=1}^{\infty}u_n$与$\sum_{n=1}^{\infty}v_n$均为正项级数，且$\lim_{n\to\infty}\frac{u_n}{v_n}=l$，则

（1）当$0<l<+\infty$时，级数$\sum_{n=1}^{\infty}u_n$与$\sum_{n=1}^{\infty}v_n$有相同的敛散性.

（2）当$l=0$，且级数$\sum_{n=1}^{\infty}v_n$收敛时，级数$\sum_{n=1}^{\infty}u_n$也收敛.

（3）当$l=+\infty$，且级数$\sum_{n=1}^{\infty}v_n$发散时，级数$\sum_{n=1}^{\infty}u_n$也发散.

定理 4（比值判别法，达朗贝尔判别法 D' Alembert） 设$\sum_{n=1}^{\infty}u_n$为正项级数，若$\lim_{n\to\infty}\frac{u_{n+1}}{u_n}=\rho$，则

（1）当$\rho<1$时，级数$\sum_{n=1}^{\infty}u_n$收敛.

（2）当$\rho>1$或$\rho=+\infty$时，级数$\sum_{n=1}^{\infty}u_n$发散.

（3）当$\rho=1$时，级数$\sum_{n=1}^{\infty}u_n$可能收敛也可能发散.

3．绝对收敛与条件收敛

（1）交错级数及其敛散性

形如

$$\sum_{n=1}^{\infty}(-1)^{n-1}u_n=u_1-u_2+u_3-u_4+\cdots+(-1)^{n-1}u_n+\cdots$$

$$或\sum_{n=1}^{\infty}(-1)^{n}u_n=-u_1+u_2-u_3+\cdots+(-1)^{n}u_n+\cdots$$

的级数称为交错级数，其中$u_n>0$，$n=1,2,\cdots$.

定理 1（莱布尼茨定理） 设$\sum_{n=1}^{\infty}(-1)^{n-1}u_n$为交错级数，若满足①$u_n \geqslant u_{n+1}$，$n=1,2,\cdots$；

② $\lim\limits_{n\to\infty}u_n=0$，则级数 $\sum\limits_{n=1}^{\infty}(-1)^{n-1}u_n$ 收敛，且级数和 $S\leqslant u_1$，其余项 R_n 的绝对值 $|R_n|\leqslant u_{n+1}$.

（2）任意项级数的绝对收敛和条件收敛

若绝对值级数 $\sum\limits_{n=1}^{\infty}|u_n|$ 收敛，称级数 $\sum\limits_{n=1}^{\infty}u_n$ 收敛且绝对收敛；

若级数 $\sum\limits_{n=1}^{\infty}u_n$ 收敛，但绝对值级数 $\sum\limits_{n=1}^{\infty}|u_n|$ 发散，称级数 $\sum\limits_{n=1}^{\infty}u_n$ 收敛且条件收敛.

定理 2　对于任意项级数 $\sum\limits_{n=1}^{\infty}u_n$，若它的各项绝对值组成的级数 $\sum\limits_{n=1}^{\infty}|u_n|$ 收敛，则级数 $\sum\limits_{n=1}^{\infty}u_n$ 收敛（反之不然）.

定理 3　如果任意项级数 $\sum\limits_{n=1}^{\infty}u_n=u_1+u_2+u_3+\cdots+u_n+\cdots$ 满足条件 $\lim\limits_{n\to\infty}\left|\dfrac{u_{n+1}}{u_n}\right|=l$ 或 $\lim\limits_{n\to\infty}\sqrt[n]{|u_n|}=l$，若 $l<1$，级数 $\sum\limits_{n=1}^{\infty}u_n$ 收敛，且绝对收敛；若 $l>1$，级数 $\sum\limits_{n=1}^{\infty}u_n$ 发散.

4．幂级数

形如 $a_0+a_1(x-x_0)+a_2(x-x_0)^2+\cdots+a_n(x-x_0)^n+\cdots$ 称为 $(x-x_0)$ 的幂级数，记作 $\sum\limits_{n=0}^{\infty}a_n(x-x_0)^n$，其中 x_0 及系数 $a_i\,(i=1,2,3,\cdots)$ 均为常数. 幂级数的收敛域是一个区间，R 称为幂级数的收敛半径.

定理　如果幂级数 $\sum\limits_{n=0}^{\infty}a_nx^n=a_0+a_1x+a_2x^2+\cdots+a_nx^n+\cdots$ 的系数满足条件 $\lim\limits_{n\to\infty}\left|\dfrac{a_{n+1}}{a_n}\right|=l$，则当 $0<l<+\infty$ 时，$R=\dfrac{1}{l}$；当 $l=0$ 时，$R=+\infty$；当 $l=+\infty$ 时，$R=0$.

5．函数展开成幂级数

（1）麦克劳林级数

定理 1　如果函数 $f(x)$ 在 $x=0$ 的某邻域内有直到 $n+1$ 阶的导数，则对此邻域内任意点 x，有 n 阶麦克劳林公式：

$$f(x)=f(0)+f'(0)x+\frac{f''(0)}{2!}x^2+\cdots+\frac{f^{(n)}(0)}{n!}x^n+R_n(x)$$

其中，$R_n(x)$ 称为余项，$R(x)=o(|x|)$，$R_n(x)=\dfrac{f^{(n+1)}(\xi)}{(n+1)!}x^{n+1}$（$\xi$ 在 0 与 x 之间）.

定理 2　如果函数 $f(x)$ 在 $x=0$ 的某邻域内具有任意阶的导数，则函数 $f(x)$ 的麦克劳

林级数收敛于函数 $f(x)$ 的充分必要条件是 $\lim_{n\to\infty} R_n(x)=0$.

（2）常用的五个初等函数的幂级数展开式

① $e^x=\sum_{n=0}^{\infty}\frac{x^n}{n!}$， $x\in(-\infty,+\infty)$.

② $\sin x=\sum_{n=0}^{\infty}(-1)^n\frac{x^{2n+1}}{(2n+1)!}$， $x\in(-\infty,+\infty)$.

③ $\cos x=\sum_{n=0}^{\infty}(-1)^n\frac{x^{2n}}{(2n)!}$， $x\in(-\infty,+\infty)$.

④ $\ln(1+x)=\sum_{n=0}^{\infty}(-1)^n\frac{x^{n+1}}{n+1}$， $x\in(-1,1]$.

⑤ $(1+x)^m=1+\sum_{n=1}^{\infty}\frac{m(m-1)\cdots(m-n+1)}{n!}x^n$， $x\in(-1,1)$.

阅读材料

阿基里斯追乌龟

古希腊一位哲学大师芝诺提出了很多难题，几个世纪以来，在各种哲学和科学著作中，学者们提出了不少解决方案，但都没有完全彻底地将其解决。芝诺的难题中有一个是“阿基里斯追乌龟”的问题。阿基里斯是古希腊的长跑健将，但是芝诺说他永远也追不上一只乌龟，这是著名的“芝诺悖论”之一。普通人都知道，阿基里斯用不了多久一定能追上乌龟。但听完芝诺的论证，坚信逻辑推理的人顿时会陷入迷茫与困惑之中。芝诺认为：当阿基里斯追到乌龟的出发点时，乌龟已向前又爬行了一段距离。当阿基里斯每一次到达在他前面的乌龟的位置时，乌龟总是在原来位置的基础上又向前爬行了一点距离。按照芝诺的理论，假设这只乌龟距离他 s 米，如果他想追上这只乌龟，就要先跑到这段距离的 1/2，如果他想跑完这 1/2，就要先跑完这 1/2 的 1/2，以此类推，他永远也追不上这只乌龟。

芝诺的难题从逻辑推理上是没有任何漏洞的，绝不是一般的诡辩。按照罗素的说法，芝诺的推断“在某种形式中涉及从他的时代一直到我们今天所提出的几乎是空间、时间和无限的全部理论。”可见，逻辑并不能解释一切。300 多年以前，逻辑学家们面对各种“诡辩术”无力反驳，所以，只能警告读者“在逻辑的领域中，不应该张开满帆快速去航行。”就连当年的哲学大师亚里士多德在面对逻辑碰到的难题时也只能发出：“思维是一种苦难”的悲叹！你能解决这个问题吗？

习题 8

一、单项选择题

1．下列说法正确的是（　）.

A.若级数收敛，将级数中的项任意合并后所形成的级数仍收敛

B.若级数收敛，将级数中的项任意合并后所形成的级数不一定收敛

C.若级数合并项后所形成的级数收敛，原级数一定收敛

D.若级数合并项后所形成的级数收敛，原级数一定发散

2．下列命题正确的是（　）.

A.若 $\lim\limits_{n\to\infty}u_n=0$，则级数 $\sum\limits_{n=1}^{\infty}u_n$ 收敛　　B.若 $\lim\limits_{n\to\infty}u_n\neq 0$，则级数 $\sum\limits_{n=1}^{\infty}u_n$ 发散

C.若级数 $\sum\limits_{n=1}^{\infty}u_n$ 发散，则 $\lim\limits_{n\to\infty}u_n\neq 0$　　D.若级数 $\sum\limits_{n=1}^{\infty}u_n$ 发散，则 $\lim\limits_{n\to\infty}u_n=\infty$

3．设级数 $\sum\limits_{n=1}^{\infty}u_n$ 收敛，则必收敛的级数为（　）.

A. $\sum\limits_{n=1}^{\infty}(-1)^n\dfrac{u_n}{n}$　　B. $\sum\limits_{n=1}^{\infty}u_2^n$　　C. $\sum\limits_{n=1}^{\infty}\left(u_{2n-1}-u_{2n}\right)$　　D. $\sum\limits_{n=1}^{\infty}\left(u_n+u_{n+1}\right)$

4．给定两个正项级数 $\sum\limits_{n=1}^{\infty}u_n$ 及 $\sum\limits_{n=1}^{\infty}v_n$，已知 $\lim\limits_{n\to\infty}\dfrac{u_n}{v_n}=\rho$，当 ρ 为何值时，不能判断这两个正项级数有相同的敛散性（　）.

A. $\rho=0$　　B. $\rho=\dfrac{1}{2}$　　C. $\rho=1$　　D. $\rho=2$

5．对于级数 $\sum\limits_{n=1}^{\infty}(-1)\dfrac{1}{n^p}$，以下结论正确的是（　）.

A.当 $p>1$ 时，级数条件收敛　　B.当 $p>1$ 时，级数绝对收敛

C.当 $0<p\leqslant 1$ 时，级数绝对收敛　　D.当 $0<p\leqslant 1$ 时，级数发散

6. 若数列 $\{u_n\}$ 单调减少，$u_n>0$，且级数 $\sum\limits_{n=1}^{\infty}(-1)^{n-1}u_n$ 发散，则以下结论正确的是（　）.

A. $\lim\limits_{n\to\infty}u_n$ 不存在　　B. $\lim\limits_{n\to\infty}u_n$ 存在且必等于零

C. $\lim\limits_{n\to\infty}u_n$ 存在且必不等于零　　D. $\lim\limits_{n\to\infty}u_n$ 存在且可能等于零

二、解答题

1．证明级数$\sum_{n=1}^{\infty}\frac{1}{n(n+1)}$收敛，且其和为 1.

2．证明级数$\sum_{n=1}^{\infty}\frac{1}{\sqrt{n}}$发散.

3．证明级数$\sum_{n=1}^{\infty}\frac{1+n}{1+n^2}$发散.

4．讨论级数$\sum_{n=1}^{\infty}\frac{1}{n\sqrt[n]{n}}$的敛散性.

5．判别级数$\sum_{n=1}^{\infty}\frac{1}{8^n-6^n}$的敛散性.

6．判别级数$\sum_{n=1}^{\infty}\frac{a^n}{1+a^{2n}}(a>0)$的敛散性.

7．判别级数$\sum_{n=1}^{\infty}n!\left(\frac{2}{n}\right)^n$的敛散性.

8．判别级数$\sum_{n=1}^{\infty}2^n\sin\frac{\pi}{3^n}$的敛散性.

9．判别级数$\sum_{n=1}^{\infty}\frac{1}{(2n-1)(2n)}$的敛散性.

10．判别级数$\sum_{n=1}^{\infty}\frac{x^n}{n}=x+\frac{x^2}{2}+\cdots+\frac{x^n}{n}+\cdots$的敛散性.

11．求幂级数$\sum_{n=1}^{\infty}\frac{x^n}{n}$的收敛域.

12．将函数$f(x)=\sin x$展开成x的幂级数.

自测题 8

一、单项选择题（每小题 3 分，共 21 分）

1．在区间[-1，1]内，幂函数$\sum_{n=0}^{\infty}\frac{(-1)^n}{n+1}x^{n+1}$的和函数是（　）.

A. $\sin x$　　B. $\cos x$　　C. $\ln(1+x)$　　D. e^x

2．若级数$\sum_{n=1}^{\infty}\frac{1}{n^{p+1}}$收敛，则（　）.

A. $p\leqslant 0$　B. $p\leqslant 1$　C. $p>0$　D. $p>1$

3．已知级数 $\sum_{n=1}^{\infty}U_n=0$，则 $\sum_{n=1}^{\infty}U_n$（　）.

A.收敛　B.发散　C.条件收敛　D.可能收敛，也可能发散

4．当 $\sum_{n=1}^{\infty}U_n$ 为收敛级数，则下列级数中收敛的级数为（　）.

A. $\sum_{n=1}^{\infty}(U_n+10)$　B. $\sum_{n=1}^{\infty}10U_n$　C. $\sum_{n=1}^{\infty}\frac{10}{U_n}$　D. $\sum_{n=1}^{\infty}(10^2U_n-10^{10})$

5．幂级数 $\sum_{n=1}^{\infty}\frac{(x+2)^n}{n\times 2^n}$ 的收敛区间是（　）.

A. $[-2,0)$　B. $(-2,0)$　C. $[-4,0)$　D. $(-4,0)$

6．设 $S_n=\sum_{k=1}^{n}U_k$，则数列 $\{S_n\}$ 有界是正项级数 $\sum_{n=1}^{\infty}U_n$ 收敛的（　）.

A.充分条件　B.必要条件

C.充分必要条件　D.既非充分又非必要条件

7．级数 $\sum_{n=1}^{\infty}\frac{x^{2n+1}}{2n+1}$ 在收敛区间（−1，1）内的和函数是（　）.

A. $\ln(1-x)$　B. $\frac{1}{2}\ln\frac{1+x}{1-x}$　C. $\ln\frac{1+x}{1-x}$　D. $-\ln(1-x)$

二、填空题（每小题 3 分，共 21 分）

1．在级数的前面添上或者去掉_____项，级数的敛散性________.

2．已知级数 $\sum_{n=1}^{\infty}\frac{2^n}{n!}$ 收敛，则 $\sum_{n=1}^{\infty}\frac{2^n}{n!}=$__________.

3．设幂级数为 $\sum_{n=1}^{\infty}\frac{(2x+1)^n}{n}$，则该幂级数的收敛区间是________.

4．级数 $\sum_{n=1}^{\infty}\frac{3n^3-2n}{n^4+n^2+3}$ 的敛散性是________.

5．若正项级数 $\sum_{n=1}^{\infty}a_n$ 与 $\sum_{n=1}^{\infty}b_n$ 都收敛，则 $\sum_{n=1}^{\infty}\sqrt{a_nb_n}$ ________.

6．级数 $\sum_{n=0}^{\infty}(\frac{3}{4})^n$ 的和是_________.

7．$\sum_{n=1}^{\infty}\frac{2^n(x+1)^n}{n}$ 的收敛区间为________.

三、判断级数的敛散性（每小题 4 分，共 24 分）

1．$\sum_{n=1}^{\infty}\frac{5^n}{n^5}$　　2.$\sum_{n=1}^{\infty}(-1)^{n-1}\sin\frac{1}{n^2}$　　3.$\sum_{n=1}^{\infty}(-1)^n(\sqrt{n+1}-\sqrt{n})$

4．$\sum_{n=1}^{\infty}(-1)^{n-1}\frac{1}{\sqrt{n}}$　　5.$\sum_{n=1}^{\infty}(-1)^{n-1}\frac{n^3}{2^n}$　　6.$\sum_{n=1}^{\infty}\frac{1}{(n+1)(n+4)}$

四、求级数收敛半径和收敛区间（每小题 6 分，共 18 分）

1．$\sum_{n=1}^{\infty}\frac{(x-1)^n}{n\cdot 2^{n+1}}$　　2.$\sum_{n=1}^{\infty}\frac{x^{2n}}{n^2\cdot 2^n}$　　3.$\sum_{n=1}^{\infty}\frac{(x+2)^n}{n\cdot 2^n}$

五、解答题（每小题 8 分，共 16 分）

1．将 $\ln(1+x)$ 展开成 $(x-2)$ 的幂级数.

2．将函数 $f(x)=x+1(0\leqslant x\leqslant\pi)$ 展开成余弦级数.

综合提高题 8

1．已知级数 $\sum_{n=1}^{\infty}(-1)^{n-1}a_n=2$，$\sum_{n=1}^{\infty}a_{2n-1}=5$，则级数 $\sum_{n=1}^{\infty}a_n=$（　）.

A.3　　B.7　　C.8　　D.9

2．设 $\{a_n\}$ 为正项数列，则下列选项正确的是（　）.

A.若 $a_n>a_{n+1}$，则 $\sum_{n=1}^{\infty}(-1)^{n-1}a_n$ 收敛

B.若 $\sum_{n=1}^{\infty}(-1)^{n-1}a_n$ 收敛，则 $a_n>a_{n+1}$

C.若 $\sum_{n=1}^{\infty}a_n$ 收敛，则存在常数 $p>1$，使 $\lim_{n\to\infty}n^p a_n$ 存在

D.若存在常数 $p>1$，使 $\lim_{n\to\infty}n^p a_n$ 存在，则 $\sum_{n=1}^{\infty}a_n$ 收敛

3．级数 $\sum_{n=1}^{\infty}(-1)^n(1-\cos\frac{a}{n})$（常数 $a>0$）（　）.

A.绝对收敛　　B.条件收敛　　C.发散　　D.收敛性与 a 的取值有关

4．设 $a_n>0(n=1,2,\cdots)$，则下列级数中肯定收敛的是（　）.

A.$\sum_{n=1}^{\infty}a_n$　　B.$\sum_{n=1}^{\infty}(-1)^n a_n$　　C.$\sum_{n=1}^{\infty}\sqrt{a_n}$　　D.$\sum_{n=1}^{\infty}(-1)^n {a_n}^2$

5．若级数 $\sum_{n=1}^{\infty} a_n$ 收敛，则（ ）.

A. $\sum_{n=1}^{\infty}(a_n + a_{n+1})$ 收敛　　B. $\sum_{n=1}^{\infty} a_{2n}$ 收敛　　C. $\sum_{n=1}^{\infty} a_n a_{n-1}$ 收敛　　D. $\sum_{n=1}^{\infty}(-1)^n a_n$ 收敛

6．级数 $\sum_{n=2}^{\infty}(-1)^n \frac{\ln n}{n}$ 的敛散性为__________.

7．级数 $\sum_{n=1}^{\infty}(\ln x)^n$ 的收敛域是__________.

8．判断级数 $\sum_{n=1}^{\infty}(-1)^{n-1}\frac{1}{\ln(n+1)}$ 的敛散性.

9．判断级数 $\sum_{n=1}^{\infty}(-1)^{n-1}\cdot\frac{n+2}{n+1}\cdot\frac{1}{\sqrt{n}}$ 的敛散性.

10．已知级数 $\sum_{n=1}^{\infty}(-1)^{n-1}\frac{x^n}{n} = x - \frac{x^2}{2} + \frac{x^3}{3} - \cdots$，求收敛半径及收敛域.

11．求幂级数 $\sum_{n=1}^{\infty}\frac{x^n}{n(n+1)}$ 的收敛域，并求其和函数.

12．将函数 $f(x) = \frac{x}{x^2 - 5x + 6}$ 展开成 $x-5$ 的幂级数.

第 9 章　随机事件及其概率

9.1　随机事件

9.1.1　随机试验和随机事件

案例 1　掷一枚硬币，可能出现正面或出现反面.

案例 2　如果问“苹果从树上自然脱落时，会往地上落吗”，你会肯定地回答“是的”.

案例 3　如果问“明天天气如何”，你可能回答“不能确定，可能晴，也可能阴，也可能下雨……，只有等到明天才确定”.

在自然界、生产实践和科学实验中，人们观察到现象一般可分为确定性现象和随机现象两大类.

定义　如果一个试验在相同条件下可以重复进行，而每次试验的可能结果不止一个，但在一定条件下必然发生或必然不发生的现象称为确定性现象（必然现象），如案例 2.

另一种情况是：例如，在相同条件下多次掷一枚均匀硬币，正、反面出现的机会分别约占一半，其结果可能是正面朝上，也可能是反面朝上．但在一次抛掷中，我们无法预知究竟会出现哪一种结果，像这种在一定条件下，每次观测结果具有不确定性的现象称为随机现象（或偶然现象）．一个随机现象也就是一个随机试验，而试验的可能结果都叫随机事件，就抛硬币来说，正面朝上是一个事件，反面朝上也是一个事件，如案例 1、案例 3.

如果在相同条件下进行大量重复实验，偶然现象结果也会呈现规律性．对于随机事件而言，不管对它了解如何“精确”，但是要想事先就确定预言是不可能的．概率和数理统计就是研究随机事件之间关系的，它用数学语言来描述这些可能发生或不可能发生的事件，这种规律称为统计规律．概率就是研究随机现象统计规律的科学.

为了寻求随机现象的内在规律性，就要对其进行大量重复试验观察，我们把对随机现象的一次观察称为一次随机试验，简称试验．如抛掷一次硬币，就是一次试验，试验具有以下三个特点.

（1）可重复性：每一次试验，在相同条件下可以重复多次进行；

（2）明确性：每次试验的可能结果不止一个，但事先明确所有可能结果；

（3）随机性：每次试验的结果事前无法预言.

随机试验的每一个可能发生的结果称为随机事件，简称事件，通常用大写字母 A，B，C…表示，不能再分解的事件称为基本事件. 例如，掷一枚骰子，出现1点、2点、3点等结果，各是一个随机事件，由于它们都不能再分解，所以它们都是基本事件，而出现偶数点数、奇数点数各是一个随机事件，由于它们可以再分解成2、4、6点及1、3、5点数，因而试验偶数点数、奇数点数事件，就不是基本事件. 像这种由若干个基本事件组合而成的事件称为复合事件.

在一定条件下肯定要发生的事件称为必然事件，常用 Ω 表示，在一定条件下不可能发生的事件称为不可能事件，常用 Φ 表示，必然事件和不可能事件都属于确定性现象，但为了研究问题方便，我们仍然把它们当作随机事件，是随机事件的两个特殊情形.

一个随机试验的基本事件的全体所构成的集合称为试验的样本空间. 由于任何一次试验必然是所有基本事件之一，也就是一定有样本空间中的一个基本事件出现，因此，样本空间作为一个事件是必然事件，也用 Ω 表示. 每个基本事件也称为样本点.

例 1　从编号分别是 1、2、3、4、5、6、7、8、9、10 的十个球中任取一个观察其编号数，试写出该试验的样本空间和下列事件所包含的基本事件：$A=$ {取到3号球}，$B=$ {取到奇数号球}，$C=$ {取到编号数小于6且大于2的球}.

解　该试验的样本空间为

$$\Omega=\{1、2、3、4、5、6、7、8、9、10\}$$

$$A=\{3\}$$

$$B=\{1、3、5、7、9\}$$

$$C=\{3、4、5\}$$

9.1.2　事件间的关系与运算

1．事件的包含与相等

如果事件 A 发生必然导致事件 B 发生，则称事件 A 包含于事件 B（或称事件 B 包含事件 A），记作 $A\subset B$ 或 $B\supset A$.

显然，对任一事件 A，都有 $\Phi\subset A\subset\Omega$ 成立.

如果同时有 $A\subset B$ 和 $B\subset A$，则称事件 A 与事件 B 相等，记作 $A=B$.

2．事件的和

如果事件 A 与 B 中至少有一个发生，称为事件 A 与 B 的和（或并），记作 $A+B$.

对任意事件 A 都有 $A+A=A$，$A+\Omega=\Omega$，$A+\Phi=A$.

3．事件的差

事件 A 发生而事件 B 不发生，称为 A 与 B 的差，记作 $A-B$．

4．事件的积

如果事件 A 与 B 同时发生，称为事件 A 与 B 的积（或交），记作 AB．

显然有 $AA=A$， $A\Phi=\Phi$， $A\Omega=A$ 成立.

5．互斥事件

如果事件 A 与 B 不可能同时发生，称事件 A 与事件 B 互不相容或者互斥，记作 $AB=\Phi$，基本事件是互不相容的.

6．互逆事件

若事件 A 与 B 满足 $AB=\Phi$， $A+B=\Omega$，则称事件 A 与 B 为互逆事件或对立事件，事件 A 的逆事件记作 $\overline{A}$．

显然有 $A+\overline{A}=\Omega$， $A\overline{A}=\Phi$， $\overline{\overline{A}}=A$．

根据以上事件的 6 种关系，在进行运算时，经常用到以下定律：

设有事件 A， B， C，则有

（1）交换律： $A+B=B+A$　　$AB=BA$

（2）结合律： $(AB)C=A(BC)$　　$(A+B)+C=A+(B+C)$

（3）分配律： $A(B+C)=AB+AC$

（4）摩根律： $\overline{A+B}=\overline{A}\,\overline{B}$　　$\overline{AB}=\overline{A}+\overline{B}$

9.2　随机事件的概率

研究随机试验不仅要知道它可能要发生的各种事件，而且要研究各种事件发生的可能性大小，以便使它为我们生产和生活服务，用来表示事件 A 发生的可能性大小的数值称为事件 A 的概率，记作 $P(A)$．下面来研究怎样从数量上描述事件的概率.

9.2.1　古典概率

若试验 E 具有如下两个特征：

（1）有限性：试验结果的个数是有限的，即基本事件的个数是有限的；

（2）等可能性：每个试验结果出现的可能性相等，即每个基本事件发生的可能性是相同的．则称 E 为古典型随机试验（或古典概型）.

例如，“投掷硬币”“掷骰子”等试验就具备以上两个条件，属于古典概型.

根据古典概型的特点，我们可以定义任一随机事件 A 的概率.

定义　如果古典概型中的所有基本事件的个数为 n，事件 A 包含的基本事件的个数为

m，则事件 A 的概率为

$$P(A)=\frac{\text{事件}A\text{所包含的基本事件数}}{\text{基本事件的总数}}=\frac{m}{n} \tag{9-1}$$

并称此概率为古典概率．

由概率的定义可知，概率具有下述性质：

（1）对于任一事件 A，有 $0\leqslant P(A)\leqslant 1$；

（2）$P(\Omega)=1$　　$P(\Phi)=0$；

（3）如果事件 A，B 满足 $A\subset B$，那么有 $P(A)\leqslant P(B)$．

计算事件 A 的概率时，重要的是弄清基本事件总数 n 是多少，事件 A 包含哪些基本事件，其中包含的基本事件 m 是多少．计算 n 和 m 经常使用排列与组合的计算公式．

例 1　已知 10 支晶体管中有 2 支次品，在其中取 2 次，每次随机取 1 支，进行不放回抽样，求下列事件的概率．

（1）2 支都是正品；

（2）2 支都是次品；

（3）1 支正品，1 支次品；

（4）至少 1 支是正品．

解　（1）$P_1=\dfrac{C_8^2}{C_{10}^2}=\dfrac{28}{45}$

（2）$P_2=\dfrac{C_2^2}{C_{10}^2}=\dfrac{1}{45}$

（3）$P_3=\dfrac{C_8^2C_2^1}{C_{10}^2}=\dfrac{16}{45}$

（4）$P_4=1-P_2=1-\dfrac{1}{45}=\dfrac{44}{45}$

例 2　从数字 1、2、3、4、5 中任取 3 个组成没有重复数字的三位数，求所得三位数是偶数的概率．

解　已知从 5 个数字中任取 3 个不同数字，得到 3 位数总个数为 $n=P_5^3$ 个．设 $A=\{$所得三位数是偶数$\}$，三位数是偶数，其个位数只能从 2、4 中任取一个，有 P_2^1 种取法，个位确定后，十位和百位则是从剩下的 4 位数中任取 2 个，有 P_4^2 种取法，于是三位数是偶数的个数为 $m=P_2^1P_4^2$，所以

$$P(A)=\frac{m}{n}=\frac{P_2^1P_4^2}{P_5^3}=\frac{2\times(4\times3)}{5\times4\times3}=\frac{2}{5}$$

例 3 根据以往的统计，某厂产品的次品率为 0.05，在某段时间生产的 100 件产品中任取 5 件进行检验，求恰有 1 件次品的概率.

解 从 100 件产品中任取 5 件，有 C_{100}^5 种取法，设 $A=\{$恰有 1 件次品$\}$，由题知，次品率为 0.05，即知 100 件中有 95 件合格品，5 件次品，于是恰有 1 件次品的抽法有 $C_5^1C_{95}^4$ 种，因此事件 A 的概率为

$$P(A)=\frac{C_5^1C_{95}^4}{C_{100}^5}=\frac{5\times\dfrac{95\times94\times93\times92}{4\times3\times2\times1}}{\dfrac{100\times99\times98\times97\times96}{5\times4\times3\times2\times1}}\approx0.211\ 4$$

9.2.2 概率的加法公式

定理 1（概率的加法公式） 对于任意两个事件 A 与 B，有

$$P(A+B)=P(A)+P(B)-P(AB) \tag{9-2}$$

由概率的加法公式可以得到如下推论：

推论 1（互斥事件的概率加法公式） 若事件 A 与 B 互斥，有

$$P(A+B)=P(A)+P(B) \tag{9-3}$$

推论 2（逆事件的概率公式） 对任一事件 A，有

$$P(\overline{A})=1-P(A) \tag{9-4}$$

推论 3 若事件 $B\subset A$，则

$$P(A-B)=P(A)-P(B) \tag{9-5}$$

例 4 某城市 50%的住户订日报，65%的住户订晚报，30%的住户既定日报又订晚报，请问该城市至少订这两种报纸其中一种的住户占的比例？

解 若设 $A=\{$订日报的住户$\}$，$B=\{$订晚报的住户$\}$，则既定日报又订晚报的住户为 AB，至少订一种的住户为 $A+B$.

由题知，$P(A)=0.5 \quad P(B)=0.65 \quad P(AB)=0.3$

则
$$P(A+B)=P(A)+P(B)-P(AB)$$
$$=0.5+0.65-0.3=0.85$$

例 5 据统计资料表明，某市有 80%的住户有电视机，有 60%的住户有电冰箱，有 50%的住户既有电视机又有电冰箱，若从该市住户中任选一户，发现没有这两件电器的概率是多少？

解 设 $A=\{$有电视机的住户$\}$，$B=\{$有电冰箱的住户$\}$，则 $A+B=\{$至少有一件家用电器的住户$\}$，$\overline{A+B}=\{$没有这两件家用电器的住户$\}$，由题知，此题是求 $P(\overline{A+B})$.

$$P(A)=0.8 \qquad P(B)=0.6 \qquad P(AB)=0.5$$

则
$$P(A+B)=P(A)+P(B)-P(AB)=0.8+0.6-0.5=0.9$$

由式（9-4）得
$$P(\overline{A+B})=1-P(A+B)=1-0.9=0.1$$

因此，从该市住户中任选一户，没有这两件家用电器的概率为 0.1.

9.3 条件概率与事件的独立性

在大千世界中，事物是相互联系、相互影响的，这对随机事件也不例外，在同一试验中，一个事件发生与否对其他事件发生的可能性的大小究竟有何影响？这便是本节将要讨论的问题.

9.3.1 条件概率

例 1 甲乙两厂生产同类产品，记录如下表：

	正品数	次品数	合计
甲厂	67	3	70
乙厂	28	2	30
合计	95	5	100

求从中任取一件正品是甲厂的概率.

分析：若设 $A=\{$任取一件是甲厂的产品$\}$，$B=\{$任取一件是正品$\}$，则事件“任取一件正品是甲厂产品”是指在事件 B 发生的条件下，事件 A 发生的概率，这就是条件概率. 一般有如下定义：

定义 1 若事件 A，B 是同一试验中的两个随机事件，则称在事件 B 发生的条件下，事件 A 发生的概率为条件概率，记作 $P(A|B)$.

条件概率有以下计算公式

$$P(A|B)=\frac{P(AB)}{P(B)} \quad [P(B)>0] \tag{9-6}$$

$$P(B|A)=\frac{P(AB)}{P(A)} \quad [P(A)>0] \tag{9-7}$$

解 由上表知，$P(B)=\frac{95}{100}$，$P(AB)=\frac{67}{100}$，

由式（9-6）任取一件正品是甲厂产品的概率为

$$P(A|B)=\frac{P(AB)}{P(B)}=\frac{67/100}{95/100}=\frac{67}{95}$$

例 2 有圆形零件 100 个，其中有 96 个直径合格，有 98 个光洁度合格，有 92 个两个指标合格，从这 100 个零件中任取一个：

（1）若此零件光洁度合格，求直径也合格的概率.

（2）若此零件直径合格，求光洁度也合格的概率.

解 设 $A=\{$光洁度合格$\}$ $B=\{$直径合格$\}$ 则由题设知

$$P(A)=\frac{98}{100} \qquad P(B)=\frac{96}{100} \qquad P(AB)=\frac{92}{100}$$

（1）在光洁度合格的条件下，直径也合格的概率为

$$P(B|A)=\frac{P(AB)}{P(A)}=\frac{\frac{92}{100}}{\frac{98}{100}}=\frac{92}{98}\approx 0.938\,8$$

（2）在直径合格的条件下，光洁度也合格的概率

$$P(A|B)=\frac{P(AB)}{P(B)}=\frac{\frac{92}{100}}{\frac{96}{100}}=\frac{92}{96}\approx 0.958\,3$$

9.3.2 概率的乘法公式

由条件概率的计算公式可直接得出概率的乘法公式.

定理（概率的乘法公式） 对于两个事件 A 与 B，有

$$P(AB)=P(A)P(B|A) \quad [P(A)>0]$$

$$P(AB)=P(B)P(A|B) \quad [P(B)>0]$$

例 3 盒中有 10 只晶体管，其中 6 只正品、4 只次品，每次不放回地抽取一只进行测试，连取两次，求下列事件的概率.

（1）$A=\{$两次都是正品$\}$；

（2）$B=\{$第二次才取到正品$\}$；

（3）$C=\{$至少取到一只正品$\}$.

解　该例题为不放回抽样问题．所谓不放回抽样，是指第一次从 10 只晶体管中抽取一只后不放回，第二次从剩下的 9 只晶体管中抽取一只在进行测试．

设 $A_i=\{$第 i 次取到正品$\}$（i=1，2）

（1）依题设，$A=A_1A_2$，$P(A_1)=\dfrac{6}{10}$，$P(A_2|A_1)=\dfrac{5}{9}$，由概率的乘法公式得

$$P(A)=P(A_1A_2)=P(A_1)P(A_2|A_1)=\frac{6}{10}\times\frac{5}{9}=\frac{1}{3}$$

（2）依题设，$B=\overline{A_1}A_2$，$P(\overline{A_1})=\dfrac{4}{10}$，$P(A_2|\overline{A_1})=\dfrac{6}{9}$，由概率的乘法公式得

$$P(B)=P(\overline{A_1}A_2)=P(\overline{A_1})P(A_2|\overline{A_1})=\frac{4}{10}\times\frac{6}{9}=\frac{4}{15}$$

（3）依题设，$\overline{C}=\{$全是次品$\}$，$\overline{C}=\overline{A_1}\,\overline{A_2}$，$P(\overline{A_1})=\dfrac{4}{10}$，$P(\overline{A_2}|\overline{A_1})=\dfrac{3}{9}$

由概率的乘法公式得

$$P(\overline{C})=P(\overline{A_1}\,\overline{A_2})=P(\overline{A_1})P(\overline{A_2}|\overline{A_1})=\frac{4}{10}\times\frac{3}{9}=\frac{2}{15}$$

故
$$P(C)=1-P(\overline{C})=1-\frac{2}{15}=\frac{13}{15}$$

9.3.3　事件的独立性

例 4　袋中有 5 个球，3 个新的、2 个旧的，任取一个记录下观察结果，放回去再取一个，问第二次取到新球的概率是多少？

该例题为有放回抽样问题，设 $A=\{$第一次取到新球$\}$，$B=\{$第二次取到新球$\}$，要求的是 $P(B)=?$

所谓有放回抽样，是指第一次无论是否取到新球，都要放回袋中，第二次从原袋的 5 个球中任取一个球．由此，事件 A 的发生与否与事件 B 的发生没有关系．所以由式（9-1）得到 $P(B)=\dfrac{3}{5}$．

这时，也称事件 A 与事件 B 相互独立．

定义 2（相互独立）　若两个事件 A，B 中，任一事件的发生与否不影响另一事件的概率，则称事件 A 与 B 相互独立．

可以推出，相互独立事件有下述性质：

性质 1 事件 A 与 B 相互独立的充要条件是

$$P(AB)=P(A)P(B) \tag{9-8}$$

性质 2 若事件 A 与 B 相互独立，则 $\overline{A}$ 与 B，A 与 $\overline{B}$，$\overline{A}$ 与 $\overline{B}$ 也都相互独立. 即

（1）$P(\overline{A}B)=P(\overline{A})P(B)=[1-P(A)]P(B)$

（2）$P(A\overline{B})=P(A)P(\overline{B})=P(A)[1-P(B)]$

（3）$P(\overline{A}\overline{B})=P(\overline{A})P(\overline{B})=[1-P(A)][1-P(B)]$

显然，若事件 A 与 B 相互独立，因 $\overline{A+B}=\overline{A}\overline{B}$ 则有

$$P(A+B)=1-P(\overline{A})P(\overline{B}) \tag{9-9}$$

事件之间相互独立的概念可以推广到有限多个事件的情形.

例 5 某车间有甲、乙两台机床独立工作，已知甲机床停机的概率为 0.06，乙机床停机的概率为 0.07，求甲、乙两机床至少有一台停机的概率.

解 设 $A=\{$甲机床停机$\}$，$B=\{$乙机床停机$\}$，则 $A+B=\{$甲乙两台机床至少有一台停机$\}$. 因甲机床停机与乙机床停机互不影响，所以事件 A 与 B 相互独立.

由于 $P(A)=0.06,\ P(B)=0.07$.所以有

$$\begin{aligned}P(A+B)&=P(A)+P(B)-P(AB)\\&=P(A)+P(B)-P(A)P(B)\\&=0.06+0.07-0.06\times0.07=0.125\,8\end{aligned}$$

此题也可由式（9-9）得

$$\begin{aligned}P(A+B)&=1-P(\overline{A})P(\overline{B})\\&=1-(1-0.06)(1-0.07)=0.125\,8\end{aligned}$$

9.3.4 伯努利概型

定义 3 我们进行了 n 次试验，且满足：

（1）每次试验只有两种可能结果，A 发生或 A 不发生.

（2）n 次试验是重复进行的，即 A 发生的概率每次均一样.

（3）每次试验是独立的，即每次试验 A 发生与否与其他试验 A 发生与否是互不影响的，这种试验称为伯努利概型，或称为 n 重伯努利试验.

用 p 表示每次试验 A 发生的概率，则 $\overline{A}$ 发生的概率为 $1-p=q$，用 $P_n(k)$ 表示 n 重伯努利试验中 A 出现 $k(0\leqslant k\leqslant n)$ 次的概率，

则有 $P_n(k)=c_n^k p^k q^{n-k} \qquad k=0, 1, 3, \cdots, n$

例 6 设事件 A 在每次试验中发生的概率为 0.3，当 A 发生不少于 3 次时，指示灯发出信号，若进行了 5 次重复独立试验，求指示灯发出信号的概率.

解 设 X 表示在 5 次试验中 A 发生的次数，则 $X-B(5,0.3)$，指示灯发出信号这一事件可表示为 $\{X\geqslant 3\}$，故所求的概率为

$$P(X\geqslant 3)=C_5^3 0.3^3(1-0.3)^{5-3}+C_5^4 0.3^4(1-0.3)+0.5^5=0.163$$

本章小结

本章主要介绍了随机事件，随机事件间的关系和运算，事件的概率概念及性质，以及概率的计算公式.

1．随机事件的概念

理解随机事件的概念时，要深刻体会它的“随机”性．也就是说，随机事件是可能发生也可能不发生的．了解事件间的关系及其运算，善于将某些复杂的事件表示为若干个简单事件的和或积．注意互斥事件（互不相容）与互逆两个概念的联系与区别．理解事件的独立性概念.

2．古典概型和伯努利概型

古典概型和伯努利概型是两个比较基础而又重要的试验模型．在这两个概型中，给出了计算随机事件概率的两个计算公式，应用时，要注意两个概型所需要的条件及其所求随机事件的含义.

3．古典概率与条件概率

古典概率要求试验中基本事件的个数有限、互斥且等概率，计算时常用到排列、组合，学生可复习有关的知识．条件概率 $P(B|A)$ 是指在事件 A 已经发生的条件下事件 B 发生的概率，它可利用定义计算.

4．加法公式与乘法公式

加法公式就事件之间的关系而言，分为互不相容和一般情形两种公式：

$$P(A+B)=P(A)+P(B) \qquad (A\text{与}B\text{互斥})$$

$$P(A+B)=P(A)+P(B)-P(AB)$$

乘法公式就事件之间的关系而言，分为互相独立和一般情形两个公式，应用时注意条

件概率的使用

$$P(AB)=P(A)P(B) \quad (A\text{与}B\text{相互独立})$$

$$P(AB)=P(A)P(B|A)=P(B)P(A|B)$$

实际中常用到两个事件是独立的加法公式

$$P(A+B)=P(A)+P(B)-P(A)P(B)$$

加法公式和乘法公式中事件的个数都可以从两个事件推广到有限多个.

阅读材料

伯努利

伯努利

雅科布·伯努利（Jacob Bernoulli）是瑞士数学家，1654 年 12 月 27 日生于巴塞尔，1705 年 8 月 16 日卒于巴塞尔。

雅科布·伯努利毕业于巴塞尔大学，1671 年获艺术硕士学位，并按父亲的意见又学习神学，于 1676 年取得了神学硕士学位。但当他读了笛卡儿、沃利斯等人的著作后，对数学产生了强烈的兴趣，毅然违背其父要他献身神学的意愿，转而投身数学。他的数学几乎是无师自通的。他在荷兰及英国旅行期间，结识了一些知名的数学家，并成了莱布尼茨的好友，从此便和莱布尼茨有频繁的书信往来，共同探讨微积分等问题。雅科布·伯努利从 33 岁到逝世的 18 年时间，一直是巴塞尔大学的教授——开始是实验物理学教授，后来为数学教授。他还在 1699 年当选为巴黎学院的国外院士，1705 年被柏林科学协会（即后来的柏林科学院）接收为会员。

雅科布·伯努利在数学领域里做出了卓越的贡献：他是用微积分方法求解常微分方程的先驱者之一，在微分方程中有以他的姓命名的伯努利方程，他采用变量分离法解出了这种方程；他研究过无穷级数，独立地发现了调和级数的发散性，给出了系数中包含伯努利数的 $\tan x$ 的幂级数展开式，他写的《关于无穷级数及其有限和的算术应用》被认为是级数理论方面的第一部教科书；在数论中，他提出了很有影响的伯努利数和伯努利多项式，伯努利数现已成为分析中应用极广的数；特别是，他在宣传、普及微积分学说方面做出了很大贡献，积分这个术语就是由他引进的。英国数学史家斯科特（Scott）说："雅科布·伯努利和约翰·伯努利两兄弟了解微积分的威力相适应性，他们努力的结果，使微积分成了欧洲大陆人们普遍了解的知识。"

雅科布·伯努利的名著《推测术》的出版是概率论发展史中的一件大事。此书可以说是把概率论建立在稳固的理论基础之上的首次尝试，其中给出了著名的大数定律的基本原理：若某事件的概率是 p，且若 n 次独立试验中有 k 次出现该事件，则当 $n \to \infty$ 时，$\frac{k}{n} \to p$，从而使伯努利的姓氏载入概率论史册。他自己也为发现这个定理而感到自豪，他曾说："这个问题我已经压了 20 年没有发表，现在打算把它公之于世了，它又难又新奇，但它有极大的用处，以致在这门学科的所有其他分支中都有高度的价值和位置。"为了纪念他的这个发现，人们把它命名为伯努利定理。

雅科布·伯努利提出并讨论过等周问题，也是最早研究变分学的数学家之一；他引入了极坐标的概念，并给出了直角坐标和极坐标的曲率半径公式，指出某些高次曲线用极坐标表示比较简单，且便于研究，这也是系统地使用极坐标的开始，所以通常认为他是极坐标的发明者之一；他对许多重要的特殊曲线的微分性质做过深入的研究：例如，把悬链线的研究扩展到密度可变的链和在有心力作用下的链，他第一次在这方面发展起来的数学现在已经用于悬桥和高压输电线上；对等时曲线做过深入的研究，自此弄清楚原来是尖点处有垂直切线的半三次抛物线；发现和研究了双纽线——到两定点（焦点）距离之积等于常量 a^2 的曲线；特别是，他对对数螺线进行了极为深入的探讨，发现了这种曲线经过多种变换后仍是对数螺线，例如，对数螺线的渐屈线和渐伸线仍是对数螺线，从极点引切线的垂线其垂足的轨迹也是对数螺线，以极点为发光点经对数螺线反射后得到无数根反射线，和所有这些反射线相切的曲线还是对数螺线。从而他非常赞叹这种曲线的美妙特性，以致他在遗嘱里要求把对数螺线刻在他的墓碑上并题颂词"虽经沧桑，依然故我。"

雅科布·伯努利的座右铭是："我违背父亲的意愿，研究星星。"并以此来鞭策、激励自己坚定地投身数学和科学。

习题 9

1. 指出下列事件中哪些是必然事件，哪些是不可能事件，哪些是随机事件.

（1）电话交换台在 15 min 内至少接受 20 次呼唤；

（2）在一个标准大气压及 25℃的室温下，纯水会结冰；

（3）上抛一个小石块，经过一段时间会落下；

（4）从一副扑克牌中一次抽到 3 张连号；

（5）抛掷两枚骰子，出现的点数大于 12 点；

（6）冰块在室温下融化．

2．设A，B为两个基本事件，试将下列事件用A，B的运算式子表示．

（1）A发生，B不发生；　　（2）A，B都发生；

（3）A，B都不发生；　　（4）A，B恰有一个发生；

（5）A，B中至少有一个发生．

3．在某高校一个班级中任选一名学生，用A表示“被选者是男生”，B表示被选者是3年级学生，C表示被选者是运动员．问

（1）什么条件下$ABC=C$成立？（2）什么条件下$C\subset B$？（3）什么条件下$\overline{A}=B$成立？

4．设两个随机事件A，B相互独立，已知仅有A发生的概率为0.25，仅有B发生的概率为0.25，问事件A，B各自发生的概率是多少？

5．袋中有5个红球、7个白球，现从中任取两个，求两球恰好是两种不同颜色的球的概率．

6．从一副扑克52张牌中任取4张，求其花色各不相同的概率．

7．一箱灯泡40只，其中3只是坏的，从中任取3只，求至少一只是坏的的概率．

8．电话号码由7个数字组成，每个数字可以是0、1、2、3…9中任意一个，求电话号码是由7个完全不同的数字组成的概率．

9．10件产品中有8件正品，2件次品，从中任取4件，求

（1）4件都是正品的概率；

（2）2件正品，2件次品的概率；

（3）至少有1件次品的概率．

10．加工某产品经过两道工序，若这两道工序都合格的概率为0.95，求至少有一道工序不合格的概率．

11．假设有甲、乙两批种子，发芽率分别是0.8和0.7，在两批种子中随机取一粒，求

（1）两粒都发芽的概率；

（2）至少有一粒发芽的概率；

（3）恰有一粒发芽的概率．

12．某工厂的产品分别为一级品、二级品、三级品三档，在正常生产的条件下，出现二级品的概率为0.06，出现三级品的概率为0.02，其余都是一级品，求出现一级品的概率．

13．已知$P(A)=0.8$，$P(B)=0.6$，$P(AB)=0.48$，求$P(A|B)$和$P(B|A)$．

14．某种灯泡用满5 000 h的概率为0.75，用到10 000 h的概率为0.5，现有一只灯泡已用满5 000 h，求它能用到10 000 h的概率．

15．对出租车进行检查时发现，没有安装汽车尾气处理器的占25%，前排没有安全带的占32%，两种都没有的占10%，现随机抽查一辆汽车．

（1）已发现没有安装汽车尾气处理器的，求前排也没有安全带的概率；

（2）求既安装了汽车尾气处理器，前排也有安全带的概率．

16．据气象资料统计知道，甲、乙两市一年中雨天比例分别占 20%和 14%，两市同时下雨占 12%，求

（1）甲市下雨时，乙市也下雨的概率；

（2）乙市不下雨时，甲市也不下雨的概率；

（3）至少有一市不下雨的概率．

17．在某市入学考试中，甲、乙、丙三人考上的概率分别是 0.4、0.75 和 0.6，且各自考上的事件是相互独立的，求

（1）求三人都考上的概率；

（2）至少有一人考上的概率．

18．A 发生的概率是 0.6，B 发生的概率 0.5，问 A、B 同时发生的概率范围．

19．设某类型的高炮每次击中飞机的概率为 0.2，问至少需要多少门这样的高炮同时独立发射（每门射一次）才能使击中飞机的概率达到 90%以上？

20．一批产品中有 20%的次品，进行重复抽样检查，共抽得 5 件样品，分别计算这 5 件样品中恰好有 3 件次品和至多有 3 件次品的概率．

自测题 9

一、选择题（每小题 3 分，共 21 分）

1．设 A、B 为随机事件，则 A、B 至少有一个发生为（　）．

A. AB　　B. $A-B$　　C. $A+B$　　D. $\overline{AB}$

2．投掷两颗均匀的骰子，点数和为 12 的概率为（　）．

A. $\frac{1}{3}$　　B. $\frac{1}{12}$　　C. $\frac{1}{18}$　　D. $\frac{1}{36}$

3．设 A、B 是相互独立的随机事件，则（　）．

A. $P(A+B)=P(A)+P(B)$　　B. $P(AB)=P(A)P(B)$

C. $P(A-B)=P(A)-P(B)$　　D. $P(AB)=P(A)$

4．已知事件 A、B 相互独立，$P(A)=0.5$，$P(B)=0.6$，则 $P(A\cup B)=$（　）．

A.0.9　B.0.8　C.0.7　D.0.6

5．20 名学生，学号分别为 1～20，从中抽取 3 名，最大学号为 10 的概率为（　）．

A. $\frac{36}{1\,140}$　　B. $\frac{120}{1\,140}$　　C. $\frac{45}{1\,140}$　　D. $\frac{84}{1\,140}$

6．袋中放有3个红球、2个白球，第一次取出一球，不放回，第二次再取一球，则两次都是红球的概率是（ ）.

A. $\frac{9}{25}$　　B. $\frac{3}{10}$　　C. $\frac{6}{25}$　　D. $\frac{3}{20}$

7．已知事件A、B相互独立，且$P(A)=0.5$，$P(B)=0.4$，则A、B至少有一个事件发生的概率为（ ）.

A.0.6　　B.0.7　　C.0.8　　D.0.9

二、填空题（每空3分，共21分）

1．设$P(A)=0.3$，$P(B)=0.5$，且A、B互斥，则$P(A+B)=$________.

2．A、B恰有一个事件发生可表示为________.

3．$P(A)=0.5$，$P(B|A)=0.6$，则$P(AB)=$________.

4．已知事件A、B满足$A+B=U, AB=\Phi$，且$P(A)=0.4$，则$P(B)=$________.

5．已知事件A、B相互独立，且$P(A)=0.5$，$P(B)=0.4$，则A、B至少有一个事件发生的概率为________；A、B都发生的概率为________；在A发生的情况下，B发生的概率为________.

三、计算解答题（每题8分，共40分）

1．一袋中有5个红球5个黑球（1）有放回地抽取两次，求两次都抽到红球的概率；（2）无放回地抽取两次，求两次都抽到红球的概率.

2．设袋中共有10个球，其中2个带有中奖标志，两人分别从袋中任取一球，问第二个人中奖的概率是多少？

3．已知甲、乙两人同时向某一目标射击，甲命中率为0.7，乙命中率为0.6，求至少有一人命中的概率.

4．已知某人经初步射击训练，每发命中率为0.3，求独立射击7次，求目标被击中的概率.

5．一门火炮向一目标射击，每发炮弹命中目标的概率是0.8，求连续射3发都命中的概率和至少有一发命中的概率.

四、证明题（共8分）

随机事件A、B相互独立，试证$\overline{A}$与B也相互独立.

五、应用题（共10分）

某公司有职工210人，对他们进行调查发现有160人会使用计算机，其中78人受过高等教育，而不会使用计算机的人中有43人未受过高等教育，现从所有职工中任选一人，

（1）求他会用计算机又受过高等教育的概率；

（2）已知他受过高等教育，求他会用计算机的概率.

第 10 章　数学实验与数学建模简介

数学实验是引导学生进入体验数学、了解数学、学习数学的境界，本章主要介绍 MATLAB 数学软件的基本知识与其在微积分中的简单应用.

10.1　MATLAB 数学软件简介

10.1.1　MATLAB 基本知识介绍

MATLAB 是 MATrix LABratory 的缩写，是由美国 Math Works 公司于 1982 年推出的一款高性能数值计算的可视化软件，不但可以解决数值计算问题，还可以解决符号演算问题，并且能够绘制函数图形；具有语言简单易学易懂、代码短小高效、计算功能强大、绘图方便、可扩展性强等特点；已广泛地应用于教学和科研领域.

MATLAB 安装成功后，开始/程序/MATLAB 菜单项（或双击桌面上的 MATLAB 图标快捷键）即可打开 MATLAB 界面. 若要退出单击右上关闭按钮便可.

目前最常见的软件主要有：①Mathacd；②Matlab；③Mathematica.

1. MATLAB 主窗口

主窗口主要包括 6 个下拉菜单和 10 个按钮控件，下面主要对 10 个按钮控件做简单介绍. 各按钮控件及说明如下.

 	新建或打开一个 MATLAB 文件
  	剪切、复制或粘贴已选中的对象
	撤销或恢复上一次操作
	打开 Simulink 主窗口
	打开 MATLAB 的帮助系统
设置当前路径	

2．命令窗口

如图是 MATLAB 的命令窗口，其中“>>”为运算提示符，表示 MATLAB 正处在准备状态．当在提示符后输入一段运算式并按【Enter】键后，MATLAB 将给出计算结果，然后再进入准备状态．

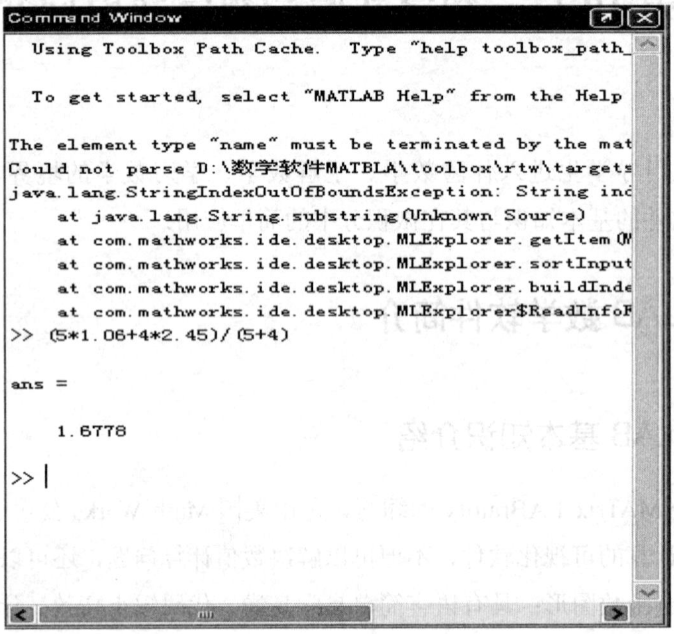

3．历史窗口

在默认设置下，历史窗口中会保留自安装起所有命令的历史记录，并表明使用时间以方便使用者查询．双击某一行命令，即在命令窗口中执行该行命令．

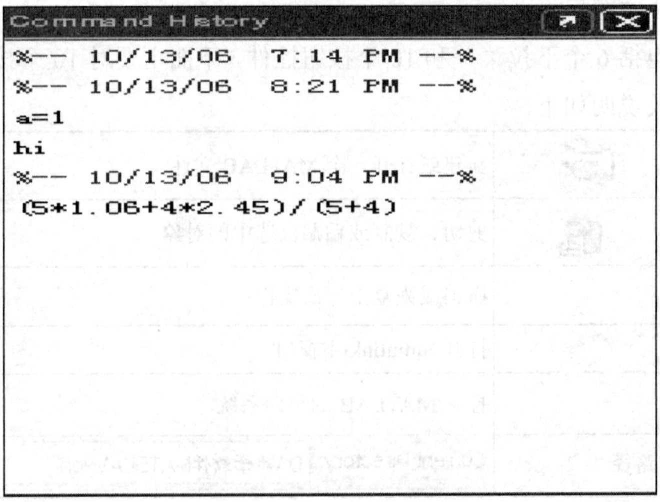

4．当前目录窗口

在当前目录窗口中可显示或改变当前目录，还可以显示当前目录下的文件并提供搜索功能．

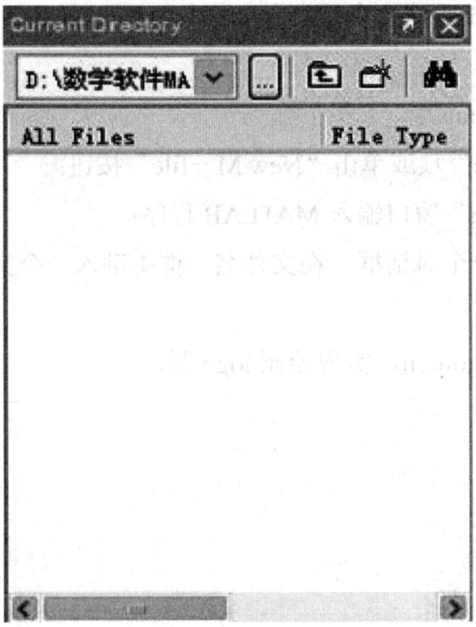

此窗口有 4 个按钮控件：

显示并改变当前目录控件

进入所显示的目录的上一级目录

在当前目录中创建一个新的子目录

在当前目录的文件中查找

5．工作窗口

在工作窗口中将显示目前内存中所有的 MATLAB 变量的变量名、数学结构、字节数以及类型，不同的变量类型分别对应不同的变量名图标．

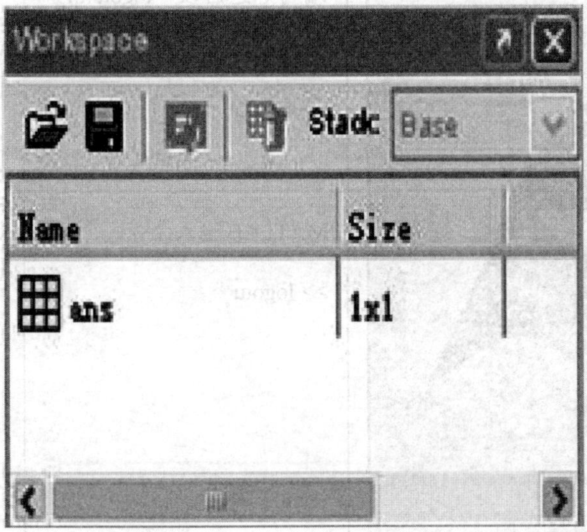

此窗口有 4 个按钮控件和 1 个下拉菜单：

打开已保存的数据文件

保存工作空间中的所有数据

打开所选数据的矩阵编辑器

删除所选数据

MATLAB 在执行 M 文件时，将把 M 文件的数据保存

6．程序编辑器

M 文件的建立

提问：什么是 M 文件？

编写 MATLAB 的程序文件就称 M 文件．M 文件分为：命令文件和函数文件．

提问：M 文件建立的步骤是什么？

（1）进入程序编辑器（MATLAB Editor/Debug）：

从“File”菜单中选择“New”及“M－file”项或单击“New M－file”按钮；

（2）输入程序：在“MATLAB Editor/Debug”窗口输入 MATLAB 程序；

（3）保存程序：单击“save”按钮，出现一个对话框，在文件名一框中键入一个文件名，单击“保存”按钮．

例 1 创建一个命令式文件，文件名为%logotu.m，实现绘制 logo 图．

解 在 Medit 窗口中写以下内容：

```
%logotu.m
load logo
surf（L，R），colormap（M）
n=size（L，1）;
axis off
axis（[1 n 1 n -.2 .35]）
view（-37.5，60）
```

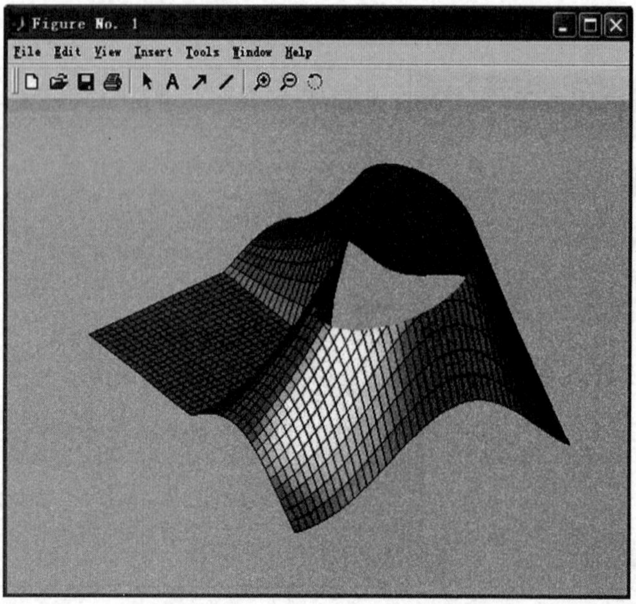

编写好之后以“logotu.m”文件名保存．在 MATLAB 主命令窗口中执行命令：

MATLAB 输入命令

>> logotu

例 2 创建一个函数式文件，文件名为%fibfun.m.

解 计算第 *n* 个 Fibonnaci 数.

在 Medit 窗口中写以下内容：

```
%fibfun.m
function f=fibfun（n）
if n>2
  f=fibfun（n-1）+fibfun（n–2）;
else
  f=1;
end
```

编写好之后以“fibfun.m”文件名保存.

在MATLAB主命令窗口中执行命令：

```
>> fibfun(3)
```

得到结果为

```
ans =
```

10.1.2 MATLAB 常用的常量、变量与函数

1．常量

MATLAB 有一些预定义的变量，这些特殊的变量称为常量．例如

圆周率可表示为：>> pi

>> ans = 3.1416

虚数可表示为：>> 2+3i

>> ans =2.000 0 + 3.000 0i

字符可表示为：>> ‘how are you’

>> ans = how are you

2．变量

（1）符号变量

提问：符号变量创建的格式是什么？

① sym a：表示一次创建一个符号变量；

② syms a b c：表示一次创建多个符号变量；

③ sym（‘x’）：表示创建一个符号变量；

它可以是字符、字符串、表达式或字符表达式.

（2）给变量赋值

提问：给变量赋值的基本格式是什么？

[变量名=]表达式[；]

例如：把（5*1.06+4*2.45）/（5+4）赋给 a.

>> a=（5*1.06+4*2.45）/（5+4）

>> ans = 1.677 8

MATLAB 具有丰富的函数，可分为三大类：MATLAB 内部函数、MATLAB 系统附带的各种工具箱中提供的实用函数、用户自定义函数．部分常见函数用户可以直接调用．

例如：计算 $\cos\frac{\pi}{3}$ 的值．

```
>> syms x;
>> x=pi/3;
>> cos（x）
>> ans =0.500 0
```

10.1.3 MATLAB 中函数运算与作图的实验

1．MATLAB 中函数运算实验

（1）算术运算

例如：计算在的值，其中

```
>>syms x y
x=–1.42; y=0.52;
sqrt（sin（abs（x）+abs（y）））/（x^2+y^2）
ans = 0.422 3
```

（2）函数运算

除了简单的四则运算外，MATLAB 还提供了几种常用的函数运算命令：

表 10-1

expand	符号表达式的展开	factor	符号表达式因式分解
simple	寻找符号表达式的最简型	simplify	符号表达式化简

例 1 化简 $\frac{x^2+3x+2}{x+1}$．

```
>> clear x
>>syms x
simplify（（x^2+3*x+2）/（x+1））
ans =x+2
```

2．MATLAB 中函数作图实验

（1）二维图形基本图

调用格式：plot（x，y）：表示作函数 $y=f(x)$

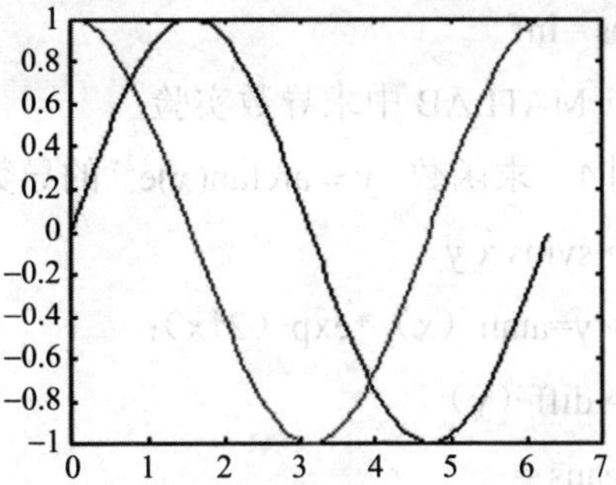

plot(x, sin(x), ‘co’, x, cos(x), ‘g*’);

（2）三维图形

调用格式：plot3（x，y，z，’参数’）：其中‘参数’部分可以省略.

例 2 建立并绘制 $\begin{cases} x=\sin t \\ y=\cos t \\ x=t \end{cases}$ 的三维曲线.

```
>> x=0：pi/50：10*pi；
>> y=sin（x）；
>> z=cos（x）；
>> plot3（x，y，z）
```

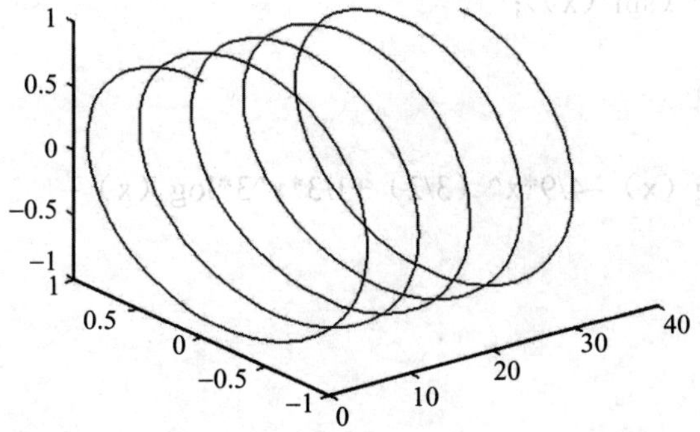

3．MATLAB 中求极限实验

求 $f(x)$ 当 $x\to a$ 时的左、右极限：

调用格式如下：

（1）limit（f，x，a，‘left’）：表示求 f 当 $x\to a$ 时的左极限.

（2）limit（f，x，a，‘right’）：表示求 f 当 $x\to a$ 时的右极限.

例 3 求 $\lim\limits_{x\to\frac{\pi^-}{2}}\tan x$ 的极限.

```
>>syms x
>>limit（tan（x），pi/2，’left’）
```

ans =Inf

4．MATLAB 中求导数实验

例 4　求函数 $y=\arctan(x)e^{2x}$ 的导数．

```
>> syms x y
>> y=atan（x）*exp（2*x）;
>> diff（y）
>>ans =
1/（1+x^2）*exp（2*x）+2*at
```

5．求不定积分实验

求函数的不定积分：

调用格式如下：

（1）int（f）：表示求表达式 f 的不定积分；

（2）int（f，x）：表示求表达式 f 关于 x 的不定积分．

例 5　求不定积分 $\int\frac{1+\sin x}{1+\cos x}e^{x}dx$.

```
>> syms x y;
>> y=exp（3*x）*（sin（x））;
>> int（y）
>>ans =
2/3*x^（3/2）*log（x）–4/9*x^（3/2）+1/3*x^3*log（x）–
1/9*x^3
```

6．求定积分实验

求函数的定积分：

调用格式如下：

（1）int（f，a，b）：表示求表达式 f 在区间[a，b]的定积分；

（2）int（f，x，a，b）：表示求表达式 f 关于变量 x 在区间[a，b]上的定积分．

例 6　求定积分 $\int_0^1(2x-5)\arcsin x dx$.

```
>> syms x y
>> y=（2*x-5）*asin（x）;
>> int（y，0，1）
>>ans = –9/4*pi+5
```

10.2　数学建模简介

10.2.1　什么是数学建模?

纵观科学技术发展史，可以看到数学建模的思想和方法是自古以来天文学家、物理学家、数学家等用数学作为工具来解决各种实际问题的主要方法．不过数学建模这个术语的出现和频繁使用是 20 世纪 60 年代以后的事情．

数学、数学建模的研究成果往往是重大科学发明的催生素（仅就 19 世纪、20 世纪而言，流体力学、电磁理论、相对论、量子力学、计算机、信息论、控制论、现代经济学、万维网和互联网搜索引擎、Google、生物学、CT 甚至社会政治学领域等），但是 20 世纪上半叶，数学虽然也直接为工程技术提供一些工具，但基本方式是间接的：先促进其他科学的发展，再由这些科学提供工程原理和设计的基础．数学是幕后的无名英雄．现在，数学和数学建模无处不在．数学和工程技术之间，在更广阔的范围内和更深刻的程度上直接地相互作用着，极大地推动了科学和工程科学的发展，也极大地推动了技术的发展．数学和数学建模不仅是幕后的无名英雄，很多方面开始走向“前台”，但是对数学的极端重要性迄今尚未有共识，取得共识对加强一个国家的竞争力来说是至关重要的。

数学模型（Mathematical Model）就是用数学符号对一类实际问题或实际发生的现象的（近似的）描述．数学建模（Mathematical Modeling）则是获得该模型并对之求解、验证并得到结论的全过程．数学建模不仅是了解基本规律，而且从应用的观点来看更重要的是预测和控制所建模的系统的行为的强有力的工具．数学建模的步骤并没有一定的模式，通常与问题性质、建模目的等有关．下面介绍的是机理分析法建模的一般过程，如图 10-4 所示．数学建模就是下述图多次执行的过程。

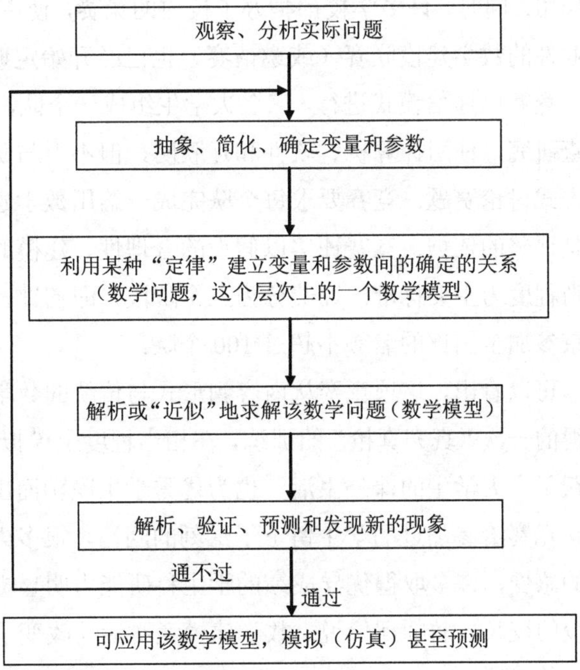

图 10-4

10.2.2 大学生数学建模竞赛的产生和发展

数学建模在二十世纪六七十年代进入一些西方国家的大学，我国一些大学也在二十世纪八十年代将数学建模引入课堂。经过 30 多年的发展，绝大多数的本科院校和专科院校都开设了各种形式的数学建模课程和讲座，为培养学生利用数学分析方法、解决实际问题的能力开辟了一条有效的途径.

大学生数学建模竞赛是 1985 年在美国出现的.1989 年，在几名从事数学建模教育的教师的组织和推动下，我国一些大学生开始参加美国的竞赛，经过两三年的参与，师生们都认为这种竞赛有利于学生的发展，也是推动数学建模教学在高校迅速发展的良好形式.1992 年，由中国工业与应用数学会组织举办了我国 10 座城市的大学生数学建模联赛，74 所院校的 314 个队参加. 教育部领导及时发现并扶植、培养了这一新生事物，决定从 1994 年起由教育部高等教育司和中国工业与应用数学学会共同主办全国大学生数学建模竞赛，每年一届，十几年来，这项竞赛的规模以平均年增长 20%以上的速度发展.

竞赛不限专业（面向所有专业的大学生），参加竞赛的学生 90%以上来自非数学专业，甚至每年都有人文和社会科学专业的部分大学生参赛. 从 1999 年起，竞赛分为本科组和专科组同时举行. 在全国大学生数学建模竞赛的影响和带动下，许多学校组织、举办了相应的活动. 一些学生在校内发起、组织数学建模协会，建立网站，起到了很好的宣传、普及作用. 同时，许多学校都举办了校内的竞赛，使更多的学生得到锻炼. 还有一些地区性、行业性的数学建模联赛（或邀请赛）也已经开始定期举行，而且规模正在不断地扩大.

竞赛以通信模式进行，三名大学生组成一个队，在三天时间内，可以自由地搜集资料、调查研究，使用计算机、软件和互联网，但不得与队外任何人（包括指导教师在内）以任何方式讨论赛题. 竞赛要求每个队完成一篇用数学建模方法解决实际问题的科技论文，论文是评奖的依据. 竞赛评奖以假设的合理性、建模的创造性、结果的正确性及文字表述的清晰程度为主要标准. 评奖分为三个阶段，即初评—省评—全国评. 一般规定，每个赛区进京参加全国评的名额不超过 100 个队.

可以看出，这项竞赛从内容到形式与传统的数学竞赛不同，是大学阶段除毕业设计外难得的一次“真刀真枪”的训练，在相当程度上模拟了学生毕业后工作时的情况，既丰富、活跃了广大学生的课外生活，也为优秀学生脱颖而出创造了条件.

竞赛给参加过的学生留下了深刻的回忆，很多人用“一次参赛，终身受益”来描述他们的感受，许多取得优异成绩的学生科研能力明显提高，毕业时受到用人单位欢迎，有些学校的校长、教师评价说：数学建模竞赛活动改变了学校的学习风气，让学生养成了主动学习的习惯.

10.2.3　建立数学模型举例

在建立数学模型时，微分方程模型是最常见的一种．在自然科学以及工程、经济、医学、体育、生物、社会等学科中的许多系统，有时很难找到该系统有关变量之间的直接关系——函数表达式，但却容易找到这些变量和它们的微小增量或变化率之间的关系式，这时，往往采用微分关系式来描述该系统，即建立微分方程模型．现以一个例子来说明建立微分方程模型的基本步骤．

案例　[体重规律] 某人的食量是 10 467（焦/天），其中 5 038（焦/天）用于基本的新陈代谢（即自动消耗）．在健身训练过程中，他所消耗的热量大约是 69[焦/（千克·天）]乘以他的体重(千克)．假设以脂肪形式储藏的热量 100%有效，而 1 千克脂肪含热量 41 868（焦）．试研究此人的体重随时间变化的规律．

模型分析　在问题中并未出现“变化率”“导数”这样的关键词，但要寻找的是体重（记 W）关于时间 t 的函数．如果把体重看成时间 t 的连续可微函数，就能找到一个含有 W 的微分方程．

模型假设

（1）以 $W(t)$ 表示 t 时刻某人的体重，并设一天开始时人的体重为 W_0；

（2）体重的变化是一个渐变的过程，因此可认为 $W(t)$ 是关于 t 连续的；

（3）体重的变化等于输入与输出之差，其中输入是指扣除了基本新陈代谢之后的净食量吸收；输出就是进行健身训练时的消耗．

模型建立　问题中所涉及的时间仅仅是“每天”，由此，对于“每天”

$$\text{体重的变化} = \text{输入}-\text{输出}$$

由于考虑的是体重随时间的变化情况，因此，可得

$$\text{体重的变化/天} = \text{输入/天}-\text{输出/天}$$

代入具体的数值，得

$$\text{输入/天} = 10\,467\text{（焦/天）}-5\,038\text{（焦/天）}=5\,429\text{（焦/天）};$$

$$\text{输出/天} = 69[\text{焦/（千克·天）}]\times W\text{（千克）}=69W\text{（焦/天）}.$$

$$\text{体重的变化/天} = \frac{\Delta w}{\Delta t}\text{（千克/天）}\xrightarrow{\Delta t\to 0}\frac{\mathrm{d}w}{\mathrm{d}t}.$$

考虑单位的匹配，利用“$\text{千克/天}=\dfrac{\text{焦/天}}{41\,868\text{焦/天}}$”，可建立如下微分方程模型：

$$\begin{cases}\dfrac{dw}{dt}=\dfrac{5\,429-69}{41\,868}\approx\dfrac{1\,296-16W}{10\,000}\\ W\big|_{t=0}=W_0\end{cases}$$

模型求解 用变量分离法求解，模型方程等价于

$$\begin{cases}\dfrac{dw}{1\,296-16W}=\dfrac{dt}{10\,000}\\ W\big|_{t=0}=W_0\end{cases}$$

积分得

$$1\,296-16W=(1\,296-16W_0)\,e^{-\frac{16t}{10\,000}}$$

从而求得模型解：

$$W=\frac{1\,296}{16}-\left(\frac{1\,296-15W_0}{16}\right)e^{-\frac{16t}{10\,000}}$$

这就描绘了此人的体重随时间变化的规律.

模型讨论 现在再来考虑一下：此人的体重会达到平衡吗？

显然，由 W 的表达式，当 $t\to\infty$ 时，体重有稳定值 $W\to 81$.

也可以直接由模型方程来回答这个问题，在平衡状态下，W 是不发生变化的，这就非常直接地给出了

$$W_{平衡}=81$$

所以，如果需要知道的仅是这个平衡值，就不必去求解微分方程了.

至此，问题已经基本上得以解决.

一般地，建立微分方程模型，其方法可归纳为如下几步.

（1）根据规律列方程. 利用数学、力学、物理、化学等学科中的定理或许多经过实践或实验检验的规律和定律，如牛顿运动定律、物质放射性的规律、曲线的切线性质等，建立问题的微分方程模型；

（2）微元分析法. 寻求一些微元之间的关系式，在建立这些关系时，也要用到已知的规律与定理，与第一种方法的不同之处是对某些微元而不是直接对函数及其导数应用规律；

（3）模拟近似法. 在生物、经济等学科的实际问题中，许多现象的规律性不是很清楚，即使对其有所了解，也是极其复杂的，常常用模拟近似的方法来建立微分方程模型. 建模时在不同的假设下去模拟实际的现象，这个过程是近似的，对用模拟近似法所建立的微分方程，从数学上去求解或分析解的性质，再去同实际问题对比，看这个微分方程模型能否刻画、模拟、近似某些实际现象.

参考文献

[1] 冯翠莲，赵益坤. 应用经济数学[M]. 北京：高等教育出版社，2013.

[2] 李伶. 应用数学[M]. 北京：高等教育出版社，2014.

[3] 王春珊. 经济应用数学[M]. 北京：北京邮电大学出版社，2012.

[4] 顾静相. 经济数学基础[M]. 北京：高等教育出版社，2000.

[5] 侯风波. 高等数学[M]. 北京：高等教育出版社，2005.

[6] 陈笑缘. 经济数学[M]. 北京：高等教育出版社，2009.

[7] 李小荣，刘忠良，李代良. 高等数学[M]. 北京：科学出版社，2010.

[8] 薛利敏. 高等数学[M]. 北京：教育科学出版社，2017.

[9] 刘颖，邱翠萍. 经济应用数学[M]. 沈阳：东北大学出版社，2017.

自测题参考答案

自测题 1

一、1. C　2. B　3. C　4. B　5. C　6. D　7. B

二、1. x^2+x+3　2. $\ln(\sin x)$，$\sin(\ln x)$　3. $y=\ln u$，$u=\tan x$　4. 2

5. $x=1$，第一类　6. $a=2$，$n=3$　7. $\frac{1}{2}$

三、1. -2　2. $\frac{1}{4}$　3. $\frac{7}{\pi}$　4. e^{-2}　5. 3　6. e

四、1. 略　2. 2

自测题 2

一、1. A　2. B　3. D　4. B　5. B　6. A　7. D

二、1. 5　2. $\frac{1}{x}$　3. $-\tan x\mathrm{d}x$　4. $x=\pm 1$　5. $\frac{-1}{x^2}$　6. 1

7. $15x^2-2^x\ln 2+3e^x$

三、1. $y'|_{x=e}=3e$　2. $\mathrm{d}y=\frac{(x^2+1)\cos x-2x\sin x}{(x^2+1)^2}\mathrm{d}x$　3. $y'=\frac{\sin(2\ln x)}{x}$

4. $y''=-2\sin x-x\cos x$　5. $\frac{\cot t}{2t}$　6. $\frac{y^2\sin x}{e^y+2y\cos x}$

四、1. $a=1$，$b=3$

2. 切线：$x+4y-14=0$ 或 $5x-4y-14=0$

法线：$4x-y-5=0$ 或 $4x+5y-3=0$

自测题3

一、1. C　2. C　3. B　4. B　5. D　6. C　7. D

二、1. $y=0$，$x=1$　2. -2，$-\frac{1}{2}$　3. 1　4. $-\frac{3}{2}$　5. 14

6. $a=-\frac{3}{2}$，$b=\frac{9}{2}$　7. $x=1$

三、1. 1　2. 0　3. 减区间$\left(0,\frac{1}{2}\right)$，增区间$\left(\frac{1}{2},+\infty\right)$　4. 极小值$f(0)=2$

5. 最大值$f(-3)=68$，最小值$f(\pm1)=4$

6. 拐点$(-2,-2\mathrm{e}^{-2})$，凸区间$(-\infty,-2)$，凹区间$(-2,+\infty)$

四、2. 每天生产27件时，获得利润最大，此时每件服装价格为16元

自测题4

一、1. B　2. A　3. B　4. C　5. A　6. B　7. D

二、1. $\sin^2 x+C$　2. $-\frac{1}{3}(1-x^2)^{\frac{3}{2}}+C$　3. $-\frac{1}{10}\cos 10x+C$

4. $\ln(x^2-3x+7)+C$　5. $-\frac{1}{a}F(b-ax)+C$

三、1. $-\frac{1}{2}x^{-2}+C$　2. $\int\frac{x^2+1-1}{x^2+1}\mathrm{d}x=\int(1-\frac{1}{x^2+1})\mathrm{d}x=x-\arctan x+C$

3. $\int\frac{(\mathrm{e}^x+1)(\mathrm{e}^x-1)}{\mathrm{e}^x+1}\mathrm{d}x=\mathrm{e}^x-x+C$　4. $\int(\frac{1}{x^2}-\frac{1}{x^2+1})\mathrm{d}x=-\frac{1}{x}-\arctan x+C$

5. $\frac{1}{2}\int\frac{1}{\sqrt{1-x^2}}\mathrm{d}x^2=-\frac{1}{2}\int(1-x^2)^{-\frac{1}{2}}\mathrm{d}(1-x^2)=-\sqrt{1-x^2}+C$

6. $\int(\arctan x)^2\mathrm{d}(\arctan x)=\frac{1}{3}(\arctan x)^3+C$

7. $-\int x\mathrm{d}\cos x=-x\cos x+\int\cos x\mathrm{d}x=-x\cos x+\sin x+C$

8. $\frac{1}{3}\int\ln x\mathrm{d}x^3=\frac{1}{3}x^3\ln x-\frac{1}{3}\int x^2\mathrm{d}x=\frac{1}{3}x^3\ln x-\frac{1}{9}x^3+C$

9. $\int e^x d\sin x = e^x \sin x - \int e^x \sin x dx = e^x \sin x + \int e^x d\cos x = e^x \sin x + e^x \cos x - \int e^x \cos x dx$

移项得 $\int e^x \cos x dx = \frac{1}{2}(e^x \sin x + e^x \cos x)$

10. $x\ln(x^2+1) - 2\int \frac{x^2}{x^2+1}dx = x\ln(x^2+1) - 2\int \frac{x^2+1-1}{x^2+1}dx = x\ln(x^2+1) - 2x + 2\arctan x + C$

自测题 5

一、单项选择题

1. B　　2. B　　3. D　　4. C　　5. A

二、填空题

1. 2　　2. 2　　3. e^{-1}　　4. 3　　5. $\frac{\cos x}{\sin x - 1}$

三、计算题

1. $\int_0^{\frac{\pi}{2}} \frac{1-\sin x}{x+\cos x}dx = \int_0^{\frac{\pi}{2}} \frac{d(x+\cos x)}{x+\cos x} = [\ln(x+\cos x)]_0^{\frac{\pi}{2}} = \ln\frac{\pi}{2}$

2. $\int_0^{\ln 2} \frac{e^x}{1+e^{2x}}dx = \int_0^{\ln 2} \frac{de^x}{1+e^{2x}} = \left[\arctan e^x\right]_0^{\ln 2} = \arctan 2 - \frac{\pi}{4}$

3. $\int_1^{\sqrt{3}} \frac{1}{\sqrt{4-x^2}}dx = \int_1^{\sqrt{3}} \frac{1}{\sqrt{1-(\frac{x}{2})^2}}d\frac{x}{2} = \left[\arcsin\frac{x}{2}\right]_1^{\sqrt{3}} = \frac{\pi}{6}$

4. 令 $t=\sqrt{x-1}, dx = 2tdt$, 当 $x=1$ 时， $t=0$； $x=2, t=1$，则

$\int_1^2 \frac{\sqrt{x-1}}{x}dx = 2\int_0^1 \frac{t^2}{t^2+1}dt = 2\left[t - \arctan t\right]_0^1 = 2 - \frac{\pi}{2}$

5. $\int_0^1 \ln(1+x^2)dx = \left[x\ln(1+x^2)\right]_0^1 - 2\int_0^1 \frac{x^2}{1+x^2}dx = \left[x\ln(1+x^2)\right]_0^1 - 2\left[x - \arctan x\right]_0^1$

$= \frac{\pi}{2} - 2 + \ln 2$

6. 令 $t=\sqrt{2x-1}$， $x=\frac{t^2+1}{2}$， $dx = t\,dt$， $x=\frac{1}{2}, t=0; x=1, t=1$；则

$\int_{\frac{1}{2}}^1 e^{\sqrt{2x-1}}dx = \int_0^1 te^t dt = \left[te^t\right]_0^1 - \int_0^1 e^t dt = 1$

7. $\int_0^{\frac{\pi}{2}}\sin 2x\mathrm{d}x = 2\int_0^{\frac{\pi}{2}}\sin x\cos x\mathrm{d}x = 2\int_0^{\frac{\pi}{2}} sinx\mathrm{d}\sin x = \left[\sin^2 x\right]_0^{\frac{\pi}{2}} = 1$

8. $\int_0^{\frac{\pi}{3}}\tan^2 x\mathrm{d}x = \int_0^{\frac{\pi}{3}}(\sec^2 x - 1)\mathrm{d}x = \left[\tan x - x\right]_0^{\frac{\pi}{3}} = \sqrt{3} - \frac{\pi}{3}$

四、解答题

1. 解 $S = \int_1^2\left[-\frac{1}{y} - (-y)\right]\mathrm{d}y = \left[\frac{y^2}{2} - \ln y\right]_1^2 = \frac{3}{2} - \ln 2$

2. 解 $S = \int_0^1(4x - x)\mathrm{d}x + \int_1^2(\frac{4}{x} - x)\mathrm{d}x = \int_0^1 4x\mathrm{d}x - \int_0^1 x\mathrm{d}x + 4\int_1^2\frac{1}{x}\mathrm{d}x - \int_1^2 x\mathrm{d}x$

$= \int_0^1 4x\mathrm{d}x - \int_0^2 x\mathrm{d}x + 4\int_1^2\frac{1}{x}\mathrm{d}x = 4\ln 2$

自测题 6

一、选择题

1. B　2. D　3. B　4. C　5. C　6. B　7. D

二、填空题

1. 4　2. $D = \{(x, y)\,|\,x - y > 0\}$　3. 1　4. 3　5. 9　6. ln2　7. （–1，–2）

三、计算题

1. 2　2. $\frac{8}{5}$

3. 解 方程$\frac{x}{z} = \ln z - \ln y$两边同时对$x$求导得

$$\frac{z - x\frac{\partial z}{\partial x}}{z^2} = \frac{1}{z}\frac{\partial z}{\partial x},\quad \frac{\partial z}{\partial x} = \frac{z}{x + z}$$

4. 解 $\frac{\partial z}{\partial x} = y^2, \frac{\partial z}{\partial y} = 2xy$， $\mathrm{d}z = y^2\mathrm{d}x + 2xy\mathrm{d}y$

5. 解 $\frac{\partial z}{\partial x} = af_1'$　　$\frac{\partial^2 z}{\partial x\partial y} = \frac{\partial}{\partial y}\left(af_1'\right) = abf_{12}''$

6. 解 方程两边对x同时求导得

$\cos y\cdot y' + \mathrm{e}^x - y^2 - 2xyy' = 0$　由此得　$y' = \frac{\mathrm{e}^x - y^2}{2xy - \cos y}$

四、解答题

1. 解 $\iint(3x+2y)\mathrm{d}x\mathrm{d}y=\int_0^2\mathrm{d}x\int_0^{2-x}(3x+2y)\mathrm{d}y=\int_0^2\left[3xy+y^2\right]_0^{2-x}\mathrm{d}x$

$=\int_0^2\left(2x-2x^2+4\right)\mathrm{d}x=\left[x^2-\frac{2}{3}x^3+4x\right]_0^2=\frac{20}{3}$

2. 解 $\iint\limits_D(3x+2y)\mathrm{d}x\mathrm{d}y=\int_0^1\mathrm{d}x\int_{x-1}^0(3x+2y)\mathrm{d}y=\int_0^1\left[3xy+y^2\right]_{x-1}^0\mathrm{d}x$

$=-\int_0^1\left(4x^2-5x+1\right)\mathrm{d}x=\frac{1}{6}$

自测题 7

一、1. A　2. D　3. B　4. B　5. A　6. B　7. D

二、1. 一，一　2. $r^2-5r+6=0$，$r=2$　$r=3$，$y=C_1\mathrm{e}^{2x}+C_2\mathrm{e}^{3x}$

3. $y=C\mathrm{e}^{-\int P(x)\mathrm{d}x}$　4. $y=2\mathrm{e}^{\frac{1}{2}x^2}$　5. $y=x^2+C$，$y=x^2+3$

6. $y=x^2+x$　7. $y''+y'-6y=0$

三、1. 是　2. $y=\mathrm{e}^{-\sin x}(x+C)$　3. $\ln y=-\cos x+C$ 或 $y=C\mathrm{e}^{-\cos x}$

4. $y=C_1\mathrm{e}^x+C_2\mathrm{e}^{2x}$　5. $y=(C_1+C_2x)\mathrm{e}^{-2x}$　6. $-\frac{1}{y}=\mathrm{e}^x-2$

四、1. $xy'+x-y=0$　2. $f(x)=C\mathrm{e}^{2x}$

自测题 8

一、选择题

1. C　2. C　3. D　4. B　5. C　6. B　7. B

二、填空题

1. 有限；不变　2. 0　3. [−1，0)　4. 发散　5. 收敛　6. 4　7. $[-\frac{3}{2},-\frac{1}{2})$

三、判断级数的敛散性

1. 发散　2. 绝对收敛　3. 条件收敛　4. 条件收敛　5. 绝对收敛　6. 收敛

四、求级数收敛半径和收敛区间

1. 收敛半径 R=2，收敛区间为[−1，3)

2. 收敛半径 R=$\sqrt{2}$，收敛区间为[$-\sqrt{2}$， $\sqrt{2}$]

3. 收敛半径 R=2，收敛区间为[–4，0）

五、解答题

1. $\ln 3+\sum_{n=1}^{\infty}(-1)^{n-1}\frac{(x-2)^n}{n\cdot 3^n}(-1<x\leqslant 5)$

2. $f(x)=\frac{\pi}{2}+1-\frac{4}{\pi}\sum_{n=1}^{\infty}\frac{\cos(2n-1)x}{(2n-1)^2}(0\leqslant x\leqslant \pi)$

自测题 9

一、1. C　2. D　3. B　4. B　5. A　6. B　7. B

二、1. 0.8　2. $A\overline{B}+\overline{A}B$　3. 0.3　4. 0.6　5. 0.7，0.2，0.4

三、1. 0.25，2/9　2. 1/5　3. 0.88　4. 0.975　5. 0.512，0.992

四、证明略

五、0.371，0.918